# 当下的幸福

## 哲学家的美好生活指南

[美] 亚当·阿达多·桑德尔 著
( Adam Adatto Sandel )
祝惠娇 译

· 领教书系 ·

# Happiness in Action

## A Philosopher's Guide to the Good Life

**图书在版编目（CIP）数据**

当下的幸福：哲学家的美好生活指南 /（美）亚当·阿达多·桑德尔（Adam Adatto Sandel）著；祝惠娇译．—北京：机械工业出版社，2023.10

（领教书系）

书名原文：Happiness in Action: A Philosopher's Guide to the Good Life

ISBN 978-7-111-73941-8

I. ①当…　II. ①亚… ②祝…　III. ①成功心理—通俗读物　IV. ① B848.4-49

中国国家版本馆 CIP 数据核字（2023）第 186805 号

机械工业出版社（北京市百万庄大街 22 号　邮政编码 100037）

策划编辑：白　婕　　　　责任编辑：白　婕

责任校对：郑　雪　贾立萍　陈立辉　　　　责任印制：郜　敏

三河市宏达印刷有限公司印刷

2024 年 1 月第 1 版第 1 次印刷

170mm × 230mm · 18 印张 · 1 插页 · 230 千字

标准书号：ISBN 978-7-111-73941-8

定价：69.00 元

电话服务　　　　网络服务

客服电话：010-88361066　机　工　官　网：www.cmpbook.com

010-88379833　机　工　官　博：weibo.com/cmp1952

010-68326294　金　书　网：www.golden-book.com

**封底无防伪标均为盗版**　机工教育服务网：www.cmpedu.com

献给我深爱的海伦娜

# 目 录
Contents

# Happiness in Action

A Philosopher's Guide to the Good Life

# 绪 论

我们都经历过“次日清晨”时刻——经过长时间的努力奋斗，我们终于达成了目标，或者取得了一些成就，比如找到新工作、获得晋升、赢得比赛、通过考试、作为候选人成功当选，所以我们在当天晚上热烈庆祝，直至深夜。次日清晨，在醒来的那一刻，我们还在回味昨夜庆祝成功的快乐，心里感到如释重负：今天，至少在今天，我们不用演练面试，不用参加模拟考试，不用修改演讲稿，也不用等待结果了。我们终于可以休息了！我们想做什么都可以去做了，至少现在，至少在这一刻，我们无拘无束，可以做任何事情。于是，我们踢掉高跟鞋，什么都不管，如果有时间、有资源，我们就去度个假，或者只是在 Netflix 平台上追个剧，尽情地观看以前没时间看的节目。我们时不时会想起昨天的成就，一想起来就感到无比自豪。但与此同时，我们却莫名感到焦躁，而且这种焦躁感一直挥之不去，因为幸福来得快，去得也快，我们刚刚获得的幸福感已在悄悄地溜走。或迟或早，我们的心里都会冒出一个问题：“然后呢？”

我们已经达成了目标，取得了里程碑式的成就，虽然我们历尽艰辛，牺牲了许多，但所有牺牲都是值得的，我们理应感到幸福，但到了最后我们却发现，这一切给我们留下的，只有空虚。我们好像第一次意识到(其实以前也曾意识到)，说到底，我们跟以前相比并没有什么不同，我们的人生成绩单上确实增加了一项成就，但是我们距离自己渴望的美好生活仍然非常遥远，而且我们已经在寻找下一个目标，准备攀登下一座高峰了。短暂的庆功休假时间很快就结束了，我们马上就要投身于新的目标。我们跟以前一样埋头苦干，也跟以前一样焦虑。

我们的人生似乎陷入了奋斗成功—空虚的无限循环之中。当然，在内心深处，我们知道，人生的意义不止于此。只是，除此之外，我们的人生还能有什么意义呢？要把这个问题说清楚也绝非易事。人生以目标为导向是好事，对吧？有了目标，我们才会负起责任，才懂得专心致志，才不会终日无所事事，或者因为现代生活的众多诱惑而动摇心性、迷失方向，难道不是吗？我们的社会也倡导这种以目标为导向的生活，无论是最新出版的成长励志文学作品，还是Fitbit记录器的广告语（“粉碎你的目标！”），都在鼓励我们更加重视目标。我们可能会想：“也许我需要的是**另一种**目标——具有更大意义或对社会更有益的目标，来取代或补充我一直以来追求的目标。”但我们很快发现，无论我们的目标是一个还是两个，无论我们的目标是为了自己还是为了社会，最终我们都会面临同样的问题。不知何故，以目标为导向的人生永远让我们得不到满足。到底是哪个地方出了问题？

我们知道自己的人生有所缺失。我们感觉到自己的人生维度越来越单一，仿佛整个人被揉成一团，塞进一个小盒子里，或者被切成碎片，分装到几个水桶里——同时处理多少个目标，就装进多少个水桶。我们既感到志得意满，又觉得一事无成。这种状况有很多种表现形式：长时间在办公室对着电脑屏幕，没有时间参加户外活动；因为没能完成项目而自责不已，当初吸引自己参加项目的快乐已不复存在；一心想帮助孩子实现他们的目标，却失去了自我；觉得自己太忙，所以没有时间与朋友相处；为了留下某种印象或成就一番事业而牺牲自己的尊严。我们选择虚与委蛇，甚至对瞧不起我们的人也曲意逢迎。为了抑制由此产生的耻辱感，我们告诉自己：“一切都是为了事业。”

这便是我们面临的困境。经过深入思考，我们发现了一些自己需要实现的个性品质或者生活方式。但是，如果我们目光狭隘，一心只为了“成事”，那我们只能舍弃这些个性品质或者生活方式。我撰写本书的目的就是要指出并阐明这些生活方式，并借此提出一个超越目标导向的美好生活概念。

## 自身导向型活动：三种美德

我认为，我们之所以感到不幸福，根本原因在于我们偏离了“自我掌控”“友谊”和“与自然接触”这三种美德。如果我们的人生以目标为导向，这三种美德就往往会遭到扭曲，甚至被取代。这三种美德看起来不尽相同，却是我们理解“自身导向型活动”的三种形式。所谓自身导向型活动，是指本身具有意义，不需要靠未来的成就或收获来证明其价值的活动。我认为，自身导向型活动是我们获得持久幸福的关键。自身导向型活动与目标导向型活动不一样。目标导向型活动的终止与启动由目标决定——人为了一个目标而努力，一旦达成目标，活动就终止了，必须找到一个新的目标，活动才会重新启动。而用三种美德来理解，自身导向型活动就是坚持做自己、结交朋友和接触大自然的活动。这些活动本身就充满挑战，能够引发思考，让你每时每刻都有所收获。

三种美德还能够帮助我们实现活在当下、融入当下的理想。我们都知道，活在当下，拥抱此时此刻，正是以目标为导向的人生所欠缺的。如果我们总是为了目标而疲于奔命，我们就会充满焦虑地期待着未来可能取得的成功，或者沮丧地回想着过去的、自己以为的失败。就算我们要“融入当下”，也只是暂时地得以喘息。我们去上瑜伽课，去练习冥想，专心聆听周围的世界，消除随工作而来的噪声，结束之后马上回到原来的生活方式，继续面对重重压力，继续为了目标而努力拼搏。这种“活在当下”是短暂的，跟我们的成就一样转瞬即逝。

我们需要的是一种持续性的“活在当下”，是沉浸于我们所做的全部事情之中的“融入”，而不只是一天工作之后的短暂逃离。但是，要持续性地“活在当下”，我们必须转变整个生活方式，修正我们对于“活动”这一概念的理解。而且，我们需要更加重视以自身为目的的生活方式和善行。

我提出的观点不要求也不建议我们放弃目标。没有目标的生活是难以想象的，恐怕也不可能过得下去。人活在这世上，要有食物果腹，有片瓦遮身，那就得获取身外之物，所以我们要完成项目，谋取职位，获得一定的社会地位。在满足基本的生存需求之后，追求更高层次的目标也意义非凡、激动人心。但是，一旦我们把目标视为人生意义的首要来源，或者将本身有价值的活动变成只看成败的任务，那就有问题了。

比如，艺术家可以在落下每一笔每一画间都尽情挥洒自己的创作激情，但这种激情却可能让位于产出作品的压力——产出的作品必须被艺术界接受，还得按时完成，以便在即将举行的展览中展出。周末的徒步旅行可以是一次学习之旅，每一处转弯都会有新的发现，不但可以观察不同的地形地貌，而且有机会邂逅不一样的旅人，发现意想不到的美景。但是，这样的旅行也可能变成一次急匆匆的登顶之旅——为了记录一段美好时光，为了一睹旅游指南推荐的风景，或者为了拍一张照片发到Instagram。还有很多常见的焦虑：如果没有结婚，或者没有找到合适的工作、没有孩子、没有买房子，人生在某些方面就是失败的。我们从学校教育中学会了如何应对这些焦虑：这些目标都是传统的人生目标，对于传统的成功观念，我们应该予以批判。这种批判也许是正确的，但并未触及更深层次的问题：我们压根儿就不应该以目标为标准来判断人生的意义。

因此，我提出从自我掌控、友谊和与自然接触这三种美德的角度，去重新解读目标的意义。一切目标——无论是大目标还是小目标，也无论是个人目标还是社会目标——其意义都不在于目标本身，而在于我们追求目标时要走的路。这条路不仅是通往目的地的途径，而且是培养和展现三种美德的机会——三种美德本身就是目的。

## 人生是一段无限的旅途

我们经常提醒自己，人生“不在于终点，而在于旅途”。我们告诉自己要“拥抱人生的旅途”，而不是执着于我们要到达的终点。在毕业典礼上，时不时会有演讲者引用希腊诗人卡瓦菲斯（C. P. Cavafy）的著名诗作《伊萨卡岛》(*Ithaca*) 中的诗句。这首诗让人想到古希腊神话英雄奥德修斯的故事：奥德修斯用木马计攻陷特洛伊，为国家立下汗马功劳，战争结束后，他率领同伴从特洛伊回国，在海上经历无数艰难险阻，终于返回了故乡伊萨卡岛。卡瓦菲斯写道：“……但千万不要匆促赶路，最好多延长几年……是伊萨卡赐予你如此神奇的旅行，没有它你可不会启航前来。现在她再也没有什么可以给你的了。而如果你发现它原来是这么穷，那可不是伊萨卡想愚弄你。既然你已经变得很有智慧，并且见多识广，你也就不会不明白，这些伊萨卡意味着什么。”[1]在《荷马史诗》中，卡瓦菲斯发现了一个堪称人生必经之路的教训：人生最重要的不是你取得何等成就（即便是为国为民立下的汗马功劳）或你要到达何处（即便是心心念念的家乡），而是你在旅途中发现世界、认识自我。对于目的和手段的关系，人们普遍认为，手段是为了目的而存在的。卡瓦菲斯却认为，目的地是为了旅途而存在的，而不是反过来。或者可以说，目的地的意义、家乡的意义，是由通往目的地、通往家乡的旅途决定的。归根到底，人生蕴藏着无限的机会，让我们得以塑造个性、发现自我，人生中的每一个目标、每一个终点，都只不过是我们不断认知自我之旅的一段经历。

但是，我们很少认真思考这种观点，或者真正领会其背后的深意。在毕业典礼上，演讲者引用卡瓦菲斯的诗句，赞美人生是一段无限的旅途，但是紧接着他们又强调说，接受教育的真正意义就是让自己有能力解决社会的顽疾或者让世界变得更加美好。这又是一种以目标为导向的视角，虽然披着利他主义和造福社会的外衣，但仍然属于以目标为导向的观点。

即便是那些无比恳切地呼吁大家享受过程的建议，往往也带着一句附言：“你会在不知不觉中达成目标。”而且，我们经常劝别人欣赏人生之旅的沿途美景，但这只是我们安慰失败者的一种方式。“重要的不是你有没有赢，而是你在比赛过程中有没有拼尽全力。”我们认为这句话就是对失败者说的，我们对胜利者绝对不会说这种话。

以目标为导向的人生观已经占据主导地位，无处不在的尖端自我监测设备的广告就是一个明显的证据。诸如苹果手表、Fitbit 记录器等智能监测设备，能够追踪、量化、记录佩戴者的一切日常活动，甚至可以“带你到达意想不到的地方——比如穿越加利福尼亚州约塞米蒂国家公园（Yosemite National Park）的三条徒步路线，将带你尽情地欣赏动人心魄的壮丽风景”。我们既想要不期而遇的意外惊喜，又想要路线明确带来的安全感，Fitbit Adventures 应用程序的广告语准确地抓住了这两者之间的微妙矛盾。“你走的每一步都是沿着预先设定的路线在前进，沿途的地标景色和宝藏珍品都等着你去发现。你只有一个目标：完成探索，抵达终点。”当然，真正的探索与预设的路线完全就是相互矛盾的，一条确保我们不会迷路的虚拟路线更是如此。因此，就算我们有时候也会产生“人生是一段无限的旅途”这样的想法，我们却仍然困囿于以目标为导向的思维框架。

我们对“追求目标”和“追求活动本身”这两种理想含糊其词，原因在于我们缺乏一个正确的思维框架，让我们理解美好生活看似矛盾的两个方面：一方面，人生并没有固定的目的地；另一方面，通往目的地的旅途本身就是有意义的。只要我们更深入地认识到自身导向型活动及其在自我掌控、友谊和与自然接触这三种美德下的具体表现，我们就可以建立一个正确的思维框架。

我估计这三种美德会让读者产生似曾相识之感，它们似乎与美好生活有所关联。我们都知道，面对社会上从众的压力，如果能够坚持自我，我们就会感到振奋不已；无论处于顺境还是逆境，如果有朋友同甘共苦、互相扶持，我们心里就都会充满力量；如果我们有机会接触大自然，不管是去山上徒步，到海里潜水，还是静静地欣赏美丽的日落，我们都会感到无比快乐。自助类图书也提醒我们，要多和关心我们的人在一起，要感受生活中的点滴美好。但是，三种美德涉及的问题远比我们想象得更多。

首先，在必须有所成就的压力面前，长期坚守三种美德并非易事。其次，我们要通过三种美德得到解放，让自己不再为目标而疲于奔命，但正是这种根深蒂固的目标导向让我们在不知不觉中扭曲了三种美德的真正意义。例如，我们总是将自我掌控等同于“向前一步”（leaning in）的精神——所谓“向前一步”，是指在职场上坚持自己的主张，争取自身的利益，目的是创造影响力，以便晋升到更高的职位上。但是，我们忘记了还有其他维护自己、坚持自我的方式，这些方式与成败得失无关，与别人的看法无关，甚至有时候会不利于自己的事业，危及我们珍视的目标，一切只为了保全我们的尊严。

我们也很容易误解友谊，以为目标一致的各种联盟关系就是友谊，以为下班之后一起纵情享乐的那种人际交往就是友谊。于是我们便忘记了那种由共同经历铸造的友谊：在患难与共中，我们一起进步，帮助彼此增进对世界、对自我的认识。在社交媒体上，“朋友”一词来得很轻易，我们把自己的关注者称为“朋友”，我们有多少关注者，就有多少“朋友”。这种现象恰好说明，友谊的真正内涵已经被掏空。当然，我们知道，社交媒体上的大多数“朋友”并不是真正的朋友。但是，我们已经习惯了以这种方式使用“朋友”一词，由此可见，我们对朋友关系的认识已经在不知不觉中走向工具性和目标性。

在与自然接触上，一方面，我们欣赏自然奇观，享受户外活动带来的快乐；另一方面，在面对大自然的时候，我们也想方设法使自己免于伤害，并且让自然界的事物均为我所用。这两个方面如何协调一致，是我们面临的一个巨大的难题。仔细看来，我们对大自然的立场也是模棱两可的。如果是很容易融入我们日常生活或者让我们感到新奇有趣的自然景物，我们往往乐在其中；如果为了工业发展，要毁掉某一片景观、森林、湖泊、海洋，我们也觉得无所谓。

甚至我们爱护大自然也是一种以“保育”之名而采取的行动，意欲实现某种目的。我们将自然视为一种稀缺资源，为了确保地球生态的健康，为了保障子孙后代的安全，我们必须保护自然。但是，我们很少为了自然本身去欣赏和保护它。大自然总能激发我们的惊叹和敬畏，在面对大自然的时候，我们对自己、对追求的目标都会产生新的看法。如果有人问我们，为什么生物多样性很重要，我们几乎都会不由自主地想到一个解释：如果一个物种灭绝了，那其他物种也会跟着遭殃，最终将会危及人类自己。但是，这个解释仍然是目标导向的。我们缺乏一套非目标导向的词汇来解释自然界的多样性本身是有意义的，我们应该积极保护自然。

如果自然表现出可怕的一面，比如飓风、地震、洪水、疾病等，我们就不再欣赏自然，反而会将自然视为威胁，要将其从我们生活中消除。我们拿起武器与自然对抗，千方百计地试图预测自然、控制自然，就好像我们总有一天可以彻底战胜自然，甚至打败死亡。我们很少停下来想一想：即便是最令人沮丧、看上去最不友好的自然现象，对我们人类也具有启迪作用，能够教我们了解生存的意义，使我们更懂人性。

## 哲学：美好生活指南

为了阐述建立在自身导向型活动基础上的美好生活，同时还为了探索自身导向型活动在自我掌控、友谊和与自然接触三种美德下的具体表现，我将追根溯源，回到哲学的永恒主题：哲学的传统与现代。乍看之下，从哲学中寻找答案似乎有些不可思议，但我发现，要在当今时代参悟人生的意义，还非得由此入手不可。

说到哲学，很多人想到的是一门对世间万物进行抽象思考的学科，也许很有趣，但与日常生活似乎并无直接关系。但是，在古希腊，哲学一开始并不是一门学科，在古希腊人看来，哲学是关于人如何生活的学问。哲学与日常生活的关系在苏格拉底身上体现得淋漓尽致。苏格拉底从未正式开班授课，更未曾著书立说。我们今天读到的苏格拉底的哲学思想，主要是通过其学生柏拉图记录的对话流传下来的，对话的主角便是苏格拉底。我们从柏拉图的对话录中可知，苏格拉底追求的哲学是一种非常实用的哲学。他每天混迹于市井之中与人交谈，讨论何谓幸福，何谓美好生活。他这样做不是出于无聊的好奇心，也不仅仅是为了辩论。他坚信，通过持续的对话和反思，他可以更清楚地知道自己应该如何生活。

苏格拉底的座右铭是古希腊德尔斐神庙阿波罗神殿门前的铭文："认识你自己。"苏格拉底始终将这一箴言铭记在心。据说，有人曾问苏格拉底宗教传说中的故事是否真实，半人马、奇美拉等凶猛怪物是否存在。苏格拉底回答说他不知道，也没有时间去考虑，他要专注于修炼自己灵魂中的美德。他不问那些故事是否真的发生，或者那些怪物是否真的存在，他只结合自己的行为来解释神话传说，审视自己是否怀有恶念，或者自己的天性能否更温和。他关注的焦点始终是如何更好地生活。[2]

对苏格拉底来说，"如何生活"这一问题的核心在于幸福和成就之间的关系。在他生活的时代，每一个雄心勃勃的公民都希望能在公共生活中有所成就，能够像特洛伊战争中的神话英雄阿喀琉斯那样留名于世。对于这种热衷于名声、财富和世俗成功的风气，苏格拉底提出了质疑。

他质疑的角度不是出于内省或抽象沉思，而是出于某种严谨的活动的概念。那个时代的著名演说家和杰出人物都渴望在法庭上取得胜利，在公众集会上赢得赞誉。但苏格拉底的主张跟他们不一样，他认为真正的幸福在于为了自己而热烈地追求自我认识。在当今时代，我们主张把生命当作一段无限的旅途，但我们自己却又困囿于以目标为导向的努力。我们发现，对于这两者之间的紧张关系，苏格拉底的哲学思想已经有过深入探究。

在苏格拉底的哲学思想中，我们还找到了一些反直觉的真知灼见，能够帮助我们感知并理解自我掌控、友谊和与自然接触这三种美德。提到自我掌控，我们可能马上会联想到自我肯定的个人主义，但这两者并非一回事，苏格拉底对此进行了明确区分。苏格拉底之所以能够承受社会压力，在尊严受到威胁甚至有性命之虞的时候仍然镇定自若，归根结底是因为他已经将自己献身于哲学。在他看来，哲学是渴望自我认识之人对智慧的共同追求。因此，苏格拉底的自我掌控同时也是某种形式的友谊，也就是说，通过对话的形式一起参与探索，由于彼此都在关注讨论的主题，对话者便构成了一个志同道合的共同体。苏格拉底经常把哲学描述为一种“友好”的对话模式，每个对话者都试图厘清和展开对方的观点，从而强化对方的观点，这与雅典法庭上盛行的争论和驳斥的对立话语模式形成鲜明对比。苏格拉底强调的自我掌控和友谊之间的深刻联系，却是我们经常忽略的。不过，我们也将看到，这种联系在亚里士多德身上得到了进一步的体现。作为苏格拉底和柏拉图哲学思想的继承者，亚里士多德提出了自我的概念（他使用的术语是“灵魂”），在他看来，友谊自然会导致共同的活动，而自我（灵魂）则是这种共同活动的核心。

纵观柏拉图和亚里士多德对灵魂和美德的描述，有一种对自然的理解贯穿始终，我们也可以从中得到借鉴。根据亚里士多德的物理学概念，事物运动是为了寻找自己的自然位置。在今天看来，这种观点不但无知，而且缺乏科学性。但是，我认为，亚里士多德的物理学与我们深信不疑的机械唯物主义自然观形成对比，对我们具有启发意义。从灵魂的角度重新审视亚里士多德的运动观，在理解美好生活的基础上思考苏格拉底对自然的解释，我们找到了一种与自然接触的方式——与自然为友，而不是为敌。在当代社会，我们与自然处在相互对立的两端，一端是我们人类的价值，另一端则是自然的力量。现在，我们要探索另一种立场，我们可以称之为“苏格拉底立场”。在追求自我认识的道路上，我们要选择苏格拉底立场，将自然视为伙伴，与自然对话，向自然学习。

## 进步的问题

我们发现，柏拉图和亚里士多德对于美好生活的思考极其深刻，这是我们回归哲学，尤其是回归古代哲学的原因。除此之外，还有一个更重要的原因。我们付出努力，只是为了达成目标，我们对何谓美好生活的理解和阐述，也仅限于此。我们只从职业和个人愿望中找到人生意义，如果要我们说出其他的意义来源，我们往往只会寻找更高、更有意义的目标（因此从未真正摆脱目标导向的思维框架）。究其原因，归根到底是因为我们仍然潜移默化地受制于某些哲学思想。早在近代早期，这些哲学思想就已经开始崭露头角，直到今天，我们的思维方式、生活方式无不受其影响。在这些哲学思想中，最重要的要数启蒙运动的一个核心概念——人类能动性：只要成为**进步**的推动者，我们就能实现人生的最高使命。

根据这种观点，所谓过上美好生活，就是参与创造一个在某种意义上更自由、更和平、更公正、更富有成效、更繁荣或者更先进的世界。虽然判断标准因不同的解释而有所不同，但从进步的角度来理解能动性，就是认为能动性是指为了一个已经在望但尚未实现的理想而奋斗。只是人类的事务存在太多偶然性，自然的力量也不会轻易屈服，理想可能在很长一段时间内都不会实现。因此，在任何时候对取得进步的可行性提出疑问，甚至接受出现一段时间的倒退，与此同时仍然坚持对进步的信念，这在逻辑上仍然是连贯的，完全不存在矛盾。根据这种信念，人类行动的根本动力，不在于当下实践的此时此地、此情此景，而是早已存在于理论之中（或者在我们的思想中）。我们已经知道人生要走向何方，我们只需要选择一条道路。而道路，或者说方式，变成了手段（means），而理想变成了目的（end）。为了尽快达到目的，我们便会无所不用其极，寻找一切能够加快进程的手段，就算牺牲自己的尊严或者他人的尊严也在所不惜。从这个角度来看，真正的、最高意义上的自我意味着成为服务于目标的代理人。为了提高实现目标的效率，友谊要让位于联盟，与自然接触变成了征服自然，使之为我们所用。

这种进步主义的思维方式对当代生活的影响之大，不容低估。有些人明确支持不同形式的进步，他们的思维方式很显然来自进步主义。比如，有一位广受欢迎的作家兼学者提出，暴力现象的不断减少（虽然只是表面上的），原因在于理性和科学的持续发展，而且他理所当然地认为，所谓理性，就是“利用知识来达成目标”。[3]而且，这种思维方式在无形中已经渗透到日常的社会和政治话语中，比如要“站在历史正确的一边”，或者相信“道德宇宙的弧线会偏向正义”。

更普遍的情况是，即使我们否认进步或历史变革的宏大叙事，我们仍然无法摆脱进步主义对我们的影响，我们的思维方式仍然属于进步主义，比如我们会认为，人生的意义在于使世界变得更美好（无论我们如何理解什么才是更美好的世界），或者在于执行一个由阶段性目标组成的人生计划。制定目标、规划目标和实现目标的语言风格是一脉相承的。这种以目标为导向的视角会让我们错失欣赏人生画卷徐徐展开的机会。我们不应该把自己的人生看作一个有待执行的计划，而应该通过种种不期而至的人生际遇，逐渐看清楚、说明白什么才是美好生活。

我们也可以从反面来认识进步主义思维方式的不足：如果我们把人生意义押注在实现一个目标之上，无论是用技术征服自然、消除世间所有不公，还是任何一种目标，我们总会遇到一个不可逾越的极限，可能是无法预见的社会动荡，可能是突如其来的无妄之灾，可能是深不可测的命运转折。每到这种时候，我们常常以自我毁灭的方式来应对阻力：把苦难理解为对罪恶的惩罚；或者理解为必要之恶，为了使宇宙变得更健康，我们必须承受；或者理解为无法解释的霉运，毕竟每一个良好开端总会有阴云遮蔽，每一次功成名就都会有不圆满之处。

苦难是人生的基本组成部分，而不是对人生的否定。要理解这一点，我们需要建立一个新的思维框架。在这方面，哲学可以发挥不可或缺的指导作用。在哲学的指引下，我们可以清晰地阐述三种美德，从而走出苦难，走向救赎，找到正确的人生道路，使我们人生的每一刻都值得一过。

我们要借助前现代的思维方式，认真地重新审视早已主导我们日常生活的进步主义思维方式。在这方面，我们可以借鉴柏拉图和亚里士多德的哲学思想，采取一种与进步主义思维方式截然不同的思路。在他们的著作中，柏拉图和亚里士多德都曾论及从一种政治制度到另一种政治制度的过渡问题——从民主到专制，从专制到寡头政治，然后又回到民主。出乎意料的是，两位哲学家的讨论相当沉着冷静，秉持着一种实事求是的态度，仿佛政治变革所造成的社会动荡并不会对人生带来巨大冲击，人类取得的一切成就也不能证明人生的价值；相反，这一切只是在提醒我们，要控制和约束自己乌托邦式的理想，要重新调整我们的人生方向，努力培养美德，塑造个性，提高解释能力。

## 哲学与日常生活

在苏格拉底看来，哲学对于我们理解日常生活是有帮助的，甚至是不可或缺的。既然如此，我们可以从哲学中汲取营养，解决如何正确地理解和处理目标导向型事务的难题。那么，我们应该怎么做呢？就我个人而言，在哲学的帮助下，我对人生的很多方面都有了更清晰的认识。在本书中，我将会穿插介绍我在这些方面的亲身经历。除此之外，我还会引用文学作品、电影和流行电视剧中的人物角色和故事情节，来展示哲学的启迪作用。如果从哲学的角度加以解释，这些我们视为娱乐的活动其实另有深意。不仅如此，我们还可以从中得到很多关于如何生活的哲学观点。

我自己的故事涉及一项我非常热爱的运动——引体向上。在体育活动领域，引体向上属于小众运动，但全世界的健身训练和军事技能测试都包含引体向上。这项运动看起来与哲学毫无关系，从某种意义上来说，它也是一种狭隘的、以目标为导向的追求：通过努力训练争取获得优异的成绩。早在2014年，我便创造了吉尼斯一分钟引体向上的世界纪录，自那以来，这项世界纪录被打破了三次。多年来，我一直以打破这项世界纪录为目标来挑战自我。2018年，我再次创下一分钟引体向上的世界纪录，并把纪录保持到了2020年。最近，该项纪录再次被他人打破。在撰写本书之时，我正在努力训练，争取创下新的世界纪录。

我与这项小众体育运动的渊源可以追溯到一系列偶然的人生际遇，但归根结底是源自我从小到大对运动的热爱——我从小就打棒球和网球，从八岁一直坚持到上大学。后来我开始练习举重，最初是为了打好棒球，因为举重训练能够让身体变得更强壮。在攻读哲学博士学位期间，我加入了牛津大学力量举重俱乐部，不为别的，只为练习举重。虽然说起来有点令人难以置信，但我之所以坚持参加引体向上这项小众活动，完全是出于哲学方面的原因。把自己悬挂在横杆上，将身体往上拉起，直到下巴超过横杆，如此循环往复——从某种角度来看，这似乎是一项荒谬的活动。然而，正是在参加这种看似荒谬的活动的时候，我开始领会到自身导向型活动的意义。

在冲击世界纪录之前的几个月的训练中，我学会了处理伤病，接受失败。只有经历过失败，我们在奋力克服困难之后才会倍感喜悦，失败其实是这种喜悦不可缺少的组成部分。在艰苦的训练中，我曾鼓足干劲，大声地激励一起训练的伙伴继续努力；在我无法完成艰难的训练动作，想要放弃的时候，或者是全力以赴冲击世界纪录，结果却功亏一篑，沮丧地倒在健身房地板上的时候，是训练伙伴的鼓励和支持让我重新振作起来，给予我坚持下去的力量。在这样的训练中，我不但结交了朋友，获得了友谊，而且能够自由地表达真实的自我，这是我在其他地方难以实现的。如果不是因为引体向上这项活动，我不会与这些人有任何交集，也不太可能结识那些良师益友，更不用说找到理解生活、感悟人生的新视角。当我从引体向上的顶端下降，身体即将再次往上升起时，我学会了如何感受和适应重力——重力不是阻止我奋力向上的障碍，也不是什么外部世界的特征，而是与我共同参与一项活动的合作伙伴。这些都是我从引体向上活动中获得的一些感悟，除此之外还有更多。总之，引体向上不只是达到目的的手段，更是一段让我不断塑造个性、发现自我的旅途。

引体向上训练似乎不太能归类为自身导向型活动，原因非常明显：训练引体向上主要是为了创造世界纪录——这也证明了每天长时间的训练是合理的，要不是为了创造纪录，很少有人会接受如此高强度的训练。然而，作为一项目标导向型活动，引体向上却具有内在意义，这两个方面存在一种矛盾关系，虽然一开始叫人难以察觉，却使引体向上这项活动成为孕育哲学观念的沃土。

其实，在引体向上训练期间，我需要承受巨大的压力，我也害怕失败，而成功总是转瞬即逝。面对这一切，我感到身心俱疲，我需要找到一个更宏大的视角来解释我自己的所作所为到底有何意义。正是在这种背景下，我创造了目标导向型活动和自身导向型活动这两个相反的概念。当然，我接受的哲学教育也深深地影响了我认识事物的方式。我参加引体向上训练已有很长一段时间，起初是在研究生时期，我为了参加力量举重比赛而开始训练；成为哲学教师之后，我开始疯狂地追求打破世界纪录。多年以来，虽然我一直在阅读哲学，讲授哲学，解释哲学，但正是在引体向上的训练期间，我对哲学才有了更深刻的理解。目标导向型活动与自身导向型活动之间的矛盾是根本性的，读者也会以各自不同的方式遇到跟我一样的问题。因此，我想通过介绍我的亲身经历，以及我是如何意识到哲学对于追求幸福的重要作用，来帮助读者理解和运用哲学。

## 斯多葛学派的错误

我提出，我们要从古代哲学入手，探讨美好生活的内涵，摆脱为目标疲于奔命的困境。不过，用古代哲学为现代生活寻找出路的想法非我一人独有。在此，我应该提一提目前相当流行的另一种探索美好生活的思路，这也是全书探讨自身导向型活动的重要参照——斯多葛学派的复兴。

斯多葛学派鼓励我们冷静地处理生活中的一切挑战。对于在工作、家庭、意外变故带来的种种压力的冲击之下，我们如何才能稳住自己，恢复自我控制，斯多葛学派也提出了一套思想框架——这便是斯多葛学派受到追捧的原因。至少从表面上看，面对为目标疲于奔命的困境，当代斯多葛学派的复兴似乎给出了一个令人耳目一新的替代方案——根据斯多葛学派的观点，真正重要的不是成就，而是美德。要想拥有美好生活，就要保持自我控制，镇定自若地承受一切挫折和不幸，即使正义者受苦受难，非正义者为所欲为，也要坚守美德。斯多葛学派教导说，美德本身就是一种目的，是满足感的源泉，因为坚守美德而产生的满足感是任何成就和荣誉都无法提供的。

但我认为，斯多葛学派对美德的解释过于消极，过于自我轻视，无法带来真正的幸福。我们发现，斯多葛学派的自我控制源自所谓的大彻大悟，即我们的人生极其短暂，只存在于宇宙的一个小小角落，我们的一切言行对浩瀚的宇宙来说毫无意义。罗马皇帝马可·奥勒留（Marcus Aurelius）也是斯多葛主义者，他劝告人们不要迷恋名誉："看看我们多快就会被遗忘吧……无尽的时间深渊吞没了一切。"[4] 斯多葛学派认为，若置身于宇宙万物之中，即便是最亲密的关系也没有什么意义。古代斯多葛学派哲学家爱比克泰德（Epictetus）有言，当父亲在晚上入睡之前亲吻儿子时，他应该记住，他的儿子不过是凡人，随时都可能离开这个世界。他的话告诉我们，要从所爱之人的陪伴中获得快乐，但是不要过于依恋。当代一位支持斯多葛学派的作家认为，我们应该把友谊看作"可取的无关紧要之物"（preferred indifferent），也就是说，能够拥有友谊当然更好，但是友谊并不是美好生活的必要组成部分。[5]

从表面上来看，斯多葛学派主张的美德也鼓励行动，例如认真工作、参与政治活动等。但是，斯多葛学派涉足世俗事务的前提是被动地接受"事物本来的样子"（the way things are）。在这种终极接纳的基础上，斯多葛主义者能够勇往直前，履行自己人生在世的责任，就算害怕失败，他们的行动也不会受到干扰。然而，斯多葛主义者勇往直前的动机，或者不屈不挠地投身于任何事务的动机，仍然是语焉不详的。

归根到底，斯多葛学派贬低人类能动性，这只能表明他们未能克服目标导向的思维方式。尽管斯多葛学派对世俗成功有诸多批评，但是他们并未找到另一种理解人生的思路，仍然无法摆脱成败轮回的观点。斯多葛学派是一种因为成功的脆弱性而走向消极的哲学，它误解并低估了自我掌控、友谊和与自然接触这三种美德的意义，也未能认识自身导向型活动的可持续性。

在宣扬人生世事无常时，斯多葛学派忽略了一点：在古代世界，人们的生活和文化不仅是为了建造楼阁、建立帝国或达成目标，而且是为了表达对美德和善的理解，而这些美德和善在任何时代都会引起共鸣。古代雅典是一个与斯巴达抗衡的小型民主政体，在漫长的世界历史中，雅典民主政治只持续了非常短的时间，雄伟的帕台农神庙如今已经成为普通的旅游景点，但是，苏格拉底、柏拉图、亚里士多德等伟大的思想家身上体现的美德和英雄主义却得以延续至今。长期以来，这些思想家只是学术讨论与解读的话题和对象，但对我们这些追求自我认识的人来说，他们仍然活在我们心中，我们可以向他们寻求建议，尝试延续他们开启的道德和精神求索之路。

已经化身为励志哲学的斯多葛学派十分强调区分可控之事与不可控之事。我们能控制的是我们自己的思想和情绪——至少大部分可以控制。我们不能控制的是外部世界——疾病、自然灾害、别人对我们的反应等。我们总是傲慢地以为自己可以控制一切，结果却屡屡受挫，精力也难以集中。斯多葛学派的这种区分可能会让我们不再那么傲慢，但是也会导致我们不再对生活和世界做出解释。如果我们放弃解释生活和世界，那我们就无法实现自我掌控，也无法参与构建一个让自己感到幸福自在的世界。

斯多葛学派最大的缺陷是它未能超越内在与外在、主体与客体、自我与世界的二元对立思维方式。我们要有能力应对陌生的新环境，甚至要融入其中且游刃有余。斯多葛学派不但没有赋予我们这样的能力，还放纵我们走向自我中心的逃避主义。我们之所以被斯多葛学派吸引，是因为我们渴望寻找意义，但又不愿意太难为自己，斯多葛学派具有一定的批判性，对我们来说也不太陌生，刚好满足了我们的需要。但是，我们还要更进一步，对自己提出更高的要求。我们需要重新认识自我和世界的意义，构建一种新的生活理想。在这种生活中，看似外在或陌生的一切都可以变成一个解释自我的时机，一个将自己从为目标疲于奔命的困境中拯救出来的机会。

## 重新理解自我和世界

在深入探讨自我掌控、友谊和与自然接触这三种美德之后，我们发现，每当我们沉浸在自身导向型活动之中，既没有向内审视我们的思想和情感，也没有向外追求到达终点时，我们就会发现人生的意义。只要完全沉浸其中，我们就不再区分“内心”与“外界”。也就是说，沉浸于活动中的时候，我们所面对的只有自我本身——此时的自我，也就是世界。

这便是自我与世界合二为一的理想状态。虽然长期保持这种状态比较困难，但这种理想状态也并非不可实现。只要全神贯注地投身于某项活动，人便进入了这种理想状态。在这种状态下，人已经融入了活动，心流体验取代了刻意的自我审视。例如，当我沉浸于引体向上的训练时，担心两个月后的比赛能否获胜的那个“我”消失了，此时的我专注于克服地心引力，一丝不苟地执行训练动作，我的身体有节奏地上升下降，便是我融入活动的证明。引体向上的横杆明显是一个外部物体，走进健身房的时候，我一眼就看到了它。在热身之前，我抬头看着它，心里感到一丝恐惧。但是，当我专注于一组最大力量训练时，横杆也从我的感知中消失了。这种全神贯注的时刻在人类任何活动中都可能出现，无论是体育竞技、音乐表演、手工作业，还是人际沟通，只要沉浸在活动之中，就算身处一个所谓的外部世界，人也会感到轻松自在，进入一种浑然忘我的状态。

在进行自身导向型活动时，我们会发现，自我和世界并不是两个相互分离的实体——仿佛自我是一个内在的意识区域，正与一个存在于外部的世界相对抗一样。那些我们看得见、摸得到的事物，那些被我们视为外部世界的事物，并不是毫无意义的物质排列，等着我们赋予各种主观上的价值。相反，这些事物从一开始就是自我的延伸，它们的意义取决于某些过去已发生的故事所具有的意义。这个观点听起来可能有点不同寻常，但我相信，在讨论“与自然接触”和“与时间抗衡”的时候，我们对此将会有更清楚的认识。我想借此表明，要实现真正的自我掌控，我们就必须承认，不管我们在生活中是竭尽全力还是得过且过，是忙忙碌碌还是无所事事，我们的人生都在参与构建世界——没有存在于意识之外的世界，也没有脱离世界而存在的意识。

我们可以用另一种方式来表达这个观点：自我不是一个独立的意识区域，它会在进行活动时偶尔进入心流状态，短暂地与世界“融为一体”。只要我们意识到自我，并且在言语中将“我”与“这个东西”或者“你”对立，我们就已经在通过思考与某物或某人的关系来认识自我了，而某物或某人就是一项共同活动的组成部分。“我受够了这个该死的横杆，它太滑了，我怎么都抓握不住。”这句话的真正内涵并不是主体“我”与客体“横杆”的对立。我们之所以倾向于这种主客体对立的思考方式，只是因为我们长期以来深受一种近代思想传统的影响。这种思想将人与世界割裂开来，以为存在一个独立于人的世界——物质、物品和一切“外部”的事物。在我对横杆表达挫败感的句子中，我似乎也区分了主体和客体，但是对这句话完全可以从不同的角度进行解释：我和横杆是一种共生关系，在这种关系中，我和横杆是不可分割的，我对横杆表达挫败感，实际上是这种共生关系发生了变化。在这句话中，我所说的“我”

是一个积极的自我，这个自我想要恢复训练活动，横杆是训练活动的必要伙伴，但现在它变成了一个抵抗我的伙伴，而不是一个与我合作的伙伴。

由于横杆的持续不合作，我开始仔细检查横杆的材质，将它与其他制作得更好的横杆进行比较，进一步拉开我与它的距离。我们可能认为，仔细检查横杆就是在缩短距离，认识横杆的内部物质。但是，我和横杆本质上是一种积极的合作关系，如果从这个角度来理解，仔细检查横杆其实是在拉开我与横杆的距离，以理性认识横杆的特性。显然，我对横杆的思考是超越情绪的，在思考的时候，我与横杆的关系并没有中断。经过一番思索，我终于知晓横杆的客观特征，我恢复训练，继续与横杆“较劲”，此时我与横杆的关系不是彻底的沉浸式伙伴关系，而是进入了另一种模式——它让我感到挫败，所以我要解决问题。

然而，沉浸式伙伴关系正是有自我意识地解决问题的前提。我们通常认为沉浸是例外，有意识地思考是常态，但实际情况恰好相反。在生活中，我们基本上处于行动的状态，我们做事、使用外物、与别人一起行动，并且沉浸其中。只有在少数情况下，我们才是有意识的规划者、筹谋者，我们从正在进行的活动中后退一步，站在一定的距离之外审视世界。我们所说的自我（ego），或者说主观意识，经常会从日常生活中冒出来——喜欢与人攀比，时不时从所做之事、所用之物中抽离，担心事情会一败涂地。相较于我们在活动中进入心流状态时所浮现的已发生之事，自我或主观意识只是一种处于从属地位的衍生物。

正如亚里士多德所说，只有**在行动中**（in action，希腊语为 en energeia），而不是在静息中，我们才是最真实的自己。在静息中，我们被动地享受愉悦的状态，或者回味自己的某一项成就。在行动中，我们运用思考能力和判断能力，从相互矛盾的各种解决方案中做出选择，解决生活给我们造成的种种难题。亚里士多德认为，判断不是简单地做出“正确”的决定——所谓正确，即能够完成目标或实现效用最大化，而是对“我是谁”表明立场，在某种程度上是一种宣告：“我已通盘考虑，坚持这个决定；也全盘接受这个决定带来的一切后果，并从中吸取教训。”

从这个角度来看，当代社会政策学的一些举措，比如通过调查和分析某些心理倾向来“促使”我们做出“更好”的判断，或者用算法决策来完全取代人类的判断，其实都没有抓住判断的关键，只是将判断视为达到目的的手段，而不是自我掌控的一种表现。现在，在理性选择理论的支持下，技术甚至比我们自己更能满足我们的喜好。但是，技术代替我们做决策将会剥夺我们的能动性，而只有通过能动性，我们才能发展个性、学习技能、建构自己的目标。

## 自我掌控的含义

我们将在第1章和第2章讨论自我掌控。自我掌控是一种公认的美德，但我们对自我掌控的理解仍然停留在表层。说起自我掌控，我们会联想到一个不轻易动摇的人，在遭到别人的反对时，他也依然镇定自若。但是，自我掌控的内涵远比表面上的不慌不忙要深奥得多。如果问我们谁具备自我掌控这种美德，我们可能马上会想到某些人，如果再仔细想一想他们的言行，我们就会明白，外表是具有欺骗性的。比如，一位看上去无比潇洒的广告公司高管在会议上向一屋子的客户推销一份高风险的广告方案，整个过程行云流水，就像热门电视剧《广告狂人》(*Mad Men*）中的唐·德雷柏一样。但这一切只是表象。离开了位于麦迪逊大道的明亮的办公室，唐·德雷柏便开始放纵自己。他拈花惹草、酗酒成性，他也想改过自新，却屡屡失败，所以他的人生越来越堕落。他经常一整夜都出去花天酒地，但每天早上出门的时候，他都会穿上洁白的衬衫，以掩盖他内心世界（inner life）的混乱。

古代哲学将会帮助我们正确认识自我掌控。我们会看到，自我掌控不是对某个任务或领域充满自信，而是一种表里合一，无论做任何事情都能坚持自我。而且认识到人生中的方方面面、时时刻刻都不是孤立的，而是相互影响、相互依存的，它们构成一个不断演化、不断发展的“整体”。自我掌控为我们指引方向，赋予我们勇气，让我们能够面对人生的风风雨雨。

自我掌控的概念具有丰富的内涵。为了理解这个概念，我们主要从两种哲学观点入手：一是亚里士多德的美德观，尤其是关于“大度”（greatness of soul）的论述，这是第 1 章的重点；二是柏拉图对苏格拉底的生与死的记述，这是第 2 章的重点。学者经常将亚里士多德的美德观与柏拉图的美德观进行对比，但我以为两位哲学家的美德观是相辅相成的。在柏拉图的对话录中，苏格拉底用行动展示出来的美德，我们可以在亚里士多德关于大度的论述中找到极其精准而细致的描述。在我看来，亚里士多德所说的大度就是苏格拉底的美德。我们对自我掌控的探讨最终将落脚于对苏格拉底的审判和处决。因为带领雅典的年轻人质疑传统权威，苏格拉底被指控“腐蚀雅典青年”。面对谴责，苏格拉底表现出一种超越常人的镇静和高深莫测，对此我们也将加以审视。在这两章中，我们将以古代哲学思想为线索，以一系列来自电影、电视剧、流行文化和日常生活的例子为参照，详细探讨自我掌控的具体内涵。

对于自我掌控的具体内涵，我们将在以下几个层面进行深入讨论：要敢于为自己争取，但倘若因为遭遇不公而得不到应有的认可或荣誉，我们也要懂得释然；要充分发挥自己的判断力，避免技术或所谓的专家知识以各种方式代替我们做决策，剥夺我们的能动性；要努力理解与我们意见相左之人——不是像诊断某种疾病一样简单地从心理上解释他们的看法，而是尽量从他们身上找到一些可以让我们产生共鸣的观点；要意识到，我们周围的人即使蒙昧无知、充满敌意，他们的存在也不是无法解释的反常现象或令人害怕的神秘事物，他们在某种意义上与我们是一样的；要学会理解我们对他人的责任源于我们对自己的责任；要重新认识道德是一种以自身为目的的自我肯定，而不是一种渴望外在回报的自我牺牲；不要美化自我逃避，不要将自己的弱点视作美德；要培养在失败时重整旗鼓的能力，如果遭遇不幸，那就化不幸为力量，重新振作起来。

## 友谊的含义

在讨论自我掌控的章节中，我们已经可以看到友谊的影子，也就是本书第 3 章的主题。乍一看，自我掌控和友谊似乎是两种互不相干的美德，是构成美好生活的不同要素。但是，我们发现，自我掌控和友谊之间存在一种相互交织、不可分割的关系，甚至两者不能分开来理解。我们对一些自我掌控的典型例子进行了仔细分析，发现其背后的驱动力和构成因素正是对朋友、对亲人的真挚关怀。因此，我们认为，友谊是自我掌控的一种表现形式，反之亦然。在第 3 章里，我们将由此入手，来探讨友谊的真正含义。

我们讨论的一个主题是两种友谊的对比：自身导向的友谊和目标导向的友谊。为了更好地区分这两种友谊，我们将借鉴亚里士多德的功利友谊和美德友谊的概念，他曾对这两个概念的差异有过著名的论述。但我们也将看到，只有从自我掌控或者大度入手，我们才能充分理解亚里士多德所说的美德友谊。

亚里士多德提出，在彼此的陪伴中使自己实现自我掌控，由此形成的友谊才是真正的友谊。反过来看，自我掌控是友谊的一种表现形式。亚里士多德对此提出了一个发人深省的观点，即只有实现自我掌控、与自我为友的人，才能与他人为友。通过探讨与自我为友的意义，我们将更深入地理解自我掌控的内涵，即自我掌控具有与友谊类似的内在结构，或者说，实现自我掌控也会经历从冲突到和谐的这一过程，只是这个过程发生在内心世界而已。

亚里士多德主张，只有坚守美德的人之间的友谊才是真正的友谊。如果不考虑友谊和自我掌控的关系，我们很容易会错误地将这个大胆的主张等同于一种简化但广为接受的观点，即亚里士多德认为，只有坚守美德的人，也就是正义之人，才能成为真正的朋友。我们看到，友谊也许会要求我们偏袒朋友，甚至掩饰朋友的不轨行为。我们将以文学、电影和日常生活中的故事为例，探讨友谊和正义之间的矛盾。

在第 3 章中，我们还要讨论另一个主题：我们轻友谊、重联盟的倾向深深根植于至今仍然影响深远的两种哲学思想——启蒙运动的进步观和天命史观。根据这些哲学思想，人类的最高使命就是要为实现理想状态而奋斗，为此，我们需要的是盟友，而不是朋友。曾被古代哲学视为最高美德的纯粹的友谊，现在却被视作一种狭隘的、容易造成分歧的利益关系，离利己主义或自私自利只有一步之遥，是一种仅限于小圈子的部落之爱，与无私的正义和改革的宏伟愿景相悖。值得注意的是，除了极少数例外，现代哲学家对正义、阶级团结和其他形式的联盟都提出了很多见解，但他们几乎从不谈及友谊。虽然如此，现代人对友谊的贬低仍然是一种被严重误导的结果。

古代哲学家和悲剧诗人洞悉但被启蒙运动思想忽略的是，不可预见的动荡和不公并不只是人类愚蠢的产物——所以不是通过社会改革就能够解决的——而是人类存在的一个基本维度，我们必须与之共存。这是人类的终极命运。如果没有朋友，我们将无法响应终极命运的召唤。只有依靠友谊，我们才能化不幸为力量，实现自我掌控，使我们的人性更加丰满。有一种常见的观点认为，友谊与普遍关切是相互矛盾的。从斯多葛学派到亚当·斯密（Adam Smith），很多流派的哲学家都持有这种观点。但事实证明，这种观点是错误的。我们要认识到，距离我们“很遥远”的人也可能成为我们的朋友。只有通过这种类比参照，我们才能理解和欣赏全体人类的价值。我们要寻找朋友，而不是盟友，这一点对实现美好生活至关重要。

## 与自然接触的含义

与自然接触是我们在第 4 章要讨论的主题。友谊和自我掌控是一对相互依存的美德，加上与自然接触，三种美德构成了一个统一的整体。有时候，我们会觉得被剥夺了自我，感到不幸福。之所以会产生这种感觉，主要原因在于我们远离了自然。大自然的事物不是我们制造或者生产的，而是我们遇到的，我们从中可以得到提示和启迪。远离了大自然，我们就与这些重要的提示和启迪绝缘了。其实，大自然是意义和自我认识的来源。自然奇观常常让人心生敬畏，每到这种时刻，我们便会不由自主地发挥自己的解释能力，我们搜肠刮肚，试图用准确的话语阐述周围环境的美丽和崇高。但是，在很多时候，我们只是把大自然看作我们达成目标的外部背景或环境。

这种态度在我们肆无忌惮地漠视大自然的美丽和神秘时表现得淋漓尽致。我们贸然砍伐雨林，只为开垦农田；我们一心想着建立工厂、发展工业，对于被毁掉的风景和湖泊视而不见，直到大气遭到严重污染，白天再也看不到蓝天，晚上再也看不见星星。如今大行其道的环境保护主义也表现出同样的态度，即把自然当作一种需要保护的稀缺资源，而对污染问题的理解主要是从全球气候变化和极端天气威胁到人类福祉或地球健康的角度出发的。

更微妙的是，我们大多数人也是以这种态度来研究和认识自然的——我们往往不加批判地就接受某些现代理论，将其全部视为现代科学的进步，比如从适者生存的角度去理解动物行为的达尔文理论，或者基于万有引力法则的运动观。根据这样的理论，事物只是我们可预测、可控制的客体。这种对事物的理解是不全面的，跟所有形式的目标导向型活动一样，将事物客体化是一种目光短浅的理解方式，看不见事物本身的意义，甚至彻底**远离了**事物的本质。如果客体化变成潜意识的反应，我们就会变得无知，同时也会丧失自我。我们用抽象化的方式理解物理世界，诸如“运动中的物体”等抽象概念让我们可以计算出将火箭发射到外太空所需要的速度；我们相信盲目的生存本能，所以我们可以预测某一个物种可能在未来几年出现的主要表型。但是，物理世界那么丰富、那么神秘，有那么多可能的解释方式，如果我们只局限于这种抽象化的理解，那我们就会与世界脱节，无法真正感知这个看得见、摸得着的世界。

在日常生活中，世界是阻力的来源，也是灵感的源泉。只有将理解自然作为认识我们自己的一种方式来加以解释，我们才能充分理解世界。适用的话语模式应该是某种诗意的或文学的语言，类似古代自然观的话语模式，将自然拟人化，激励人们努力实现自我掌控。这种解释自然的方式也可以通过苏格拉底式对话来理解。当然，与自然对话跟与人类对话不同，如果我们向自然提问，日月星辰并不会直接给我们答案（不过，苏格拉底指出，书面文字也不会直接给我们答案）。但是，就像任何一个对话者一样，自然界的一切事物都可以带给我们意义和启示，我们可以就其存在本身与自我、与朋友进行深入对话。苏格拉底用太阳来阐述善的概念就是我们要讨论的一个例子。当我们试图解释自然的意义时，自然也会呈现出不一样的面貌。

现代思维方式往往认为，这种对自然的解释只不过是人类在任性地将自己的价值观投射于宇宙，而宇宙本身并无所谓道德。但我们也要注意到，人类中心主义遭到谴责，说明我们对于“人类”（anthropos）这个概念的理解非常有问题，即人类具有主观意识，独立于作为客体的观察对象。一边是人类的价值和愿望，另一边是自然界的万事万物，这种主客体的区分忽略了很重要的一点：沉浸在事物之中是人类存在和感知的基本方式。我们往往会认为某些观察和解释方式是客观的，不会被指控为人类中心主义，比如我们用“物体”“质量”“数量”和“原因”等概念来解释自然。但是，经过仔细分析，我们发现，这些解释方式恰好证明了某些自我概念是有问题的，只是在不言而喻的描述性语言的掩盖下，这些有问题的自我概念并不那么容易被人察觉。

我们要重新认识与自然接触这种美德，而且要把它给阐释清楚。为此，我们将通过对比与自然接触和另外两种与之相反的立场来进行论述。第一种我们可以称之为“与自然对立的立场”，属于一种技术论。这种立场认为，我们所面对的自然是无限可塑的，我们对自然的任何目的都可以实现。无论大自然一开始的阻力有多大，最终我们都能征服它，使它为我所用。技术论提出了一个激进的观点：对我们的生产力构成外部限制的自然是不存在的。一切看似在支配着我们的外部力量，都只是所予之物（given）——随着我们掌握的技术的不断进步，一切给予**我们**之物都会被我们彻底征服。现在，人们越来越关注如何延长寿命，这便是与自然对立的立场的一个典型例子。这个例子体现了一种信念：即便是死亡——自然对我们的人生施加的终极限制——也可以被征服。我们将看到，这种信念是一种不切实际的普罗米修斯式的愿望，其本身建立在死亡可观察、可研究、可预测、可推迟的基础之上。但是，这种愿望忽略了一点：死亡与我们生活的意义有关，我们的人生旅途在任何时刻都可能突然被死亡打断。

第二种与解释自然相背离的态度在某种意义上也跟技术论背道而驰。这是一种“逆来顺受的立场”，带有某些前现代观念的特征，如今却与自然“就在那里”的观点产生共振，即自然确实对我们施加了某些不可逾越的限制，这些限制本身就是生活的组成部分，我们必须学会接受。斯多葛学派之所以在当代复兴，其核心原因也在于此。根据斯多葛学派的教导，面对无法控制的事物，我们要保持冷静，要明白大自然的力量是无限的，一切事物都会烟消云散，然后再度聚合，如此循环往复，无穷无尽。

我们主张的态度既不是逆来顺受，也不是相互对立。我们将采取苏格拉底式的理解方式来解释自然：自然是我们对话的伙伴，即便是灾难、伤害、疾病、死亡等与我们对立的自然现象，我们也可以从中得到提示和启迪，让我们学习如何重新解释生活，如何重新认识我们追求的目标。

## 与时间抗衡和自由的意义

最后，我们将探讨坚持自我掌控、友谊和与自然接触这三种美德在两个方面的启迪，即我们如何理解和感知时间，以及我们如何认识自由的意义。

在第 5 章中，我们将对比目标导向型活动和自身导向型活动相应形成的两种时间观。我们将仔细审视我们熟悉的时间焦虑——时间总是过得太快，时间永远不够用，手头的事情还没做完，后面的事情又接踵而至，随着时间的流逝，我们不可避免地会老去，最终走向死亡——归根到底，我们之所以产生时间焦虑，是因为我们总是不停地追逐本身没有意义的目标，这导致我们对时间的理解出现了扭曲。

对于如何理解时间，我们似乎认同一个不言自明的概念：时间在不停地流逝和延续。其实，这是目标导向型生活必然会形成的一种时间概念，因为目标导向型人生要追求一个又一个目标，而事件的发生一定有先后之分。只有在目标导向的理解框架下，我们才能说时间在流逝，成为可以用秒、分、小时、天和年等衡量单位进行测量的对象。因此，我们对时间的主观感知与所谓“真实”或“客观”的时间并不一致，这其实是我们缺乏自身导向型活动从而出现的一种症状。

人生是一段无限的旅途，其核心要义在于自我掌控、友谊和与自然接触这三种美德。从这样的角度来看，时间永远不会简单地流逝。因为每一个时刻都可以理解为对已发生之事的救赎和重新整合。我们将看到，过去和未来不是时间轴的节点，而是构成每一个时刻的维度——过去表示此刻的封闭和统一，未来表示此刻的开放和未知。按照这种理解方式，人生不是在出生与死亡之间铺开的一连串时刻，而是一个包含开放和封闭两种特征的单一时刻，是一个贯穿“所有时间”的时刻。

以这种方式理解时间就是重新认识生命和死亡的意义。对于死亡的认识，我们有一种熟悉的观点：死亡是对生命的否定，或者说是生命的终结。这种观点源于将生命狭隘地理解为意识的“存在”，这个意识在某个时间点进入世界，在世界上停留一段时间，然后在某一天被消灭或移除。以这种方式理解人生就是将自我局限于一连串时刻，但这些时刻只构成目标导向意义上的时间。实际上，由自我掌控、友谊和与自然接触这三种美德构成的生活方式能够超越意识的界限，塑造具有无限可能的世界，人可以进入这个世界，也可以从这个世界离开。

或者说，从世界的角度来看，一个人的生活或个人身份永远不可能被简化为一个意识区域。原因很简单，人与世界不可分割，人需要世界去激发解释力，在解释世界的过程中，人也参与了对世界的塑造。人类通过自己的行动来塑造世界，塑造出来的世界反过来又塑造人类自己，生命就这样不断地走向某种封闭，又不断地从封闭中遥望更开放的世界。生活本就充满了未知，处处皆可能遇到意外，死亡——如果死亡有任何意义的话——也只不过是其中比较难以理解的一个方面而已。而且，正因为生活充满变数，我们才要尽最大的努力追求认识自我。由此可见，“死后”会发生什么事情——个人意识的命运是奖励还是惩罚——并不是一个迫切需要回答的问题。无论未来的任何时刻是多么神秘，有多少种可能性，其意义都不比当下活着的时刻更深远。

在第 6 章中，我们将研究自身导向型活动中自由的概念。早在讨论自我掌控的章节里，自由这个问题就已经出现了，因为判断能力、独立思考能力和创造性地克服困难的能力都与自由有关。然而，这些能力以及自我掌控这个概念本身就很容易被误解，很多人以为自由就是可以**选择**或**塑造**自己的人生，不被周围环境左右。这是我们很熟悉的观点，却是一个被误导的观点，它将自由意志与决定论对立了起来，一边是按照自己的选择和决定来生活的无限能力，另一边是无法避免的自然倾向和社会压力等外部约束。自由意志与决定论相互对立的观点源自一个被误导的思想传统，即把自我当作主体，在一个由客体构成的世界里，主体必须维持相对于客体的主体性。这种主客体的区分完全忽略了自我与世界是一种互相构成的关系。

我们将看到，如果从选择或决定的角度来理解自由，我们就会忽略很重要的一点：我们从自己身处的世界得到指引和方向，才做出最符合自我本性的行为。这些行为的本质是解释和关怀，而不是意志和选择。能动性是一种关注和回应世界的模式。通过审视我们的能动性，我们会发现，我们必须先理解当下的生活，才能创造未来的和谐生活。只有我们相信自己当下的生活是和谐的，而且暂时是界限分明的，我们才能在新的冒险和际遇中塑造自己未来的人生。

在遇到个人道德冲突的时候，我们的人生似乎被各种外部作用力量拉向不同方向，我们必须从中选择一个方向。但是，这种情况恰好在无形中证明了自我的统一性，如果在权衡之后选择了一个方向，那我们就要“全身心”投入其中。正因为如此，两难局面才会出现，我们才有选项可选。如果意识到这一点，我们就会明白，我们做出的选择远远没有我们想象得重要。最重要的是，构成自由的要素不是选择本身，而是我们在已经选择的人生道路上如何生活。踏上旅途，我们将会不断从中发现无限可能。

## 构建美好生活理想的意义

目标导向型活动和自身导向型活动代表了两种迥异的生活态度。如果两者是非此即彼的关系，只要用一种态度取代另一种态度，就可以获得真正的、持久的满足感，那我们的问题也许就变得简单多了。但是，我要阐述的自身导向型活动是一个内涵十分丰富的概念。它倡导一种与我们当前生活截然不同的美好生活理想。不仅如此，我们还可以借此来说明或解释当前的生活，解释早就潜藏于我们心底的某种渴望。即使我们当前的生活方式与最连贯、最清晰的自身导向型生活方式天差地别，我们心底的渴望也会以巧妙而隐蔽的方式在生活的细枝末节中体现出来。

我想揭示的是：自身导向型活动不是目标导向型活动的简单对立，而是目标导向型活动的前提——自身导向让我们**沉浸**其中，因此我们才会为目标全力以赴。我们之所以沉湎于为目标疲于奔命的生活，陷入短视的困局无法自拔，唯一的原因就是我们生活的底色和方向就是“人生是一段无限的旅途”，既然“人生是一段无限的旅途”，我们的人生追求就必定偏向自我掌控、友谊和与自然接触这三种美德。就算我们眼里只有目标，其他一概不论，只要我们仔细审视专注于目标的生活，我们还是可以从中发现另一种生活方式的痕迹。这是因为，让我们不懈追求、沉浸其中的目标不可能来自一种只为目标疲于奔命的生活方式。我们必须对生活产生更深刻的理解，才能找到真正的目标，虽然这种“更深刻的理解”并非我们刻意为之，只是偶然的灵光乍现。我们之所以落入自我毁灭的困境，与自我掌控、友谊和与自然接触这三种美德背道而驰，不是因为我们经不住诱惑，也不是因为其他违背自身导向的各种因素，而是因为我们从事自身导向型活动的方式出现了偏差和扭曲。

实际上，这个美好生活的理想早已藏在我们心中，或者在我们当前的生活中已经有所体现，虽然体现得还不够充分。所以，我们的任务是重新找到这个理想并且证明其合理性。要完成这个任务，我们就必须阐述清楚，这个理想是如何贯穿我们的生活的，但是我们还没有发现，坚持就更谈不上了。我们将仔细审视自己的生活方式，明确我们在自我掌控、友谊和与自然接触这三种美德方面存在的欠缺。就算我们的生活方式距离真正的美好生活相去甚远，我们也会发现自己对此至少是心怀向往的。换言之，我们错误地以为，我们现在的处事方式能够带给我们幸福，比如以非常不友好甚至敌对的态度对待他人，或者站在对立的立场上看待大自然，可是这种处事方式从来没有让我们得到完全的满足感。经过细致的分析和解读，我们发现，在我们的行为背后潜藏着一种不满情绪，此时只有践行真正的美德，我们才能真正得到满足。

由此可见，我提出的美好生活“理想”也是对人生意义的一种解释，一种我们理解目前生活的方式，包括理解我们犯下的错误。我们不应该将错误理解为负面的生活方式，或者有悖于美好生活理想。相反，错误只是暂时的混乱和不连贯，它能够为我们指引方向，帮助我们找到被掩盖的真理。这一点听起来也许有些抽象，结合具体的例子来看就会变得清晰。我们将通过一系列目标导向型活动的具体案例，对此进行详细讨论——例如我们为了达到目的而去操纵他人，或者肆意滥用自然资源，对大自然的意义熟视无睹——并且指出，案例中的做法本身就隐含着对自我掌控、友谊和与自然接触这三种美德的依赖或向往。

Happiness
in
Action

A Philosopher's
Guide to the Good Life

# 第1章

# 自我掌控（一）

来自亚里士多德的现代生活指南

什么样的人称得上拥有自我掌控的美德，古典哲学有一套严格全面的标准，要在现代社会找到一个完全符合的人并非易事。如果把目光投向美国的影视界、政界或者企业界，我们可以找到为数众多的自信之人，但自我掌控之人却很少。自信之人与自我掌控之人是有区别的，前者只在特定领域驾驭目标或者富有主见，后者则在生活的任何时候都充满自主性，或者说具有完整性。拥有自信意味着知道并感到自己有能力扮演好一个角色或完成一项任务，比如打一场棒球比赛、做成一笔生意、发表一次演讲、教授一堂课、建好一座房子或治愈一个病人。实现自我掌控就是认识到，比起在某一领域游刃有余、有所成就，更重要的是具备看清人生起伏、把握生命本质的能力，生活中的成功与失败具有同等重要的意义，它们都是塑造自我的人生经历。

随着不断寻找，我们越来越多地发现，镁光灯之外的普通人，也就是我们身边的朋友、老师、导师和家人，反而更能体现自我掌控这一美德，他们能够正确认识目标的意义，不会走火入魔、视野狭窄，以冷静的态度和救赎精神面对一切阻力。

一方面，我们都在努力追求自我掌控，钦佩实现自我掌控的人，我们知道自我掌控是一种重要的美德，不需要哲学来告诉我们。另一方面，我们却发现自我掌控很难维持，而且容易被误解。下面我们来探讨之所以出现这种情况的几个原因。

## 追求功成名就带来的压力

在忙忙碌碌的日常工作中，我们很容易失去自我。为了达成目标（比如获得晋升、完成项目等），我们时时刻刻想的都是制订计划、执行计划。我们完成了目标，内心却感到空虚，仍然渴望一种能够持久的幸福，但即便如此，我们仍然选择压抑这种空虚感，继续回到为目标疲于奔命的生活方式。

对于目标导向型活动与自身导向型活动之间的矛盾，我在体育训练中深有体会。不管结果如何，我都是真的喜欢练习引体向上，这一点具有多方面的意义。一方面，引体向上给我带来快乐，这是很多体育运动的共同特征。另一方面，如果只是从健康、减肥、力量或其他预期结果等角度来理解运动，那么这种快乐就会很容易被削弱和贬低。在运动中，你会认识到自己的力量，感受到蓬勃的生命力，因为你将自己的力量作用于世界，同时对世界的阻力做出反应。此外，还有一种运动的自由——经过不懈努力，你适应了周围的环境，如果是在引体向上中，周围的环境就是横杆、重力等；如果是在跑步或散步中，那就是太阳、风、雨和起伏的风景——在一开始的时候，周围的环境是陌生的外部要素；如今，在最理想的状态下，你甚至能掌控周围的环境，在运动中如鱼得水，游刃有余。如果要类比的话，我们可以想象水手对风的关注和反应：起初，风是一股自行其是的外部力量，在水手的操作下，风被驯服，逐渐变成了推动船只在海洋中航行的伙伴。在日常生活中，我们大部分时间的移动都是一成不变的，很多旨在让生活变得更简单的设施实际上却是禁锢和扭曲我们的工具（比如电梯、地铁车厢、办公室隔间、桌椅以及其他“便利工具”或“高效布局”，这些设施的作用就是规范我们如何移动、移动到什么位置，对此我们也不假思索地接受了，没有丝毫怀疑）。在运动中获得的自由，犹如沙漠中的绿洲，在无聊生活中给我们带来一丝慰藉。

我也是经过一番努力，才感受到训练的快乐的。在引体向上训练中，我判断一次计时练习是否有价值的标准是自己有没有达到设定的次数，或者是否打破纪录。我们身边到处都是鼓励我们专注于自我进步的技术和广告，我们取得的一切收获，都可以借助 Fitbit 记录器和其他类似的工具加以量化，甚至精确到每一步、每一秒。在这种环境里，我们很容易就会陷入目标导向的思维方式。我创下过几次一分钟引体向上纪录（2016年一次，2017年一次，2018年两次），每一次成就都让我感到喜悦，但每一次的喜悦都转瞬即逝，因为我有一种以成就为导向的思维方式，所以我总会忘记一点：成就带来的喜悦是难以持久的。意识到这一点后，我才开始反思这种为了破纪录而拼命训练的生活方式。我也忽略了一个简单的事实：纪录总会被打破，或者更糟糕的是（从名声的角度来看），也许有一天，世上再也没有人重视引体向上这项运动——让自己悬挂于横杆，将身体往上拉起，直到下巴超过横杆的运动——甚至认为它毫无意义。我提醒自己，能够持久保留、延续发展的，只有我自己在训练过程中所经历的故事，无论我在训练中是成功还是失败，这些故事都不会消失。因此，我告诉自己，要把每一次计时训练当作一个挑战，当作一段无限的旅途的一部分——一段我也不**希望**结束的旅途。

坐在书桌前写作时，我也同样告诉自己——把一本书写完并不是最重要的事情。我也想尽快完成书稿，尤其是当时距离秋季学期开学的日子越来越近了。但是，比完成活动更有意义的是活动本身，在进行写作这项活动的时候，我搜肠刮肚，费尽心思地将我的想法变成文字，在此过程中，我对自己的认识可能变得更清晰，我的视野也可能得到拓宽，变得更加开阔。

当我发现自己忘记了写作本身的意义，只想看到作品的完成时，我想起了19世纪哲学家弗里德里希·尼采在《善恶的彼岸》（*Beyond Good and Evil*）一书结尾处那段生动形象的话。他说，一旦他的思想变成文字写下来，便会失去原本的魅力："哎呀，我写下的、画出的思想，你们到底是什么呀！不久以前，你们还那么多姿多彩，那么年轻，那么不怀好意，浑身布满了棘刺，散发着神秘的香气——你们让我打喷嚏，让我发笑——可现在呢？你们已经不再新奇有趣……但没有人会由此猜到你们在早晨的样子，你们是从我的孤独里突然迸发出的火花和奇迹。"[1]

尼采的话让我联想到苏格拉底对写作的批判：一旦将话语写在纸上，思想的旅途就可能沦为知识的生产。我们很容易忘记：哲学是开放的，探索哲学的开放性是令人振奋的，即便是最难得、最精彩的深刻思想，也不过是一种暗示、一次邀请或者一点火花，吸引我们继续探索。我对本书的写作任务进行了反思，在尼采和苏格拉底的启发下，我终于真正理解了这一段写作旅途的终点的意义。我意识到，这项写作活动显然是一次难得的机会——在炙热的跑道上努力奔跑之后，我回到开着空调的书房里，坐在我的书桌前，把自己的想法一字一句地写下来，虽然这些想法还不够成熟，但它们是我提笔书写的动力——我至少应该欢迎这样的机会。用这样的方式度过炎炎夏日，是多么美好的事情，我怎么会希望这样的写作活动结束呢？

只要我们将一项活动看作一段旅途，在活动的过程中我们就可以保持快乐。当然，要做到这一点并非易事。之所以难以做到，原因在于我们给自己施加最后期限的压力，而且我们难以抵挡成功和赞誉的诱惑。即便是些许的压力和诱惑，都会使我们忘记活动本身的意义。在某种程度上，这些压力是社会文化造成的。在一个以目标为导向的社会，事业的发展极其重要，我们自然会产生巨大的压力。但是，无论在任何时代、任何社会，就算与工作无关，以成败论英雄的观点都是不可避免的。这一点与人类行为的本质有关，即使是表面上不以目标为导向的行为——唱歌、跳舞、与朋友聊天、在傍晚散步——也很容易用某种目标进行重新解释：唱歌、跳舞要表现出色，与朋友聊天要给对方留下深刻印象，在傍晚散步要赶上日落。

## 忽视和贬低自我掌控

因为社会不认可、不鼓励自我掌控这种美德，所以我们对自我掌控的追求特别难以实现。体现自我掌控的行为通常不会被视为丰功伟绩而得到大肆宣传。有担当，有作为，在实干中认识自我；人格完整，视野开阔，从长远出发采取行动；在逆境中脚踏实地，稳如泰山；在落败时沉着冷静，临危不乱——这些自我掌控美德的具体表现，显然远远不如展示才华那么引人注目。自我掌控和功成名就当然可以同时存在，但事实上往往并非如此。在一个崇尚功成名就的社会里，具有自我掌控美德却没有什么名气的人往往得不到关注。

苏格拉底就是一个典型的例子。尽管他对包括柏拉图在内的少数学生产生了巨大的影响，但他并没有留下什么重大的作品。柏拉图把与苏格拉底的对话记录下来之后，苏格拉底才成为一个世界性的历史人物。在那之前，苏格拉底对公共生活的影响远远不如伯里克利（Pericles）等伟大的演说家和政治家。雅典盛行的文化价值观是英雄主义，人们都渴望成为名垂青史的英雄，就像神话中的阿喀琉斯一样。但是，虽然阿喀琉斯在特洛伊战争中表现出了巨大的勇气，他却一直被复仇困扰，被死亡的恐惧折磨——尽管他也极其坚忍刚毅地直面死亡。阿喀琉斯在战场上表现出来的自信确实令人印象深刻；但他缺乏苏格拉底的自我掌控，也因此遭受了很多苦难。

自我掌控美德不仅被忽视，而且被误解和贬低。自我掌控的一些特征，比如行事低调、不慌不忙，以及有时漫不经心的举止，很容易被人误解为冷漠或轻浮。如果自我掌控者遇到不幸，例如遇到车祸或错过航班，他们不会大发脾气，如果情况非他们能控制，或者确实是人为错误所致，他们就更不会激动了。但是，一般人遇到这种情况，通常会变得严肃、愤怒，感到非常可惜，甚至表现出极度悔恨的情绪。所以，自我掌控者的平静可能会让很多人感到不安。在这种背景下，想要把培养自我掌控美德作为人生中的首要任务，就得承受“不负责任”“冷酷无情”或者对重要的事情“不够重视”等种种误解。20世纪的哲学家汉娜·阿伦特（Hannah Arendt）就曾经遭到类似的批评。阿伦特是犹太人，在第二次世界大战爆发前移居美国。战后，阿伦特在报道艾希曼审判时指出，艾希曼这个犹太人大屠杀的凶手实际上就是一个滑稽可笑的人物。有一些人觉得自己被冒犯了，因为阿伦特并没有用一种极其严肃的、谴责性的语气来谈论艾希曼；相反，她以开玩笑的态度表示嘲笑，认为艾希曼的恶行是一种完全不值得一提的、相当愚蠢可悲的官僚做派，用她的话来说就是“平庸之恶”（the banality of evil）——这个说法现在人尽皆知。在为自己辩护时，阿伦特说，她在报道时无法控制自己的语气。她本性如此，语气只是本性的一种表现方式——她在可怕的事情中发现荒谬之处，并以这种发现为荣；在面对死亡时，她甚至会发笑。她的回答有一些苏格拉底的意味。苏格拉底被处决前，朋友们围着他哭泣。他的朋友克里托（Crito）问他希望死后如何安葬，苏格拉底以一种特有的幽默感回答道：“如果你们抓得住我，我也不逃跑的话，那就随你们怎么安葬。”[2] 苏格拉底的意思是，一旦他死去，他真正的自我就离开了躺在他朋友面前的那具毫无生气的躯体。因此，克里托不应该对葬礼的事如此小题大做。苏格拉底拒绝让死亡的阴影扰乱他活着时的轻松和快乐。

苏格拉底和阿伦特都不是麻木不仁之人，绝不会出于对生命的冷漠而贬低苦难。恰恰相反，他们严肃对待苦难，认为苦难是人类生存必需的，也是人类在最黑暗的时刻找到救赎的巨大挑战和机会。他们要努力克服的是自哀情绪，就算面对最大的不幸，也不能自怜。正如他们拒绝怜悯自己一样，在解释别人的苦难时，他们也拒绝让自己过于悲天悯人。相反，他们一直努力将苦难理解为人生不可或缺的组成部分，只有经历过苦难，才懂得救赎的喜悦。但是，在这个意义上，自我掌控是一种崇高的、难以企及的美德。有些人会贬低自我掌控，因为他们误以为美好生活是没有痛苦的生活，并错误地把怜悯当作同情。

## 空虚的快乐及其背后的幸福观

在凉爽的夏日早晨，太阳升起之前，我跑步穿越公园，到健身房进行引体向上训练。我在人行道上专注地向前奔跑，感受着自己的重量随着每一次脚步落在地面的感觉。我非常喜欢这种感觉，但我也经常面临一个古老的难题：闹钟铃响之后，我是马上起床去训练，还是按掉闹钟，躺在床上再睡一会儿。我知道，比起躺在床上半睡半醒、翻来覆去，起床去训练才是更积极向上的做法。但是，枕头那么柔软、那么诱人，躺下来那么轻松舒适，实在是令人难以抗拒。当然，我并不是说休息是一件坏事。在一个以目标为导向的社会里，我们白天忙于日常工作，完全没有时间和空间思考自己的梦想。在这种背景下，如果我们能够好好休息，尤其是深度睡眠，我们就可以找到以前从来不会想到的梦想。与我们为功成名就疲于奔命的生活相比，这种进入深度睡眠的休息很可能是一种**更高**层次的活动模式。我想说的是，枕头的诱惑说明一个问题：我们往往会逃避那些让我们磨炼个性、挖掘潜能的挑战，却很容易就臣服于传统生活方式那种轻松但无实质意义的快乐。

我们要参加户外活动，与大自然接触，但是我们做不到；我们要经常与朋友叙旧，但是我们只会通过 Facebook 或者 Instagram 与朋友联系。我们每天忙忙碌碌，为了出人头地绞尽脑汁、处心积虑，如果到了无法承受、必须暂时逃离的时候，我们也只会以无脑享乐的方式分散自己的注意力。我们一时高度自律、殚精竭虑，一时又自我放纵、逃避现实，这形成了一种恶性循环。自我放纵、逃避现实，是因为要排解每天为了目标疲于奔命带来的那种挥之不去的压力。有些自我放纵的行为无伤大雅，比如下班之后沉迷于垃圾电视节目，但有些行为却是有百害而无一利，比如滥用处方药物。这些放纵行为有一个共同点：它们只能给我们带来轻松、短暂的快乐，在快乐过后，我们只会更加渴望行动——让我们获得荣誉的行动。

在年轻时工作，在年老时退休，这种观念显然也可以理解为努力和放纵的邪恶联盟。工作时疯狂地追求成功，焦虑地追逐所谓的生活必需品，实际上这些“生活必需品”并非真的必需，只是地位的象征，或者可以增加一点便利性。退休后每天都无忧无虑，没有冒险，没有风险，也没有个人成长。当然，从理论上讲，人在退休之后就是自由的，可以选择从事真正有意义的活动；但我们应该注意到，用“退休”（retirement）这个词来表示职业生涯结束后的生活（这种生活应该是“美好”的）会让人联想到一个疲惫不堪、精疲力竭、行将就木的形象。令人吃惊的是，retire 一词在其他语境下几乎都用作贬义词，或者至少带有退缩或屈服于环境的意思。比如，若一支棒球队“在第九局以 1 比 3 告负（retire)”，那就糟糕了。那为什么在谈及职业生涯时，退休应该是美好的呢？这个词意味着职业是焦虑的来源，而退出（withdrawal）是一种出路，退出职业就可以无忧无虑。

我们也可以对“假期”（vacation）一词进行类似的批评。我们渴望拥有“空闲”（vacant）的时间，而不是把时间用于从事其他不同种类或性质的活动，就像“假日”（holiday）一词与“圣日”（holy-day）的某种关联一样，因为我们日常几乎都处于令人焦虑的忙碌中，所以无比渴望能够逃离。我们希望自己轻轻松松就能享受舒适的生活，哪怕这种生活毫无意义，但我们可以从中得到慰藉。市面上关于如何快乐起来或者如何更好地决策的自助类图书品类众多，通常是由专业心理学家撰写的，其中大部分都在助长甚至怂恿这种追求享乐的风气。久而久之，我们对幸福的认识也发生了扭曲，我们把幸福理解为一种要达到的心理状态，而不是一种要培养的生活方式。在这些图书的影响下，我们不仅会更加迷信自律性和做计划（相信我们可以通过纠正所谓的认知偏差来“设计”我们的幸福），而且会更加迫切地想要找到一种轻松的方式来逃避目标导向型工作带来的压力。

那么，心理学家是如何教我们把幸福理解为一种心理状态，如何鼓励我们避开那些培养自我掌控美德的探索和冒险活动的呢？世界著名的理性选择理论家、心理学家丹尼尔·卡尼曼（Daniel Kahneman）关于如何选择下一个度假地点的建议便是一个明显的例子。卡尼曼提出，我们的“记忆自我”存在“认知偏差”，我们对于下次去哪里度假的决策很容易受到“认知偏差”的影响。“记忆自我”通常会扭曲我们在以前某次旅行中实际体验到的快乐，而且会特别重视旅行结束时经历的快乐或痛苦。[3]例如，假设上次我们去海滩度假一周，结束那天遇上暴风雨，我们被淋得狼狈不堪，就算我们在前面六天都玩得很开心，在回去之后，我们也只会对旅行结束时的糟糕体验喋喋不休。“记忆自我”对快乐和痛苦的描述并不准确，因此，在下一次旅行的时候，我们可能会选择去其他地方，比如到山里度假。但实际上，如果再去海滩度假的话，我们可能会更加快乐。

卡尼曼的理论有一个前提：美好假期或者任何一种美好体验，都取决于体验发生时的心理状态。我们客观地把我们在旅行的每个时刻体验的快乐都计算出来，然后把所有时刻的快乐加在一起，这样我们就可以知道自己**当时**有多快乐。在他看来，幸福归根到底存在于“我们的头脑中”——幸福是一种状况、一种状态，在体验幸福的时候，我们可以清楚地意识到这种状态，而且可以“实时地”、大差不差地计算自己有多幸福。这种对幸福的理解完全没有提及幸福与意义的关系以及意义与磨难的关系。

如果让我说出人生中最重要的旅行，或者哪些旅行至今还让我感到哪怕一点点幸福，我脑海里浮现的都不是安逸舒适的旅行。有些旅行因为沟通不顺招致误解，好说歹说也无济于事，令人无比沮丧；有些旅行因为拐错弯而走错路，不得不走一段回头路再重新出发；有些旅行还收到一些意外的邀请，或者婉言相拒，或者勇敢接受，都需要小心应对。即使是勉强称得上平静、放松的旅行，也只是因为这些旅行为我创造了参加活动、结识朋友、与自然接触的空间，让我可以摆脱枯燥乏味的日常工作，有机会面对以其他形式出现的微妙阻力，比如在当地寻找一种很难找到的特殊的贝壳，或者挑战自己去理解其他文化的风俗习惯。在这样的旅行中，快乐和痛苦不可能泾渭分明，因为找到贝壳带来的喜悦与一路走来所经历的磨难是分不开的。

在经历生命中许多最重要体验的时刻，我的心理状态完全谈不上平静。某些心理学家十分推崇脑成像技术，要是在那些时刻用脑成像仪器检测我的大脑，成像结果里面我大脑负责压力处理的区域肯定会亮起来。现在回想起来，虽然这些经历伴随着心理上的压力，但是我宁愿再来一次类似的体验，而不愿意接受被动的、转瞬即逝的享乐。这样的享乐毫无意义，所以几乎不会在我的记忆里留下任何痕迹。

对此，卡尼曼可能会说，这只是我的“偏好”而已。我“偏好”的是冒险和叙事，而不是快乐，他的“记忆自我”和“体验自我”的理论框架也可以用来解释这种偏好。但是，如果认同对冒险和叙事的“偏好”，那“体验自我”和“记忆自我”之间就没有什么可区分的了。因为一次经历是不是一次有价值的冒险，是我们后来才知道的。我们回到家里，在脑海里回味这段经历，与朋友分享、讨论，听他们的意见，以后再遇到类似的情形，我们便可以更从容地应对。只有到了这个时候，我们才能判断这次经历的意义。

可以说，“记忆自我”之所以比“体验自我”更**明智**，正是因为“记忆自我”不考虑或者忘记了“当时”的心理状态，并且能清楚地看到从中得到的经验和教训。如果人生是一次旅行，那人就只有一个自我——不是喜欢在记忆中扭曲“真实发生”事件的那一半自我。（当代心理学家也喜欢忘记以前那些心理学流派的真知灼见，尤其是弗洛伊德的精神分析理论。根据精神分析理论，无论是在经历的那一刻还是在回忆之中，我们都同样会误解自己的体验。）“记忆自我”天生具有“认知偏差”的观点来源于一种逆来顺受的人生态度。从表面上看，这种人生态度是一种浅薄的功利主义，完全忘记了生命是一次旅行。

我们应该摒弃理性选择理论的假设。相反，我们应该想到，最有意义的事件往往是在发生时让我们感到怀疑、焦虑、不适甚至痛苦的事件。只是在经历事件的那一刻，我们还不能或者还没有准备好将事件置于一个关于挣扎、救赎和自我认识的叙事框架里来理解。要是仅凭我们当时的心理状态来判断某个时刻的经历，我们可能会认为，遇到这种情况就应该逃跑，或者这种事情我们宁可忘得一干二净。只有在回首往事的时候，我们才会明白，这些事件在我们正在进行的人生叙事中具有重要的意义。考虑到这一点，我们也许就会意识到，这些事件对我们人生的意义和方向都至关重要，我们应该欣然接受。有时，我们甚至可能不知道自己正在经历一个重要事件——某一种姿态、某一次遭遇，表面上看起来是那么琐碎、那么无足轻重，根本谈不上什么事件，尚不足以进入我们有意识的认知。只有在很久以后，等到事情一件一件地发生，我们从当时困扰我们的诸多杂念中解放出来，终于可以回望过去的时候，我们才发现，原来当初因为某件小事，我们开始履行的一个承诺，或者开始追求的一种爱好，如今已经成为我们人生不可或缺的组成部分。无论我们在某一时刻处于什么样的心理状态——快乐、悲伤、焦虑、放松、恐惧、勇敢——与**活动本身**隐含的幸福相比，都是无足轻重的。但是，我们要完成自我发现，才能意识到这种幸福，而自我发现的过程可能是十分漫长的。

在生活中，我们经常感到不快乐，因为我们觉得自己应该有不一样的感受。我们觉得，与朋友在一起的时候应该感到更开心，去度假的时候应该感到更放松，做演讲的时候应该感到更从容，但我们实际上并非如此。在这种时候，我们应该以批判的眼光重新审视让我们相信只要经历某些事情就能得到某种感受的幸福观。这种幸福观告诉我们，幸福是一种可以达到的心理状态。只有在这种情况下，才会出现“我们**应该感到**如何”的目标导向的观点。要摆脱这种困境，我们可以提醒自己，我们所做的事本身就有意义，对我们整个人生产生影响，而这种影响是逐渐显现的，也许经过几个小时、几天，甚至几年之后，我们才会看见，才会获得满足感。从这个角度来看，重要的不是做事情时的感觉，而是要理解做事情本身的重要性，理解我们做某件事情就是一种尝试、一种主张、一种自我展示，本身就具有十分深远的意义，但我们在当时也许很难理解和领会，更不会因此而感觉良好。

心理状态并不重要且反复无常，我们的生活方式所蕴含的意义，我们在生活中的感受，是我们的心理状态永远都无法充分体现的。幸福是一种活动，这种观点与古希腊语中“ eudaimonia”一词的意思完全一致。现在，“ eudaimonia”一般被翻译为“幸福”，但实际上它是“好运气”之意，或者从字面上理解为“有一个好的**神灵**（daemon）伴你左右”。对古希腊人来说，神灵不是困扰他们的魔鬼，而是仁慈的半神，是他们的守护神，从他们出生到死亡再到来世，都为他们保驾护航。因此，古希腊人所理解的幸福与活动密不可分，幸福就是在守护神的引导下走在正确的道路上。

而且，幸福与命运无法分割。根据柏拉图和亚里士多德的作品所述，当时有一种流行的传说，说人们的守护神是在人们出生时被指派给人们的。也就是说，幸福的来源是人们无法控制的。对于守护神的意见，人们可以听从，也可以无视——这也是人们发挥能动性的表现，而且是一种十分重要的能动性（关于注意力和反应的能动性）。但根据当时的说法，人们无法选择是哪一个神灵成为他们的守护神。按照“ eudaimonia”的内涵，幸福是发生在人们身上的事，而不是靠积极心理学就能得到的。

幸福在古英语里的词源是 happenstance（偶然情况），或者是 chance（运气），还带有古希腊人的感性，其内涵与我们当代人渴望通过解决心理上的怪癖和苦恼来获得幸福的观念截然不同。

在古希腊幸福观的基础上，基督教提出善行（good works）和天恩（blessedness）的幸福观。直到现代早期，古希腊和基督教的幸福观才全面让位于一种新的幸福观，即幸福是一种心理状态，通过解决导致我们痛苦的难题，我们就可以得到幸福。这种新的幸福观是否正确，其实只要了解其发生转变的原因，我们就会对它产生怀疑。

今天，我们认为，自由的基本内涵之一就是追求幸福的自由，追求幸福与自由一起写进了美国《独立宣言》，被人们当作不言自明的真理。但是，追求幸福的权利实际上诞生于一个旨在实施社会控制的计划。幸福是一种心理状态的观点是 17 世纪的哲学家托马斯·霍布斯（Thomas Hobbes）提出的，或者说，是霍布斯将这种幸福观推到前所未有的高度的，其目的是借此建立一个稳定的政治秩序。彼时宗教战争肆虐，霍布斯认为，宗教战争的根源在于基督教国家存在顽固的教条主义和对终极事物深信不疑。因此，他试图创立一种能够带来和平与秩序的政治哲学。他提出一个激进的解决方法：彻底贬低荣誉，用一种不需要使用判断力，也不需要发挥能动性的幸福观取而代之。

霍布斯建议，为了维护和平，实现心理上的平静，我们不仅应该交出武器，而且连道德判断和政治判断都应该交给一个统一的主权者，即他所说的“利维坦”国家。霍布斯提出一个相当“划算”的交易：用判断权换取舒适生活。他认为需要采取一个激进的解决方案。因此，他反复强调，人类真正想要的是和平，而不是权力或自我主张。他当然知道这并非事实，因为他曾经在一段话中指出，人类有一种追求“权力”的冲动，对权力的渴望“永无休止、死而后已”。[4] 他还表示，笑就是嘲笑：人们发笑，就是拿别人的弱点开玩笑。[5]

但是，霍布斯极力主张，拥有安定生活是人类最大的愿望。为此，他甚至发明了一门新的政治科学，根据这门科学，自我保全不但是幸福的条件，也是生命的一种自然本能。霍布斯声称，人类害怕必然到来的死亡。[6] 当然，他所说的并非真理，因为他自己十分清楚，有些人为了信仰，宁愿战死也不投降。但是，霍布斯相信，经过教育，人们会接受这门自我保全的新"科学"。从某种意义上说，他是正确的。今天，我们毫不犹豫地认为，生存是所有生命形式的第一本能，我们也欣然接受达尔文理论对动物行为的解释，甚至接受其对人类行为的解释，仿佛这是唯一的"理性"解释，可见霍布斯的影响极其深远，一直延续至今。例如，心理学家和畅销书作家史蒂芬·平克（Steven Pinker）提出的一个很常见的观点，也同样受到霍布斯的影响。平克说，在道德困境面前，有一点是所有人都认同的：只要能活下来就是一件好事。基于以上前提，平克等倡导功利主义的思想家构建了一整套伦理学思想，但说到底也不过是霍布斯伦理学的翻版。

在推崇幸福观的同时，霍布斯对荣誉（pride）进行了强烈批判。其实，宗教狂热和称霸欲望才是困扰当时社会的实际问题，但霍布斯并没有对此提出解决方法。相反，他抨击"荣誉"，将人对自己的信念和判断的自信斥为"虚荣"。当然，霍布斯提出"科学"计划本身也许就是一种狂妄的自我主张。他竟然傲慢地相信，单靠他的"自然法"学说就可以改变人性。不过，他的思想确实影响深远，部分原因在于人类有一种基本倾向：在面对困难的时候，往往会选择逆来顺受，甚至将自己在苦难面前的软弱无能合理化为"顺其自然"或"顺从道德"。直到今天，很多人仍然把生存视为一种本能，他们重视和平与幸福，但感到不快乐、不自在；他们的生活安全舒适，但缺乏做判断的那种荣誉感。他们之所以如此，归根到底就是因为霍布斯留下来的"遗产"。

## 合理化自我逃避

至此，本章已经讨论了不利于培养自我掌控美德的三个障碍或倾向。雪上加霜的是，要实现自我掌控，我们还要克服第四个障碍：我们似乎总有办法将自我迷失和软弱无能的种种表现合理化，将其理解为美德。这一点与霍布斯将幸福理解为心理状态的思路如出一辙。比如，我们很容易就能说服自己，埋头苦干和无休止地做计划是“努力工作”和“负责任的自律行为”，就算没有时间陪伴家人和朋友，就算失去了做项目本身的乐趣，也没有关系。我们甚至可以说服自己，我们如此辛苦是为了“养家糊口”。但实际上我们只是为了满足自己的野心和欲望。

再比如，我们装出“一副和蔼的样子”，只为了给人留下好印象和讨好别人；我们甚至会在有人言辞坦诚时，斥之傲慢无礼。这种道德说教其实是一种自欺欺人，长此以往，我们将会变成尼采所说的“末人”（the last man）——没有思想，也没有活力，再也无法看到自己的弱点和不足。

尼采指出，对“末人”来说，幸福也变成了一种道德义务，即**一定要幸福**，现代生活如此舒适，怎么能不幸福呢？一个“有见识”的人应该懂得感恩。尼采说，“末人”总是吹嘘他们如何“找到了幸福”。[7] 其实，如果他们真的感到满足，他们又何必吹嘘呢？

尼采所说的幸福是一种规定性幸福。在今天的社会，我们可以看到很多规定性幸福的例子。《抑制热情》（*Curb Your Enthusiasm*）是一部美国情景喜剧，其中有一集便刻画了一个令人忍俊不禁的情节。在剧中，主人公拉里·戴维和他最好的朋友杰夫·格林来到度假胜地圣莫尼卡的一家餐厅吃饭，这家餐厅看上去很高档，但实际上相当普通。饭菜端上来后，他们开始大快朵颐，但一点也没有外出游玩的喜悦。拉里一边吃，一边问杰夫：“你很喜欢在这里吃饭吧？”看上去他是在提问，但其实他是想得到肯定的回答——一个人是不是喜欢一件事情，竟然需要别人的确认。他之所以如此，正是因为他心里明白这件事情是空虚的。在剧中，“难以置信”“如此之好”“我爱死这个了”等感叹之语频繁出现。让人发出如此感叹的时刻应该是令人感到幸福的，但事与愿违，剧中人最多只得到了短暂的快乐。

最常见的一个规定性幸福的例子就是面对镜头时一定要微笑，这是我去了一些国家旅行之后才意识到的问题。在那些国家，当地人也经常拍照，但在摆姿势时通常都不笑。他们不是不友好或者不苟言笑，他们只是觉得没有必要在拍照时表现出快乐。相反，他们会认真地看着摄影师，仿佛在仔细聆听。至此，我介绍的都是日常生活中的具体例子。除此之外，对于“一定要幸福”的概念，我们还有更多抽象化的理解，这种理解往往带着某种道德优越感，就像我们在理解今天的苦难时，喜欢拿过去的所谓野蛮和暴力进行对比所产生的那种道德优越感一样。其实现在一样有野蛮和暴力，只是它们以更新的、更阴险的形式出现而已。这一点姑且不论，如果我们只有在嘲笑其他地方、其他时代的时候才感到幸福，那这种幸福难免有一点可悲。如果需要炫耀才感到幸福，如果需要嘲笑才感到幸福，那只能说明这种幸福是十分肤浅的。

追求自我掌控美德的道路可谓困难重重——追求功成名就带来的巨大压力、忽视和贬低自我掌控、空虚的快乐及其背后的幸福观、合理化自我逃避都是障碍——难怪自我掌控是一种难以坚持的美德，甚至连清晰认知这种美德也是一个难题。与此同时，我们也感觉到，自我掌控对我们获得幸福至关重要，尤其是当我们遇到阻碍、陷入困境的时候。那么，如何更好地理解自我掌控这一美德，自我掌控对于创造美好生活又有何意义呢？我们将从古典哲学中寻找答案。

## 亚里士多德论“大度”

在分析美好生活不可或缺的各种美德（包括勇敢、慷慨、公正等）时，亚里士多德特别指出一种最高的美德，他称之为“大度”（megalopsychia㊀）。在我们听来，这个词好像只适用于最伟大的精神领袖或英雄。但亚里士多德认为，“大度”是我们每个人都可以拥有的美德。一些英语译者将 megalopsychia 译为“宽宏大量”（magnanimity），因此当代人更为熟知的是“宽宏大量”这个概念。但是，亚里士多德所说的“大度”是一种完善的美德，而“宽宏大量”带有一种奢侈的慷慨之意，并没有完全体现“大度”的内涵。每一个能够触及人类体验本质的词语或短语都很难以抽象的方式进行定义，“大度”也不例外。要理解“大度”，我们需要深入研究其内涵的各个层面以及具体实例。“自我掌控”是一个很不错的定义，其内涵与“大度”相当接近。

亚里士多德提出“大度”，告诉人们应该如何正确对待荣誉。大度之人“认为自己配得上伟大之事物，也确实也配得上”。[8] 相反，认为自己配得上，事实上却配不上，那就是傲慢，或者说虚荣。认为自己配不上，事实上却配得上，那就是谦卑，或者说温顺。有趣的是，亚里士多德认为，谦卑（我们可能很容易误认为是谦虚）是一种不亚于虚荣的恶。因此，正如亚里士多德所说，大度是介于虚荣和谦卑这两个极端之间的“中间值”。

对于亚里士多德提出的“配得”观点，穆罕默德·阿里（Muhammad Ali）的故事可以说是很好的例子。当时，阿里挑战拳王桑尼·利斯顿（Sonny Liston），整个拳坛都不看好阿里，但是他最终击败了利斯顿，赢得重量级冠军头衔。夺冠后，他站在镁光灯下，自豪地对那些怀疑他的记者大声喊道：“我是世界上最伟大的拳击手！你们要说我是世界上最伟大的拳击手！”在那一刻，阿里要求记者们尊称他为世界上最伟大的拳击

㊀ megalopsychia 有不同的译法，如“恢宏大度”“豪侠”“恢弘胸襟”“大气”“灵魂伟大”等。此处采用的是 2003 年商务印书馆出版的廖申白译本《尼各马可伦理学》中的译法。——译者注

手。他的要求很合理，他表现出来的品质就是一种“大度”。但是，那些对他怀恨在心的人，或者嫉妒他一举夺得拳王宝座的人，会把他的表现理解为虚荣。他打败了前任拳王，配得上拳王的荣誉，如果观众和评论家拒绝授予他这种荣耀，那就是不公正。如果阿里过于谦逊，轻描淡写地把自己的胜利归于侥幸或运气，那么他表现出来的品质就是一种谦卑，说明他屈服于不公。但阿里要求得到他应得的荣誉。当然，如果他要求的荣誉超过应得，比如他吹嘘说他这次在拳击场上的壮举超越了人类在其他任何领域的伟大成就，那么在这种情况下，人们指责他虚荣也是公正的——虽然这种虚荣只是开开玩笑而已。

亚里士多德起初提出的“大度”美德，似乎带有一种人类都渴望得到他人尊重的意味，至少是得到与自己的成就相匹配的尊重。但是，在后来的讨论中，亚里士多德明确表示，“大度”超越了对荣誉的关切。亚里士多德写道，要拥有大度，就要“把荣誉看作小事情”。[9] 因此，他对古代雅典基于荣誉的主流伦理提出了质疑，让我们重新审视“荣誉（无论大小）是美好生活所必需的”这一观点。亚里士多德写道，大度之人对微不足道的荣誉和“纯粹偶然”降临的荣誉不屑一顾。[10] 他“不急于追求广受赞誉的东西”[11]，“只接受地位高的人以正确的理由授予的荣誉，并得到适度的满足感”。因为不管是谁授予的荣誉，“他都认为这是他应得的”。[12]

由此可见，亚里士多德言之所指，是一种为自己的工作或活动感到自豪的倾向。对于别人对自己的肯定，大度之人心怀感激，但并不依赖。无论如何，他都会把自己的事情继续做下去。亚里士多德认为，要从自己的工作中获得自豪感，那就要通过争取荣誉来捍卫自己的工作。而你之所以争取荣誉，不是因为你想要荣誉，而是因为你配得上荣誉。你尊重自己的工作，无论任何时候，你都要捍卫自己的工作，包括在有人贬低你的工作的时候。在你表达了自己的要求之后，要是你仍然没有得到你应得的荣誉，那就算了吧。重点不是得到荣誉，而是要有自尊。而有自尊的表现之一，就是当你遭遇不公，被剥夺了荣誉时，不要苦苦纠缠。要是你苦苦纠缠，你就得自降身段，与那些否认你的人同流合污。对你来说，他们的尊重已经分文不值，你应该嗤之以鼻，怎么能在他们面前卑躬屈膝？你只需要把自己遭遇的不公看作运气不好——人难免会遇到一些心怀怨恨、心胸狭窄之人，或者他们并无恶意，只是能力不足，不懂欣赏，无法理解你的工作的价值——然后若无其事地继续进行自己的工作。只要你专注于自己手头的事情，你就没有时间去记恨："大度之人总是习惯忘记和忽略自己遭受的不公。"[13]就这样，亚里士多德描画出一个高贵的形象：性格温和但意志坚定，处事有自己的是非对错标准，不需要得到别人的认可，在心胸狭隘、斤斤计较的芸芸众生中鹤立鸡群。

除了涉及荣誉授予的情况之外，"大度"还表现在日常交谈时的行为举止和表达方式上。要畅所欲言，也要欢迎别人可能提出的不同意见。大度之人"公开表达爱恨；因为隐藏爱恨是恐惧的标志"。[14]之所以能如此坦率，是因为大度之人关注的始终是真理，而不是名誉。大度之人"更关心真理，而不是意见"。[15]这种自信甚至体现在身体的细微动作上——大度之人"行动缓慢……声音低沉，语速平稳"，因为"只认真对待几件事情"的人不会以匆忙的方式行事。[16]亚里士多德认为，如果你总是到处奔忙，说明你过于在意目的地，对自己迈出的每一步是否体现你的尊严关心不够。为什么要为自己的目的地而感到焦虑不安呢？亚里士多德让我们想一想自己的日常生活，在很多情况下，我们都在焦急地赶路，总是行色匆匆，不停地赶往一个又一个会面，仿佛迟到是最大的灾难一样。其实，我们不妨尝试下不慌不忙、镇定自若地到达。

亚里士多德对说话拐弯抹角和遇事慌乱失措的批判，隐含着对目标导向型活动的批判。我们每天之所以风尘仆仆、奔波往返，是因为我们认为，人生是由一连串要到达的目的地组成的。我们说话之所以语速飞快、音调单一，是因为我们要一口气把话讲话，仿佛说话的意义就是传达信息，或者给人留下一种见多识广的印象。亚里士多德提醒我们，我们应该放松下来，培养一种我们为之自豪的风格，形成从容不迫、不慌不忙的说话方式和行动方式，突出我们的自我风采。亚里士多德认为，我们是什么样的人，完全可以从我们日常的举止态度和道德风尚中体现出来。在我们看来，说话时的措辞、腔调、口吻等浮于表面的细节，其实能够反映出我们的个性品格。

总之，亚里士多德论述的核心在于表达的真实性：表达自我主张时要保持诚实，拒绝自我扭曲的装腔作势，避免过度关注政治正确。同时，亚里士多德还提出表达的崇高性：当大度之人直言不讳、公开坦诚地表达时，他们并不是出于泄愤、谴责或者愤恨，而是出于对真理的关切。

## 大声说！说话的内容和方式体现个性品格

亚里士多德主张，言谈举止是性格的组成部分。因此，我们平时要注意自己的言谈举止。在生活中，我们有无数种方式闪烁其词、逃避推脱，如果不及时加以辨别和改正，长此以往，我们有可能会丧失自我。仔细想想，如果我们有求于人，但我们羞于启齿，或者难以直言相告，我们就会含糊其词，用一些委婉动听的语句来表达。我们想跟别人“寻求建议”（ask for advice）或者“请求捐赠”（request a donation），但是在表达的时候，我们使用的词语是“伸出手来”（reach out）。这种商业行话（corporate-speak）在生活中也十分常见，虽是温言婉转，但具有误导性，而且是懦弱的表现。如果一个人相信自己项目的意义、相信自己事业的价值，那就不应该羞于向别人寻求支持和帮助。

我们可以通过自我审视发现自己不良的说话习惯，然后按照亚里士多德的教导加以改正。这是一种非常有趣的做法，对我们自身也大有裨益。比如说，在一句话的末尾放慢语速、拉长语调，或者在观点结束的时候用“所以，是的……”或者“我也不晓得……”这样的语句，仿佛担心用直截了当的语气来表明自己的观点会冒犯别人一样。高校科研人员和专业人士有一个常犯的毛病，那就是讲话语速极快，像打机关枪一样，而且喜欢长篇大论，有时候用一口气提出或者反驳一连串观点，完全不给别人留任何插话或质疑的空间。这种表达方式虽然能够体现讲话者语言流畅、博学多才，但同时意味着讲话者对于别人的质疑有一种微妙的恐惧。在这样的讲话中，我们经常听到一些寻求确信的语句，比如“对吧？”“你们知道……”，等等。讲话者最喜欢使用这些语句的地方，就是讲话最值得怀疑的地方。据我观察，哲学教授尤其容易犯这个毛病，我自己也不例外。

每当我发现自己犯这个毛病，我就会提醒自己想一想亚里士多德。除了亚里士多德，我还会想起我八年级的数学老师C先生。他教给我们很多有关代数的入门知识，但更重要的是，他告诉我们应该如何培养自我掌控。他教我们说话要有自信，他自己也以身作则。他的课堂定了几条规则：身体坐直，大声回答，应答时说“是的”，不能说“是吧”。他制定这些规则，一方面是出于传统的教育理念，即他希望我们彼此尊重，言谈举止要符合学生身份；另一方面是为了让我们从小培养某种自我掌控能力，即说话要清楚，而且要有威信。

拐弯抹角的说话方式学起来相当容易，甚至在不知不觉间就能学会。但是，这种说话方式不但会扭曲我们的真情实意，而且会以微妙的方式暴露我们缺乏自我掌控的事实。所有人——即便是口才最好、创意最强的演讲大师——都会面临随波逐流的压力，而且大部分的压力存在于潜意识之中，很容易会导致自我扭曲。比如很多语句表面上是客气亲切，实质上是过度恭维——不过是些普通日常的要求，你却不停地说“请”和“谢谢”；不过是些司空见惯的误解，而且错不在你，你却不停地道歉。

学习如何直抒己见、展现真我，是一个永无止境的过程。

其实，最大的难题在于识别哪些语句、哪些表达方式是有问题的。我们可以通过比较不同的话语模式来解决这个难题。要比较不同的话语模式，我们就要跳出自己的小世界，穿梭于不同的生活圈子。一般认为，体育训练作为一种手段，其目的是在比赛中夺冠。但是，我认为，体育训练是自我塑造旅途中不可或缺的一部分。在体育训练中，我学会了一种坦率的表达方式，这是我在学术界难以学到的。学术话语的典型毛病就是长篇大论、拐弯抹角，健身房话语的典型毛病是自吹自擂、直来直去。如果说前者体现的是一种谦卑，那么后者体现的就是虚荣。但是，在这两个极端之间，我们可以达到亚里士多德所说的那种平衡。我经常在想，我们生活中的很多表达方式其实与亚里士多德主张的坦率表达十分相似，比如教练在比赛中给场上球员喊出的建议，训练伙伴在进行高难度动作时对彼此的加油呐喊，还有我自己在引体向上练习间隙开的玩笑。

我一次又一次地想起亚里士多德的真知灼见：要拥有大度，就要注意言辞简练，避免长篇大论，而且要先表明观点，然后等待别人的回应。也许他们会同意你的观点，也许他们会提出不同的意见，引导你修正观点。无论是哪一种情况，你都会因此而变得更好。你要关注的焦点始终是真理和智慧，不要太在意你给他人留下的印象。当然，讲求策略也是必要的，但始终要保持真我。

至于如何在讲求策略和保持真我之间取得平衡，亚里士多德提出了以下建议："对于地位不高的人，大度之人温和相待"，说话时经常"以讽刺的口吻贬低自己"。[17] 但是，"对于地位高、运气好的人，大度之人会变得骄傲（或傲慢）"。[18] 他认为，在有权势或有威望的人面前表现得过于彬彬有礼、毕恭毕敬，其实是一种为了给对方留下好印象而扭曲自己的做法。阿谀奉承就是一种懦弱。如果要有什么表现的话，亚里士多德的建议是要格外注意坦诚相待，而且要高度自重，向他们表明你并不畏惧他们的声望。一般来说，这些做法往往可以帮你赢得尊重；但最重要的是，它们都是自尊的表现。相比之下，在与无名之辈相处时，你应该尽量谦虚，以免让他们感到惭愧，而在有值得一说的意见时羞于或耻于表达。大度之人在地位不高的人面前谦逊温和，在地位高贵的人面前骄傲不逊，这两种表现背后的驱动力是完全一样的。

## 培养自己的判断力

大度之人的言辞坦率、直抒己见，是建立在**判断**力之上的。亚里士多德写道，大度之人根本不在乎随机或者以微不足道的理由授予的荣誉。在他的设想中，大度之人在无形中已经做了判断：大众的赞扬和崇高者授予的荣誉是有区别的。由此得出另一个判断：一个人所做之事的真正价值与世界如何看待它之间存在差异。

今天，判断作为一种美德已经陷入困境。“做判断”（judgmental）被认为是一件坏事，等同于“心胸狭窄”“思想保守”或“没有同情心”。然而，在生活中，其实我们一直都在做判断——与什么人做朋友、选择什么职业道路、如何平衡工作和家庭，甚至早上闹钟响起来后，是再睡一会还是起床去跑步，我们都要做出判断。

我们之所以嘲笑判断行为，而不是抨击我们真正打算拒绝的具体的、惩罚性的判断，其原因可以追溯到霍布斯。他提出，要彻底放弃判断，以此来对抗宗教狂热。前面我们已经提到，面对惨烈的宗教战争，霍布斯提出一个建立和平与秩序的计划，用一种安定生活的幸福观，取代表明立场带来的荣誉。霍布斯竭力说服人们，他们的判断不过是“主观看法”，只会导致毫无意义的、无法解决的冲突。他认为，最好将重要事务的判断委托给公共权威。我们今天对判断普遍持有怀疑态度，可见霍布斯的理论有多么成功。

但是，就算我们对判断抱有疑虑，做判断仍然是我们无法逃避的责任，在事关我们该如何生活的问题上更是如此。坚持判断、培养判断力并非易事，尤其是现在目标导向的思想观念盛行，我们难免会受到影响，从效用和成就的角度理解行动的价值。在目标导向的思维框架下，我们往往把判断理解为选择或决策，其目的是得到某种结果，比如健康、收入稳定或者快乐。判断只能由**你自己**根据你渴望实现的自我形象来完成，但选择和决策是可以由他人代劳的，只要熟练掌握了获取你想要的东西所需要的技能，任何人都可以帮你选择和决策。只要你瞄准的是单一的目标，比如健康、财富、身体力量，那就肯定有相关专家随时准备向你推销实现目标的方法。

甚至生活本身也成为一门以目标为导向、需要仔细盘算得失的科学。于是，另一种类型的专家出现了。我们把这一类专家称为“元专家”（meta-expert）。所谓元专家，并不是精通某个具体专业（如医学）的人，而是自称深谙美好生活艺术的人。某些行为心理学家就属于这种元专家。他们专门研究成为“理性决策者”的方法，要发掘导致“非理性”选择的所谓认知偏见。要是你逼问他们：你们讨论的只是旨在实现效用最大化的具体决策，凭什么使用“理性”“非理性”“偏见”这些通用术语？他们也不得不承认，他们所说的“理性”只是指大多数人认为最有利于实现目标的那种盘算。如果他们承认了这一点，那就说明，这些所谓的行为心理学家，也不过是一群宣扬以目标为导向的功利主义生活方式的布道者而已。他们宣称自己了解心灵的本质或者自命为“理性”科学专家的主张被击得粉碎。

即使是被心理学家视为非理性或有偏见的古怪决策，如果从非功利主义的角度来考虑，谁能说它们不是经过深思熟虑才做出来的判断呢？比如说，“九分瘦”的瘦肉和“一分肥”的瘦肉是一样的，但在采购的时候，人们更喜欢选择“九分瘦”而不是“一分肥”的，心理学家喜欢用这个例子作为“框架偏差”的证据。根据“框架偏差”，在面对两个实际上相同的选项时，我们的大脑更乐于接受用正面词语描述的选项。但是，对于人们为什么更喜欢买“九分瘦”，我们从一个与固有偏见完全无关的角度来理解，也可以得出完全合理的解释：消费者在采购时，考虑的并不是尽量减少脂肪摄入量，而是希望满足某种对自我形象的期望。如果一个社会注重健康饮食，甚至把健康饮食当作一种时尚，消费者就会希望自己是属于“吃低脂肪食物”的**那一类人**。他们要跟自己确认，要向他们圈子里的人证明，甚至要向柜台的售货员证明，他们对最新的健康饮食趋势十分敏感，所以他们选择购买“九分瘦”的瘦肉。虽然这种自我形象可能被斥为肤浅或者误导（谁说健康就是一种美德了？），但肯定不是非理性或者脑子一热的结果。那是一种微妙的自我意识，与声誉和自豪感密切相关。但是，正如医生往往从健康的角度理解所有问题一样，行为心理学家也有可能从得失盘算的角度看待一切。看似具有普遍意义的生活科学，其实是一种狭隘的决策方法，其视角之狭窄，不亚于任何一种专业视角。

在特定领域听取专家的建议并没有错。如果你摔断了腿，想快速、安全地把腿治好，你得去找医生。靠自己想一个治疗办法是十分愚蠢的。但是，如果你养成了习惯，一想要什么东西就去找专家的建议，久而久之，你就会形成依赖，甚至对于超出专家业务领域的事情，你都要听从专家的意见。

如果专家的业务涉及很多人渴望得到的东西（比如健康），那你就会更加信任这位专家，不但在具体行动上听从他的建议，甚至把他的话当成日常生活指南。你相信医生既能治好你的腿，又能告诉你腿好了以后哪些事情应该做、哪些事情不应该做。你很容易忘记，医生能跟你说的只是健康方面可能产生的结果，但是医生不能告诉你健康是不是你考虑行动的最关键因素。

当然，专家作为有思想的人，完全有权利，甚至可能有义务就如何生活提出意见。但专家的意见不能代替我们自己的判断。很多时候，我们不假思索地遵从专家的人生建议，仅仅是因为他们是某个重要领域的权威。我们把自己的判断权交给他们，因为我们害怕自己去做判断。我们担心自己会判断失误，害怕承担后果，所以把判断委托给看上去十分体面的人——他们或者拥有响亮的头衔，或者穿着白大褂，或者西装革履。如果事情搞砸了，甚至殃及池鱼，我们至少可以对自己、对被殃及的人说："唉，我已经花钱找了最好的专家，我还能怎么办呢？"我们试图通过这种方式挽回自尊，消除我们良心上的不安。

由于被大受追捧，专家们难免会有点自命不凡，加上精通一项使其广受赞誉的技能，更是觉得自己无所不能。所以，他们会从自己狭隘的专业视角出发，随心所欲、自以为是地讨论跟他们的专业知识毫不相关的问题。他们意气风发、得意扬扬的自信模样，只会吸引更多人前来寻求建议。这种众星捧月似的待遇是难以抗拒的，即便是自我掌控能力很强的专家也难以拒绝这种诱惑。

苏格拉底也对专家们越界讨论的倾向有过令人难忘的叙述。在接受审判的时候，苏格拉底说起他如何向诸多雅典公民提问，看看他们是否比他更有智慧。当他问到技术专家（工匠）时，他注意到他们确实拥有他不知道的知识。他们知道如何制造和修理东西。但他们认为，凭借他们的专业知识，他们在其他方面也拥有智慧，包括最伟大的事情，"这种愚蠢的想法让他们确实拥有的那点智慧黯然失色"。[19]

在柏拉图《对话录》的《会饮篇》（*Symposium*）中，鄂吕克锡马柯（Eryximachus），作为一个医生，竟然就什么是爱情（爱神，eros）大发议论，这就是一个可以说明苏格拉底的观点的例子。这个故事相当有趣：阿伽松（Agathon）最近上演了戏剧，很受欢迎，还拿了奖，于是他邀请苏格拉底、鄂吕克锡马柯和其他雅典知名人士到他家参加宴席，庆祝获奖。大家围着餐桌坐下来一起用餐，席间谈到喝多少酒的问题。所有人都一致同意，因为前一晚已经喝得烂醉如泥，所以现在要缓一口气。在大家决定不喝酒之后，鄂吕克锡马柯医生从他自己的医学经验出发，主动说起对醉酒问题的看法。他说："在我看来，现在大家既然都不想痛饮一番，那我就不妨谈谈醉酒的本质吧。在大家不想喝酒的时候讲这些话，听起来应该不会那么刺耳。根据我行医的经验，我相信醉酒的本质已十分明显——醉酒对人实在是有害。要我自己选择的话，我既不愿意过量喝酒，也不愿意劝别人喝太多。"[20]

显然，鄂吕克锡马柯从行医者的视角，把醉酒跟健康联系在一起，但行医者视角不过是理解醉酒的角度之一，而他却声称自己说的是醉酒的"本质"。很快，他的自以为是就变得可笑了。在对话将要结束的时候，雅典政界、军界冉冉升起的新星亚西比德（Alcibiades）醉醺醺地闯了进来，出人意料的是，他非常诚实地大肆赞美苏格拉底。如果他清醒的话，他很可能会控制自己，不会说出此等赞美之辞。人在醉酒的时候反而更诚实地面对自己，至少从这一点来看，醉酒对人有害的观点是值得怀疑的。但是，对医生来说，醉酒就是对健康有害，因此醉酒是坏事。

鄂吕克锡马柯还矫揉造作地就爱情（爱神）的话题进行发言，这番可笑的言论反而使他显得更加愚蠢。（爱神是晚餐时讨论的话题，也是对话的主题。）其他对话者的思考更为缜密，他们从感情依恋、渴望找到自己失去的另一半（阿里斯托芬）、对美的热爱（苏格拉底）等角度来谈论爱情，而鄂吕克锡马柯却从健康（也许是最不性感的话题）的角度对爱神进行了漫无边际的论述。他声称，爱情是身体的完美秩序，这种完美秩序是靠医学创造的。在柏拉图的笔下，鄂吕克锡马柯一开口就显得有点霸道，仿佛柏拉图有意要凸显鄂吕克锡马柯那可笑的自信一样。鄂吕克锡马柯说，其他人的发言都很好，但是结尾却不完整，他现在要就爱情进行充分的论述，为这次讨论提供“一个妥善的结尾”。其他人发言的时候都没有说过如此自以为是的话。[21] 在专家眼里，无论看到什么，首先想到的都是解决方案，而不是个中奥秘，这是专家的本性决定的，不管是医生、律师，还是机械师，都是如此。

在某种程度上，鄂吕克锡马柯代表了一个滑稽的、自以为无所不知的专家形象。虽然如此，被他表现的自信形象完全折服的也大有人在。另一位受邀参加宴会的客人斐德罗（Phaedrus）便是其中之一。听了鄂吕克锡马柯关于喝酒的劝诫，斐德罗表示要忠实地遵守医生的命令。他说：“就我自己而言，我向来是按你的吩咐去做的，尤其是医学方面的事情。其他人如果懂道理，也应该相信你的话。”[22] 就像斐德罗一样，我们往往会因为专家具有专业知识而相信他们，就算他们就与专业无关的问题发表意见，比如在晚宴上应该喝多少酒，我们也深信不疑。显然，这不是医学问题，而是一个判断问题，是一个实践智慧问题：如何平衡喝酒的欢愉和宿醉的代价。但是，由于被鄂吕克锡马柯的专业资质迷惑，斐德罗忠诚地听从他的建议，甚至劝告其他人也要如此。斐德罗的反应，无论在任何时代，都象征着一种对自我掌控的威胁：把自己的判断权交给他人。在需要做出个人判断或政治判断的问题上，我们也可能会抵不住诱惑，把判断的任务委托给医生、心理学家、经济学家等专家。

这种诱惑在当代社会也同样存在。拉里・戴维主演的喜剧《抑制热情》就讲述过类似的诱惑。在题为“心理咨询师”（The Therapists）的一集里，拉里急于挽回前妻谢里尔（Cheryl），但又害怕自己做判断，于是他向心理咨询师征求意见。心理咨询师告诉他，要挽回谢里尔，就一定要果断，要给她下最后通牒：“我希望你搬回来，重新跟我在一起。你必须在星期一之前做出决定，过了星期一就免谈了。”他决定听从心理咨询师的建议，要给谢里尔下最后通牒。于是拉里约谢里尔出来吃饭，两人一起愉快地享受午餐。事情似乎进展得十分顺利，然后关键时刻到了。

他决心要按照心理咨询师的建议放手一搏，于是他牵着谢里尔，对她说出了“最后通牒”。结果可想而知，对于拉里的强硬态度，谢里尔感到被冒犯了，她厌恶地缩回手，生气地冲出了餐厅。拉里赶忙追出去，希望纠正失误，但那是徒劳的，他只好哀怨地喊道：“是心理咨询师让我这么说的！”[23]

我们可以从这个情节得出两个发人深省的道理：首先，在专家专业能力范围之外的问题上，我们也很容易轻信专家的意见。有些咨询师可能自称爱情“专家”，有些咨询师可能喜欢苏格拉底式的询问，碰巧很擅长提供爱情方面的建议。但目前尚不清楚他们能否提供有价值的建议，因为他们只是接受专业培训，而不是拥有丰富的常识，也不擅长研究各种各样的人类动机。我们没有理由认为，一个只从书本学习各种原则和专业方法的爱情“专家”，比一个体贴的好朋友或者有智慧的熟人更擅长提供爱情方面的建议，比如我们如何建立有意义的恋爱关系，或者应该如何挽救一段破裂的爱情。归根结底，在遇到事关人类幸福的问题时，比如哪一种的爱情或者什么样的爱情让我们拥有生机勃勃的美好生活，所谓专业的建议——无论建立在多少专业经验之上——都比不上我们赖以生存的人生哲学，虽然我们有时候并没有意识到这些人生哲学的存在。尽管如此，我们还是喜欢相信专家，因为他们有资质证书，有客户的推荐信，而且收取高昂的服务费（这一点很矛盾），这一切都让我们感到安心。我们把专家的建议当作唯一的意见。其实，专家的建议只是参考意见之一，除了专家的建议，还有朋友的建议、导师的建议、家人的建议，我们应该综合考虑他们的建议，然后得出我们自己的判断。

其次，这一集的故事让我们思考做判断到底意味着什么。是为了得到一个结果（挽回妻子），还是为了表达一种自我意识：“无论能否挽回妻子，我都要试一试，这才是忠于自我。我不会为了得到一个结果而扭曲我的个性。”也很难说这两个目的是否可以完全分开。因为要真正“挽回妻子”，与妻子继续在一起，那你就得负起责任，重新开始一段感情关系。就算心理咨询师建议的“最后通牒”起了作用，谢里尔确实回到了拉里身边，拉里也不一定真的能够“挽回妻子”，因为所谓“最后通牒”并没有解决谢里尔对拉里的不满，也就是谢里尔当初离开拉里的根本原因。因此，如果拉里想要重拾或加深和谢里尔的感情关系，只有拉里自己付出真心，以真诚打动谢里尔才行。在这个问题上，心理咨询师的建议并没有什么作用。

归根到底，拉里的故事让我们明白，如果我们放弃自己的判断力、处事风格和品格个性，只听专家的建议，只用专家建议的方法，那么无论结果如何，都会适得其反。专家可能会帮助我们获得某些东西，但如果我们对自己采取的行动缺乏发自内心的肯定，那我们获得的东西必然只是外部的。我们得到的东西不能充分体现我们的个性，只是别人灌输给我们的结果，它们生硬地杵在我们的人生旅途里，无法构成个体叙事的参照点。

从柏拉图和亚里士多德的解释以及拉里·戴维艰难追妻的故事中，我们可以看到，与单纯的选择或决策不同，判断的意义不是为了达到某种目的或者使某种利益最大化，而是为了表明立场。关键是要坚持自我意识，为自己的行为负责。

## 不要让科技产品消耗我们的人生

轻信专家已经让我们的判断陷入危机，技术进步更是使情况雪上加霜。技术进步让我们的生活更加便利，但同时也让我们失去了探索世界、塑造个性的机会。从手机的出现，到 Netflix，到 GPS 导航，再到现在的无人驾驶汽车，技术使我们沟通和移动起来变得越来越简便。这些技术创新与我们以目标为导向、以效率为重点的文化遥相呼应。借助科技产品，我们可以迅速获得自己想要的东西，完全不需要经历漫长而艰难的过程。“嘿，Siri，请为我做一切事情。”这句苹果公司为其新推出的智能手表 Apple Watch 设计的广告语，很可能会成为我们这个时代的座右铭。

这种科技产品似乎能够赋予用户一种神奇的能力，正如苹果公司所说，“只需抬起手腕，你就能识别行进的方向，知道正在播放的是什么歌曲，甚至可以翻译另一种语言”。以前，要做到这些事情，我们必须经历一定的过程，虽然这个过程有时很乏味，但它往往能提供给我们塑造个性、**找到**欲望的机会，而不仅仅是让我们获得完成这些事情带来的满足感。

比如星期六晚上去音像店挑选自己想看的电影。现在看来，这是一种很古板的经历，你得花一些工夫才行。你必须站起来，步行或者开车到音像店，你得祈祷你想租的影碟还有存货（如果你没有提前打电话预约的话），但这就是一种冒险。在店里浏览一排排的影碟时，你总会偶然发现一部意想不到的电影，总会有一些出乎意料的东西吸引你的目光。有时候，你自己也不知道想看什么电影，你会找店员给你推荐。你会告诉店员你最喜欢哪些电影，为什么喜欢。你与人交谈，通过这种交谈，你可以培养表达、解释、完善自己喜好的能力。有时候，与店员打交道也不是那么容易的事情。如果不小心忘记归还租的影碟，那是要交逾期费的。不想交逾期费，那就得想办法说服店员放你一马。要应对这种尴尬的局面，你要思维敏捷，要懂得与人周旋，这些都是我们从小就应该培养的能力。跟朋友在一起的时候，这样的经历是很好的聊天话题，也是很容易引起共鸣的人生故事。（“记得有一次，我们租的影碟过期了，我们拼命想找借口，但是被柜台后面那家伙一口给回绝了。”）去音像店便构成了一个事件，本身就令人兴奋，甚至在你看电影之前，你已经有了一种满足感。

现在有了 Netflix，上述过程便不复存在了。无论你有什么奇思妙想，都可以马上得到满足，但是你也不再经历探索的旅途，失去了塑造个性、找到欲望的机会。当然，你仍然可以在 Netflix 上浏览影片；但这种浏览与去音像店浏览不太一样。因为 Netflix 会根据你以前的选择，显示你现在倾向于“浏览”的选项，所以，你的“浏览”就没有任何惊喜可言。很多现代科技产品都采用跟 Netflix 一样的“系统结构”，它们让你很轻轻松松就能得到快乐，但代价是丧失能动性和自主性。

GPS 导航就是最显而易见的例子。这项技术可以帮助你快速高效地从甲地到达乙地，但它完全剥夺了你寻找周围道路的能动性。当然，即使在 GPS 技术出现之前，你也不是从零开始寻找道路，以前也有地图和路标。可以说，路标就是 GPS 的前身，路标也是一种技术，在你驾驶出行或者徒步旅行的时候，它为你指引方向，你不用只靠寻找地标或观察北极星来导航。但是，借助路标识别方向仍然需要发挥能动性，需要集中注意力。如果要跟随路标的指示，你必须仔细观察，寻找路标所指的对象，还要把它们辨认出来。路标能够给你指引，也让你确定自己在周围环境中的位置，或者说它迫使你自我定位。这一点在使用地图的时候最为明显，地图的使用方式与 GPS 设备的移动蓝点或者自动语音播报形成鲜明对比。看到地图上出现十字路口或者地标的符号，你必须马上把地图上的符号转化为实物。例如，你开车向西行驶，你看了地图，你会路过一座有一定高度的山峰，就在你右手边，你要预先想象出那座山的样子，才能在群山之中把它辨认出来。在地图上看到标示山峰的小三角符号是一回事，在路过的时候亲眼将山峰辨认出来又是另一回事。要识别山峰，我们需要运用想象力，把图像和现实联系起来。严格来说，你不能跟着地图走。地图本身就是一种需要解释的特殊标志。地图为你提供指引，但又逼着你去想象实物。你得发挥创造力，在脑海里想象实物的样子，等实物出现的时候，你还要把它们描述出来。在回程的时候，你还可以把它们当作路标，依靠它们为你指明道路。

你会描述地标性景观的样子，提炼出它们的特征以便记忆。你通过这种方式让地图上静止的符号活起来，你也因此开始懂得欣赏地标的价值，意识到你可以从中得到指引。你开始明白，自然风景就是自我的延伸。因此，保护和培育自然风景，对你自己来说也是利益攸关的事情。而随着 GPS 等技术的大量使用，我们与环境的关系不再融洽。这种不融洽在多大程度上导致我们漠视周围的环境，这个问题我们需要好好想一想。如果我们依靠算法得知如何从一个地方到达另一个地方，那我们就会认为，周围的事物只是无关紧要的、冷冰冰的存在，是“外部”的东西，跟我们自己没有什么关系。

GPS 设备让旅行变得枯燥乏味、毫无新意（除非设备发生故障），但地图不一样，地图在给我们指引方向的同时能提高旅行的吸引力。我们会好奇：地图上显示的地标会跟我们设想的一样吗？我们能够辨认出来吗？

记得在七八年级的时候，我们学过一门社会科学课程，课程的主要作业之一——也是课程的一大亮点——就是制作地图。在 GPS 时代，这种作业似乎已经过时了。当时我们要找一大张麦拉纸（聚酯薄膜），覆盖在一张地图上，先在纸上勾勒出一个地区的轮廓，然后从家乡马萨诸塞州开始描画，再到其他国家和地区。我们必须在地图上标出城市、城镇、河流、湖泊和山脉。有些找起来比较容易，有些则比较难。我们经常要看很多张地图才能把它们全部找对。如果想拿到加分，我们可以在地图上按地形或者气候进行着色，或者在地图的外围写上当地的野生动物和文化习俗。

通过了解事物的位置，想象自己如何告诉别人从一个地方到达另一个地方，你对这些地方的认识也会变得更加深刻。把地图制作完成之后，你会爱上这些地方，一方面是因为它们已经带有你的印记，另一方面是因为它们还保有神秘感。这些地方实际上是否跟你想象的一样？制作地图会让你想去你在地图上标出的地方旅行。通过绘制地图，通过把自己想象成一个导航员，你便与地图上的目的地休戚相关。

现在，GPS 可谓无处不在，但是 GPS 只会告诉我们目的地在哪里。使用 GPS，我们可能失去的不仅是制作地图、寻找道路的体验，而且是培养自我意识的机会。我不知道现在还有没有学校老师会布置制作地图的作业。我们使用 GPS 只需遵循一个指令便可，不需要描述或者解释任何东西。既然我们不把周围的环境当作路标，我们何必仔细描述事物的样子呢？只有当我们靠自己寻找道路的时候，我们才会费那个力气。

除此之外，旅行的某些方面会让我们欣赏周围的世界、让我们对自己产生自豪感，但由于 GPS 的使用，这一切也被剥夺了。把导航的任务交给 GPS 之后，我们不会仔细留意周围的环境。所以，我们很可能会错过意想不到的景致，比如地表上的独特岩层，或者路边的农家小摊。算法已经告诉我们目的地在哪里，我们就没有必要停下来问路，因此也就没有机会拥有令人难忘的邂逅。我们可能会以更快的速度到达目的地，遇到的困难也更少。但我们失去了体验不同经历的机会，而正是我们在去往目的地途中发生的故事，让目的地有了更丰富的意义。比如，到达朋友家中之后，如果你给朋友讲一个有趣的旅途故事，你就能活跃谈话的气氛，使这次拜访更加愉快。把车停在一个自然奇观前，比如大峡谷，对比那张吸引你前往大峡谷的照片，你会觉得，实物比你想象中更雄伟壮观。

十二岁的时候，我有幸和家人一起去澳大利亚旅行，这是我自从六岁时去西班牙参加家庭团聚后第一次出国旅行。我至今还清楚地记得我们在途中的所见所闻对整个旅行的重要意义。我们去了传说中的大堡礁，在那里体验了浮潜。早在我们的飞机降落在澳大利亚之前，我已经读过关于大堡礁的介绍，看过很多相关的自然纪录片，我对这次旅行充满了期待。我记得，我们乘坐的航班从奥克兰向北飞往凯恩斯（Cairns)，透过波音 747 客机西边的窗户，我从高空看到了下面大片的珊瑚，那一刻，我激动得不能自已。那片被碧绿海洋包围的、几乎露出水面的金光闪闪的珊瑚礁，给人一种无比巨大的感觉。后来，我在珊瑚礁的正上方游泳，从另一个角度感受到了珊瑚礁的巨大。

当然，在使用GPS的同时，我们也可以欣赏周围的环境。技术爱好者可能会说，因为不用担心何时何地应该转弯，你还可以更好地欣赏周围的事物。无论什么东西，你都可以看一看。但是，“可以看一看”的观点认为，只有作为客观的观察者，我们看事物才看得最清楚。这种观点忘记了一点：认知是需要参照点的，我们需要找到一个自己感兴趣或者关注的地方，才能理解眼下看到的事物。当然，如果对导航不感兴趣，我们也可以从别的地方找到认知的参照点。如果我们最近读过什么诗歌或者小说，在开车旅行的时候遇到美丽的风景，我们也许就会想起那些描写美景的诗句和内容片段。或者我们会想起以前去旅行的经历，将我们现在看到的风景与我们以前看到的进行比较。我们可以从无数个角度来理解现在看到的风景。但是，如果我们对旅行路线的态度就是以最快的速度到达终点——GPS是迎合这种态度的——那我们就不可能欣赏途中的任何风景。我们甚至连看都不看一眼窗外，只想干点别的事情来消磨时间。我们把自己局限在狭窄的空间里，让自己沉浸在电子产品之中。

无人驾驶汽车是合乎GPS导航逻辑的外延产品，有了它，人在移动中发挥能动性的需要就完全消失了。有一种观点认为，有了无人驾驶汽车，我们就可以好好地欣赏沿途风景，或者观察周围的世界，确定自己的方位。然而，这种观点相当幼稚。更有可能发生的是，无论去任何地方，我们一路上都可以“自由”地查阅电子邮件，或者无聊地翻阅社交媒体上的动向。我们不难想象，谷歌之所以率先开发无人驾驶汽车技术，正是因为它认为，如果人们乘车的时候什么都不用做，他们就会有更多时间盯着电脑屏幕，更频繁地使用谷歌搜索。

我们认为，路途曲折反而对心灵的成长大有裨益。对此，人们可能会提出一些反对意见。我的学生有时会问："要是赶时间怎么办？"如果赶时间的话，GPS 肯定是有帮助的。不可否认的是，在真正紧急的情况下，GPS 肯定会派上用场。为了尽快把伤员送到医院，我们愿意放弃靠自己探索道路的能动性，按照 GPS 导航的路线采取行动。但问题不在于 GPS 是否在某些时候有用。真正的问题是，为什么我们总是急急忙忙，以致我们出门总是依靠 GPS 导航，而不是依靠地图或者自己的方向感？会不会是由于我们觉得可以依靠 GPS，所以总是磨磨蹭蹭，不到最后一刻不动身，因此才匆匆忙忙的？再者，手机出现之后，别人在任何时候都可以联系到我们，就算我们早已下班，也要随时听从老板的电话调遣。要说技术没有加剧生活节奏的紧张问题，那还真是令人难以信服。

有人宣称，对方向感"不好"的人来说，GPS 导航是一个好帮手。对此，我们也可以提出类似的质疑。为什么方向感不好？说不定方向感不好就是技术导致的结果，因为有了 GPS 导航，人就没有必要培养自己的导航技能了。一旦我们开始依赖 GPS，离开它我们就不知道该怎么办了。我们说自己的方向感不好，仿佛方向感是天生的一样。但是，如果我们不得不依靠方向感，我们就会多加练习，增强自己的方向感。

我的学生也认为不应该批判 GPS，因为使用 GPS 才不会迷路，如果批判 GPS 就会使迷路浪漫化。但是，我们必须先问问自己，陷入目标导向思维模式的人是不是喜欢把"浪漫化"这个词用作贬义词。为什么我们如此害怕拐错弯，走错路？在日常生活中，我们的目标、我们的目的地就那么重要，非得赶紧实现，赶紧到达，越快越好？当然，如果是赶去医院，那得另当别论。可是，为什么去任何地方你都必须准时到达？在柏拉图的《会饮篇》中，阿伽松在家里举办宴会，苏格拉底是晚餐进行到一半时才出现的，他在来的路上突然想到一个问题，于是他就停下来，在邻居家的门廊里思考这个问题。后来，苏格拉底最终到达了，众人热烈地欢迎他的到来，他迟到一事也成为席间对话的话题。

苏格拉底的轶事是发人深思的。我们应该想一想，目的地的意义是否能完全与通往目的地的路途分开。在通往目的地的路途中，我们可能会分散注意力，可能会被其他事情耽搁，也可能会迷路，这些途中的经历是否与到达目的地毫无关系？想象一下，假如奥德修斯也有 GPS 导航，从特洛伊出发，轻轻松松就能达到伊萨卡岛，也可以更快地回到妻子珀涅罗珀（Penelope）身边。在两种情况下，他对妻子的情感会很不一样，因为一个是他轻而易举就可以迅速回去相见的妻子，而另一个是他历经磨难，与怪物搏斗、避开斯库拉（Scylla）和卡律布狄斯（Charybdis）两位女妖的攻击、抵住塞壬（Siren）歌声的诱惑之后才终于相见的妻子。

奥德修斯这样的英雄身上富有我们所欣赏的冒险家和航海家身上的美德，即在通往目的地的艰难路途中表现出来的智慧、机智和毅力。去冒险旅行的时候，我们也会使用 GPS。但是，我们却为贝尔·格里尔斯（Bear Grylls）在《荒野求生》(*Man versus Wild*）节目中表现出的非凡生存智慧而惊叹不已。(《荒野求生》是美国探索频道的一档野外生存探险节目，曾经在特种部队服役的贝尔是节目主持人。）在节目中，他从飞机上跳伞，降落到一个完全陌生的荒野地带，除了身上穿的衣服和一把小刀，他一无所有，只能靠自己重回文明世界。如果我们真的认为贝尔的荒野求生技能令人钦佩，那我们应该向他学习，将他的冒险精神也稍微应用到我们自己的生活中，比如用地图来识别方向，或者也尝试一下自找苦吃，减少技术给我们带来的便利。

我们批判 Netflix 和 GPS 等技术的目的，不是说它们“使生活变得更糟”，因此拒绝使用。我们只是认为，对这些技术的运用，我们需要做出重要的权衡取舍——就像我们看电影时选择在家看而不是去电影院，或者出行时选择汽车而不是骑马。我们常常认为，技术创新毫无疑问就是发展进步，是理性和科学进步的象征。有一种观点认为，技术的出现标志着启蒙和人类智慧的到来。这种观点是天真的，也是自欺欺人的。这种观点以为，如果古人能看到我们现在开发和制造的东西，他们一定会惊叹不已，还会为他们自己“当时”没想到而感到无比懊恼。但是，稍微对古希腊思想有一点点研究的人都会知道，古希腊人很清楚技术能为他们带来什么，但他们却不愿意拥抱技术。目标导向的思维模式最看重生产和操纵的能力，但是亚里士多德等哲学家都对此提出了批评。

今天，我们崇拜发明家，但在古代雅典，热衷于政治和公民权利、在公民大会中展现个性和美德的人更受推崇。希腊人所说的 techne，指的是可以用来制造或生产某种东西的知识，英语中的 technology（技术）一词就来源于此。亚里士多德认为，技术（techne）的地位明显低于实践智慧（phronesis），即关于如何把某种东西用好的知识。古希腊人始终关注的是实践智慧、判断和个性塑造。正因为如此，古希腊的技术发展才受到了制约。或者直截了当地说，我们今天热衷于技术发展，这在古希腊人眼里就是一种恶：为了得到想要的东西而屈从于奴役。当然，最终奴役我们的不是那些告诉我们该做什么或者该去哪里的机器，而是我们自己的欲望。这种奴役发生在我们的内心世界，如果我们成为欲望的奴隶，那我们的人生就会永远为目标而疲于奔命，永远受制于所谓未来的成就、未来的收获以及旅途的终点。

## 把生活理解为一个整体

大度的标志就是相信自己。一个人对自己有信念，说明他对“如何做自己”有某种理解，用亚里士多德的话来说就是“实践智慧”。他把实践智慧定义为思考何谓美好生活的能力：“不是思考生活的一个部分，比如财富或者权势，而是思考生活的整体。”[24] 在此，亚里士多德对部分和整体做了区分。我们由此可见，一个人的自我所蕴含的东西永远比简历上罗列的各种目标和角色加起来更加丰富。“更加丰富”的东西是一种理解能力。我们要理解，生活的各个部分并不是孤立的领域，不是每个领域都有各自的目标和标准；相反，生活是由各个部分构成的整体，是一种不断摸索、不断厘清部分之间的联系的方式。

例如，作为一名教师，我思考的问题并不局限于跟课堂教学有关的事务，比如给学生布置什么作业，或者如何让班上最捣蛋的学生乖乖听话；我还会思考教师这个职业的习惯和处事方式会如何影响我在生活中的待人接物。也许我已经习惯了跟学生打交道，学生提出的问题看似幼稚，但仔细想想却相当深刻。久而久之，我也开始换一种新的角度关注世界，有些事情我过去以为是不言自明的，如今我自己也会质疑。每当遇到这种不愉快的经历，如有时候下班开车回家，路上被其他司机强行切线抢道，我总是以“教师”的方式对待抢道的司机，就像对付难缠的学生一样，我会考虑他是不是在生活中遇到什么困难，所以才那么无礼地抢道行驶。所以，我不仅获得了某一特定领域（如何做教师）的知识，而且认识到我从事的领域和其他领域之间的联系，我自己也因此成为一个能够比较和类比，能够理解“整体”的人。

要培养对“整体”的理解能力，就要战胜恐惧。不要害怕意外和不幸，也不要害怕失败。在生活中，我们可能会遭遇各种各样的问题，但无论结果如何，我们都可以从中吸取经验教训，获得深刻的人生感悟，这对我们以后做任何事情都会有帮助。从这个角度来看，失败或者失去并不是最终结局。你付出的努力、你发挥的创造力非但没有消失，反而蓄势待发，随时准备助你一臂之力，让你更从容地应对新的挑战。正因为如此，“大度之人总是冷静、理智地看待财富、权势和可能会降临到他身上的或好或坏的命运。他既不会因好命运而过度高兴，也不会因坏命运而过度痛苦”。[25]

波士顿红袜队强击手、超级明星马丁内斯（J. D. Martinez）曾经表达过类似的感悟。在 2018 年，马丁内斯入选大联盟全明星阵容并被指定为

“清道夫”（根据棒球比赛的传统，“清道夫”是打击次序中最受尊重的位置）。马丁内斯表示，这是极大的荣誉，能获此殊荣“好像做梦一样”“真的太酷了”。但是，他并没有因为媒体的大肆吹捧而得意忘形。相反，他以获得荣誉为契机回顾自己的追梦之路，虽然一路走来经历了种种困难，但他的不懈努力最终得到了肯定。还是年轻球员的时候，他在第二十轮被大联盟球队选中。入选大联盟是小联盟球员梦寐以求的成就，但大多数球员都最终梦碎。在入选大联盟三年之后，他才有机会登上了大联盟的赛场。他重塑了自己的挥击动作，终于成为大联盟最伟大的击球手。回首往事，马丁内斯说道：“要是我能回到过去，我还会走同样的路，不会改变任何事。我很庆幸自己曾经遭遇失败，我很庆幸自己曾经狠狠摔倒在地上，正因为失败过，我才成了今天的我。”[26] 对马丁内斯来说，入选全明星赛本身并不是一件值得大肆庆祝的事情。只是在入选的那一刻，他反而能够更清楚地看到自己过去的人生轨迹。现在他相信，一路走来，自己经历的一切艰辛都是值得的。马丁内斯的这番表态似乎让人很难理解，甚至可以用过度谦虚来形容。但是，我们的成就与我们的经历是分不开的，只有透过我们经历的故事，我们取得的成就才会产生意义，才能带来持久的幸福。如果我们明白了这一点，马丁内斯的态度也就不难理解了。

我自己也会时不时打开“世界无兴奋剂力量举重协会”（World Drug-Free Powerlifting Association）的网站，查看 2009 年在英国米尔顿凯恩斯（Milton Keynes）举行的力量举重锦标赛的比赛成绩。那时候，我还在牛津大学念研究生，是牛津大学力量举重俱乐部的一名成员。我还没有开始练习一分钟引体向上，更没有立志打破一分钟引体向上的世界纪录。

我翻看 75 公斤级的成绩表，找到我的名字和成绩：深蹲——175 公斤，卧推——120 公斤，硬拉——212.5 公斤。这是我在力量举重比赛中取得的最好成绩。比赛的规模不大，但竞争相当激烈，在我的重量级别，我排在第四位。在硬拉项目上，我终于在第三次（也是最后一次）试举中取得了成功，看到三位裁判给我亮起绿灯的那一刻，我心里感到无比激动。每每想起那一幕，我都忍不住微笑。那是我个人取得的最好成绩，但是成功早就已经成为过去，现在让我感动的是我为比赛做准备的那一段旅途。

我回想起在牛津大学力量举重俱乐部与队友们一起艰苦训练的日子。每周一、周二和周四晚上，我们都会聚在位于伊夫利路的一家小健身房参加训练，健身房旁边是一个体育中心，罗杰·班尼斯特（Roger Bannister）1953 年曾在这里的赛道上用不到四分钟跑完了一英里[⊖]，为全球首次。因为这个传奇故事，靠着体育中心的一家小咖啡馆便取名“四内咖啡”（Café Sub-four），也很是恰当。训练结束后，我们经常去这家咖啡馆喝蛋白奶昔。健身房里只配备了基本的器材——杠铃、杠铃片、卧推架和两个蹲举架。有一次，我的队友丹（Dan）要挑战大重量，在上阵之前，为了刺激自己，他打开一小瓶嗅盐，放在鼻子前用力吸了几下。现在想起来，我仿佛仍然可以闻到那股有毒烟雾刺鼻的味道。如果丹挑战成功，他就会威风凛凛地举着杠铃，转过头来看着我们，确保我们每个人都看见他成功的样子，然后怒吼一句：“这才叫正经的卧推！”他这种粗鲁傲慢的姿态，与牛津大学教导的那种温文尔雅的礼节形成了令人忍俊不禁的对比。在大学里，与教授打交道时必须彬彬有礼。上完了一下午的课之后，我的礼节早已所剩无几，我渴望到健身房去，渴望听到粗鲁、直白的嬉笑怒骂。健身房的交流是无所顾忌的，在训练结束的时候，我甚至还会有一点点想念白天约束我言行的繁文缛节。

我还记得，在锦标赛前一个月，我得了严重的流感，我有史以来持续最久的无伤训练周期也就此中断。我先是发高烧，在床上躺了一个星期，在接下来的一个星期里，我的身体非常虚弱，无法参加训练。我不

⊖ 1 英里≈ 1609.3 米。

知道自己能否恢复足够的体力参加锦标赛，更不用说取得好成绩了。在那段日子里，我天天在家里无所事事，还看了电影《特洛伊》，片中阿喀琉斯是布拉德·皮特（Brad Pitt）饰演的。两个星期之后，我终于逼着自己去健身房了。我的热身重量是 60 公斤，一个月前我还觉得轻如鸿毛，现在却像一吨砖头般压在我身上。我的头轻飘飘的，我的腿颤巍巍的。但是，随着我逐渐增加重量，过去几个月的训练开始发挥作用，我终于克服了恢复训练初期的疲惫。就在那一刻，我明白了一个重要的道理，在此后的人生中，我也不断地提醒自己：如果你从事某一项活动——不管是体育运动、写作，还是早起去上班——你在活动开始时的感受并不能决定你在活动过程中的感受，也不能决定你在活动结束后的感受。灵感也许会在你最不抱希望的时候不期而至。最后，我还记得，在比赛的前一天晚上，我躺在床上，努力不去想第二天的比赛，但我还是忍不住想象裁判叫我的名字，让我站在杠铃面前的画面，心里越想就越是紧张。我必须平复心情，让自己正确地看待这次比赛，于是我想到了苏格拉底，想到他站在 500 名雅典公民组成的陪审团面前为自己辩护，如果被判有罪，他就会被处以死刑。面对他有可能被判死刑的审判，苏格拉底尚且能够如此镇定自若，那我也至少可以承受明天连续三次试举失败！我用尼采的箴言来安慰自己："凡是不能毁灭我的，必使我更加强大。"歌手凯莉·克莱森（Kelly Clarkson）把这句话写进了一首歌里，歌曲很受欢迎，这句话也因此广为流传。其实，很多我们熟悉的人生建议和励志金句都出自哲学家，这句话只是其中之一。在很久以前，哲学家就已经提出了这些箴言，而且他们对人生、对生活的思考远比我们更深入。那天晚上，我一边想着比赛，一边告诉自己："无论明天发生什么事情，至少对于我的性格都是一场考验，我有可能成功，也有可能失败。如果失败了，那就从中吸取教训，如果成功了，也要正确认识，不能骄傲自满。"我想着活在几个世纪以前的哲学家，想着他们的语言和行动。这么简单的思想活动也具有抚慰心灵的作用，我很快便平静下来了。虽然这些哲学家已不在人世，他们的躯体、他们的身体功能早已消逝，但是他们仍然以某种难以言表的方式，通过我的思想活在这世上。

这些事情我都记得，除此之外，我还记得很多，至今想起来仍然历历在目，仿佛又回到了当时。一个好的结果无法留下如此深刻的印象，因为结果是转瞬即逝的，在当下那一刻确实令人激动，但很快便会成为过去。但是，你从经历中领悟的道理永远不会过时。在以后的生活中，在你希望寻找启迪或者灵感的时候，只要你想到这些道理，你脑海里的那些记忆就会被激活，这些道理也变得栩栩如生，就像你当初经历时那样鲜活。

看着那天比赛的成绩表，回想起比赛之前的种种经历，我忽然想到，我们对待目标有两种不同的方式：把目标当作一个有期限的追求，我们也许会成功，也许会失败；或者把目标看作人生中一个节点，人生是一个整体，但在这个节点上，我们将聚焦于人生的某一个方面。

在《尼各马可伦理学》的开篇，亚里士多德便指出，目标具有两重性，一种指向特定目的，或者说是善的东西，一种指向善本身。亚里士多德写道，人类的每一个行动都是以“某种善”为目的，人类的行动都是“为了达到”一个特定的目的（telos）的行动。他举例道，制作缰绳是为了骑马，骑马又是为了在战争中取胜。[27]然而，如果我们的行动要有意义，那我们就不能为了行动之外的东西而行动。我们的行动必须永远指向一种最高善。[28]但亚里士多德认为，最高善并不是我们追求的特定目标，如快乐、荣誉或知识。最高善是幸福，或者称之为“eudaimonia”。幸福不是一种心理状态，而是一种生活方式。幸福的获得离不开思考和判断，思考和判断则是我们持续进行的活动，具体而言，我们会对自己在生活中经历的各种时刻、遇到的不同情况进行比较，在互相对立的主张之间找到平衡，从整体的角度出发来选择自己的立场。

## 获得独立性的途径：远离与融入

我们害怕失败、厄运和失去，我们痴迷于某些事物，或者陷入焦虑无法自拔。面对这一切，我们很容易会选择逃避，采取一种无动于衷、超然物外的人生态度，或者听天由命、无所作为。我们会告诉自己："对这个世界而言，我所做的一切，甚至于我必须做的一切，终究还是毫无意义的。决定我是谁的不是我从事的工作，不是我属于哪个国家，甚至不是我自己依恋的人，比如我的家人，我的朋友。我是谁取决于我能不能从生活中抽身，从远处审视生活，能不能做到拿得起放得下。因此，无论对待任何事情，我都会有所克制，淡然处之，避免过于投入。"我们很容易就能让自己相信，这种冷静客观的独立性是清醒成熟的表现，甚至是自我掌控的精髓。但是，结合我们对大度、实践智慧以及人生的"部分"与"整体"的关系的认识，我们便可以发现这种人生态度的愚蠢之处。

其实，我们之所以产生恐惧和痴迷，不是因为我们对自己热爱的事情投入了过多热情，而是因为我们给自己热爱的事情设定了某种目标。我从事一份工作，这份工作可能保得住，也可能保不住；我生活在一个国家，这个国家可能保持统一，也可能分崩离析；我身边有一个人，这个人现在跟我在一起，但以后可能会离开我——一旦我们有这样的想法，我们就会产生恐惧。因为恐惧，我们就会说服自己与之拉开距离，而且将"真实"自我理解为从远处审视和评估生活的能力。但是，让我无比热爱的那些事情并不是孤立存在的，它们是实践智慧的源泉，彼此之间会相互作用，时不时给我启迪，让我得到新的人生感悟。因此，我坚持我热爱的事情，就是实现对自我的掌控——这是另一种意义上的自我掌控，是一种能够见微知著、连类比物、融会贯通的能力。

我们追求自己热爱的事业，在遇到挫折、感到焦虑的时候，我们不应该冷漠地抽身远离。相反，我们可以借鉴尼采的建议，认真地审视自己："迄今为止，你真正热爱什么，什么东西曾使得你的灵魂振奋，什么东西曾经占满了你的灵魂，同时又让你的灵魂无比幸福？……把这些东西比较一番，看看它们如何互相补充、互相扩展、互相超越、互相美化，如何形成一条阶梯，使你得以拾级而上，一步步地成为今天的你。"[29] 由此可见，你真正热爱的东西将永远与你同在，它们是力量和灵感的源泉，激励着你在漫长崎岖的人生旅途中不断前行。

## 亚里士多德论大度和谦卑的道德

在关于大度的论述中，亚里士多德提出了两个激进的主张。第一个主张是大度本身就包含着其他所有的美德。亚里士多德写道，大度之人不太可能"疯狂地从战斗中撤退，或者不公正地行事"。[30] 因此，大度不只是诸多美德中的一种，而是最全面的美德，在某种程度上包含了勇敢、公正、慷慨等美德。那么，亚里士多德讨论的诸多美德似乎是实现最高美德的门槛，就好像一个人必须首先具备勇敢、公正和慷慨等美德，才有资格上升到更高层次，即大度。但亚里士多德提出了第二个更大胆的主张，对这种美德的层级划分提出了质疑。他写道，大度是综合其他美德的结果，或者说是"美德之冠"，不仅包含其他美德，而且"使其他美德更加伟大"。[31] 亚里士多德言下之意是，从最真实或最高意义上来说，大度是每一种美德的来源。没有大度，所有其他的美德都会失去光彩。因此，如果一个人缺乏大度，他就不可能完全勇敢、公正、慷慨，或者称得上有德之人。严格而言，大度是唯一的美德，或者说是其他所有美德的基础，只有大度才能使其他美德成为真正的善。许多美德可以理解为大度的不同维度或者衍生物。亚里士多德的主张对于我们理解美德与自我掌控的关系具有重要启发，我们应该对此加以仔细考虑。

相较于其他美德，大度具有至高地位。对此，亚里士多德是这样思考的：每一种美德都存在一种过度或不及的形式——“不及”是指前文提到的谦卑。这种理解方式十分耐人寻味，至于有何深意，亚里士多德并未给出详细说明。但是，亚里士多德为什么提出这种理解方式，这个问题值得我们好好想一想。

以公正这一美德为例。有一种与大度一致的公正，例如：在生活中一视同仁地对待周围的人，确保他们得到应得的东西；亏欠他人一定要偿还，做出承诺一定要履行，就算自己有难处，也依然如此；凡事论功行赏，只要别人有功劳，即使不在计划之内，也实事求是地予以认可（就算受赏之人经常与你意见不合）；要是别人更有需要或者更懂得欣赏，你可以放弃依法或者根据惯例理应归属于你的东西。如果是以上述方式体现出来的公正，那就带有大度的痕迹。要做到这种公正，要判断谁应该得到什么，你要发挥自己的判断力，而不是依靠传统的价值观念。而且，你“亏欠”的东西的范畴是很大的，不但包含物质层面，还可能包括你的关注或者参与。

但还有另一种显露谦卑的所谓公正，实际上是一种吝啬、软弱或者怨恨。例如：“针锋相对”的公正，时刻都在计算什么是“公平”；无情的、官僚的公正，罔顾具体情况的是非对错，一律高呼“规则”；惩罚的公正，看似符合罪刑相当原则，但实际上只是复仇而已——面对失去时感到无能为力，所以一心只想着报复，就算两败俱伤也在所不惜：“我遭受的伤害已经无法挽回，但我至少可以让肇事者不得好过！”这些都不是真正的公正，但自己一般是意识不到的。这种所谓的公正，其实就是心胸狭隘，随意对他人横加指责，进行道德说教，在日常生活中十分常见，从本质上说是对他人心怀怨恨的一种表现。

为了看清楚这种所谓的公正，我忍不住再次把目光投向电视剧《抑制热情》（该剧讽刺了美国文化的弊端，情节刻画非常引人入胜）。拉里·戴维在排队买冰激凌，他前面是一位女士。她正在挑选冰激凌，逐个品尝不同的口味，仿佛要尝遍所有口味才能做出选择。拉里很不耐烦，感到非常沮丧，于是他跟朋友杰夫抱怨，用那位女士听得见的声音说她滥用了“试吃特权”。那位女士狠狠瞪了拉里一眼，最后选择了香草口味的冰激凌。当她走开时，拉里想发泄他的不满，也想对冰激凌柜台的女服务员表示同情，他大声地说：“香草口味！她最终竟然选择了香草口味的冰激凌！你在跟我开玩笑吧！”但是，女服务员冷漠地看着拉里，一声不响地看着拉里，等着他选择口味。经过短暂的停顿，拉里准备开口了。我们以为拉里会明确说出他选择的口味，但是他改变了语气，用好奇的目光看着女服务员，开口问道：“香草口味的尝起来怎么样？”事实证明，拉里也想逐一品尝不同口味的冰激凌，就像他刚才责备的那位女士所做的一样。但是他害怕遭到别人责备，所以才不敢放肆。拉里想要公正，其实是因为怨恨。他对别人指手画脚，责备别人肆意品尝，其实他心里也有一样的欲望，只是他出于谦卑，选择了压抑自己而已。[32]

我们可以通过大度美德对其他美德进行审视，比如诚实。讲真话，把自己心中所信都说出来，可能是出于自尊：你坚信，贪图一时方便或者害怕承担后果而说假话是一个人软弱的表现。在遇到难以直言的场合，例如被人问及一些敏感的话题，如果你拒绝回答，或者用讽刺的方式表达自己的真实想法，那你就是在表明立场。如果你为了应付当时的局面，胡编乱造给别人一个答案，姑且不论撒谎是否会对别人造成伤害或者不尊重，这种做法本身就是对你自己的不尊重。

反过来说，诚实也可能是一种软弱，因为顾虑太多，或者心怀愧疚，所以心里有任何想法都一定要说出来，对于别人问你的每一个问题，你都要老老实实、毫无保留地回答出来。这是一种不假思索的、出于负罪感的坦白，金·凯瑞（Jim Carrey）在电影《大话王》（*Liar Liar*）中扮演的角色就是一个典型例子。在电影中，他因为闯红灯被警察拦了下来，警察问他有何违规行为，他竟然一口气承认了他这辈子犯下的所有违规行为，包括一堆未缴纳罚款的违章停车罚单——警察并没有问他违章停车问题，罚单是他打开仪表盘杂物箱时不小心掉出来的。

也许慷慨是最能够体现大度或者谦卑的美德。如果你是慷慨之人，比如你资助学生，培养学生的才能，或者赞助一家慈善机构，你追求的某些愿景都交给慈善机构代为履行。你作为施予者，在施予过程中会得到一种成就感。但慷慨也可能是一种自我损耗。有些人因为觉得自己拥有的东西比别人多而产生罪恶感，或者看到别人受苦而心生怜悯，所以一定要把拥有的一切都捐出去，有些人永远都是施予者，就算遇到把他们当冤大头的人，也依然心甘情愿地付出。

在这个方面，杰克·莱蒙（Jack Lemmon）在经典黑色电影《桃色公寓》（*The Apartment*）中扮演的“巴德”·巴克斯特（“Bud” Baxter）就是一个典型例子。巴克斯特是一家保险公司的小职员，屈服于公司高层的威逼利诱，他不得不贡献出自己的单身公寓。上司们将他的单身公寓当作酒店房间，经常在那里纵情享乐，还不会留下任何记录。巴克斯特每一次都老老实实地腾出公寓，等上司们幽会结束之后再回来。有一次，巴克斯特在街上睡了一整晚，第二天带着重感冒去上班。我们甚至可以说，巴克斯特的单身公寓算是最早的 Airbnb 客栈，经营收益就是他升迁的机会。他是上司们在不道德行为上的同谋，他对上司们的热情招待也是一种慷慨，但那是一种不正常的慷慨。巴克斯特甚至超越了“客栈”的职责范围，他殷勤地在饮料盘上摆满了饮品，好让他的“客人”能得到更好的享受。巴克斯特的慷慨是一种非常狭隘、令人沮丧的慷慨，他的慷慨是出于谦卑而不是出于大度而展现出来的。

## 少年棒球联盟赛场上的慷慨与自我掌控

从巴克斯特的慷慨中，我们只看到他的软弱无能。与之形成鲜明对比的是老师或者导师的慷慨，他们用心培养学生或者学员，将其毕生所学倾囊相授，在此过程中，他们也获得了自豪感，实现了自我掌控。说到这种真正的慷慨之举，我想起了小时候参加少年棒球联盟比赛时遇到的一位导师。我必须事先说明，美国少年棒球联盟的赛事竞争十分激烈，不光彩的手段和招数比比皆是，在这种环境之下，那位导师的慷慨尤其显得难能可贵。竞争主要发生在家长教练（parent-coach）之间，许多家长教练同时也是联盟官员，他们渴望在球场上重温想象中的昔日辉煌，不但拼命给自己的孩子施加压力，而且使出浑身解数，甚至不择手段也要拿到城镇级联盟赛事冠军。我记得，在我十二岁那年的春天，我们的球队参加春季赛季后赛，比赛的赛制是三局两胜，我们已经赢了第一场。在第二场比赛我们正领先的时候，忽然下雨了，比赛不得不取消。当时，一位联盟官员（恰好是对手球队的教练）建议要提高办事“效率”，让两支队伍进行一场加时赛，采用所谓的“突然死亡法”——哪一支队伍先得分，哪一支队伍就能晋级。对于这位家长教练的做法，我们可一点也不陌生。在比赛中，我们的明星投手因为不认同裁判员对队友的一次击球判罚，朝裁判员大喊大叫，被裁判员罚出场外。这位家长教练竟然趁此机会向裁判员建议禁赛惩罚，企图让我们的明星投手无法参加整个季后赛。当时，我们的明星投手一边指着宽阔的击球区，一边对裁判员大喊：“喂！肖恩，你看不到那边是击球区吗?”最后，裁判员还是坚守了公平的底线，“突然死亡法”的建议并没有被采纳，我们的明星投手也可以继续上场比赛。

不过，偶尔我也会遇到不一样的人，他们从来不屑于参与这种不入流的肮脏行为。我记得一位语气温和的父亲，他有三个稍微比我年长一些的儿子。他带着三个孩子参加少年棒球联盟赛事，对这套制度的运作方式已经十分熟悉，也见识过比赛的种种肮脏勾当。但是他选择洁身自好，不与之同流合污。他热爱棒球，不管是胜利还是失败，他都一样热爱。不仅如此，他还非常敏锐，擅长分析投球技术。我相信，他一定投入了很多时间帮助孩子们提高球技。但是，在训练场上，他并没有寸步不离地紧盯着自家孩子的一举一动，他还抽时间教我，和我父亲讨论投球技术。我记得，他把我拉到一边的土墩上，看着我投球，而此时此刻，他自己的孩子还在另一边球场上参加比赛呢。由此可见，他是一个多么慷慨的人。他把投球技术教给我，通过这种施予行为，他也得到了快乐和满足感。对他来说，棒球是一项讲技巧、有尊严的运动，他热爱这项运动，借着给孩子传授投球技术的机会，他可以让自己喜爱的活动传承下去，也可以见证下一代球手的成长。

比起那些只想取胜的家长，这位父亲不仅更懂得如何培养年轻球手，而且对自己更有信心，行为举止也更加从容。其他家长心胸狭隘，吝于付出，总是带着敌意看待彼此，所以永远都无法得到满足。比赛输了，他们就会发牢骚、找借口。比赛赢了，他们就会到处吹嘘，也许还会提出一些专横的建议，妄想可以继续赢下去。他们几乎无法从一场势均力敌的比赛中得到快乐，就算孩子们展现出成熟球手的素质，比如制造精彩的双杀，或者让一垒跑垒员在到达二垒之前即被触杀出局，他们也无动于衷。

他们也无法理解棒球比赛蕴含的人生哲理，比如对团队忠诚的意义。我们的明星投手坐在替补席上，沮丧地朝裁判员大声喊出不同的意见，他这样做不是为自己辩护，而是对队友表示支持。虽然与裁判员争论的做法并不可取，但他只是一个十二岁的孩子而已。像他这个年龄的其他孩子，要是遇到这种情况，说不定已经开始咒骂或谩骂教练了。虽然他也发了脾气，但是他并没有失控，这一点是很值得钦佩的。然而，对手球队的教练却从中发现了可以渔利的机会，希望借机使我们的明星投手被判禁赛。他一心只想着赢，内心的不满足感日积月累，最终深陷其中无法自拔。相比之下，花时间教我投球的那位父亲，无论比赛是输是赢，他的情绪从头到尾都十分平静。他知道，做教练这件事情本身就是有意义的，教练的指导将会对球员产生深远的影响，这一点与他指导的年轻投手能否赢得比赛或者高中毕业后是否继续打棒球完全无关。慷慨是他自我掌控的体现。

在一个重视排名和攀比的竞争环境里，或者在一个重视产出、成就和职业发展的社会里，我们可能会看不到慷慨的意义，无法理解慷慨对自我的肯定作用。我们有可能产生“只为自己”的人生态度，从而渐渐变得心胸狭隘，心里总是焦虑不安。到了需要思考“为什么要赢”的时候，就算我们苦苦思索，也找不到任何答案。

如今，在自我服务已经成为常态的背景下，慷慨变成了一种利他主义，即愿意为了他人而放弃自己的东西。利他主义既空洞又不稳定。虽然它有助于把事物送到最需要的人手中，但是利他主义既不能满足施予者，也不能满足接受者，是一种稀缺的道德资源。用亚里士多德的话说，利他主义是缺乏大度的慷慨。施予者付出了时间，或者投入了金钱，要获得满足感，只能寄希望于别人的赞美或者花钱做好事的道德感。接受者得到实用之物，但那是外部的，只在形式上归属于他，不代表他拥有美德或者具有能力。正因为如此，许多人接受了慈善捐赠的礼物，过后却逐渐开始讨厌和抗拒这些礼物。他们真正想要的是让自己变得更加强大的能力。真正的慷慨——也就是那位父亲在教我时表现出来的慷慨——能够让接受者和施予者都得到提高，双方都会变得更加强大。这种礼物捐赠是一个共同完成的活动，或者是一种共同的生活方式。我们在此讨论的道德美德——诚实、慷慨、公正——都有两种形式，一种出于大度，一种出于谦卑。出于大度的美德才是最高意义上的美德。我相信，这就是亚里士多德的观点。当然，出于谦卑的美德也是有意义的。在许多情况下，为了帮助真正有需要的人，为了对某些理论上值得捍卫的道德原则保持基本的尊重，你只能放弃自我。但是，出于谦卑的美德需要个人付出一定代价，有时候甚至要付出巨大的代价。它缺乏出于大度的美德所拥有的光辉色彩。

这一点我们也可以从另一个角度来理解：如果你拥有一种出于谦卑的美德，那你在每一次行动前都要问自己“为什么要有德”。因为出于谦卑的美德会导致自我消耗，你会期望你的付出可以有所回报。你希望世界给你一些奖励，奖励不一定是金钱，也可以是认可或者好运气。你也一定会问“为什么坏事会发生在好人身上？”，你会百思不得其解。但是如果你拥有的是出于大度的美德，那么这个问题就根本不会出现。你是什么样的人，从你的道德行为中就可以看得出来。从大度的视角来看，你做“好事”和你做其他任何事情并没有区别。

Happiness
in
Action

A Philosopher's
Guide to the Good Life

# 第 2 章

# 自我掌控（二）

## 苏格拉底的生与死及其启示

第一次读到亚里士多德对大度的论述时，我以为他描述的是一个理想化的雅典绅士典范——品格高尚，富有尊严。为了撰写本书，我重新阅读了亚里士多德的论述，得出了一个不太一样的看法。我发现，亚里士多德对真理的关注甚于名誉。因此，我得出结论：在论述大度时，亚里士多德想到的是另一个不同的典范——外表谦虚，不修边幅的哲学家——也就是柏拉图对话中的主角苏格拉底。

根据大多数对苏格拉底的描述（包括柏拉图的描述），苏格拉底是一个长相滑稽的人，其容貌甚至可以称得上丑陋，完全没有雅典贵族的华丽高贵气质。据说，他经常赤脚走在雅典的大街小巷，与各种各样的人厮混在一起，包括外国人和本国公民。他与任何愿意与他就正义、虔诚、荣誉、美、灵魂、美好生活以及人类最关心的其他话题交流的人进行沟通。

在雅典贵族看来，与平民或奴隶进行长时间的交谈会有失身份，是不光彩的事情。但苏格拉底不一样，他经常向普通人提问，他对普通人的兴趣甚至超过了对雅典社会名人的兴趣。例如，在柏拉图的对话录《美诺篇》（*Meno*）中，苏格拉底与美诺的奴隶随从进行了长时间的讨论，目的是揭示一个事实：这个奴隶实际上比他傲慢的主人更善于学习，至少对我们这些读者来说是如此。虽然美诺出身良好，受过高等教育，但在与苏格拉底讨论时，他主要是鹦鹉学舌，转述著名诗人和演说家的观点，好显得自己聪明，而美诺的奴隶不懂得什么传统智慧，也没有什么名誉需要维持，所以他诚实而直接地回答苏格拉底的问题。苏格拉底借此说明，从根本上来说，美诺的奴隶比美诺更自由。一个受人尊敬的人该说什么不该说什么，对这种规范约束，奴隶完全不用理会，他只为自己思考。

就像亚里士多德笔下的大度之人一样，苏格拉底会对自命不凡的贵族挖苦讽刺，而对不知名的人物，他会为他们的常识辩护。在柏拉图的全部对话中，苏格拉底最喜欢的交谈对象是雅典的青年人，而不是他们的父辈。

虽然苏格拉底生活在很久以前，而且生活方式不同寻常，喜欢在街头与人长谈，但我认为我们应该把他作为学习的榜样，对他好好研究一番。在柏拉图的对话中，我们读到的苏格拉底很可能是一个理想化的形象，呈现出典型的自我掌控者的形象。我对苏格拉底很感兴趣，不仅因为他在对话中向学生提问的内容，而且因为他在对话过程中体现的种种美德。他的很多建议都明显与自我掌控有关，他的行为举止，尤其是在面对分歧甚至敌意时的处理方式，彰显出他的美德。

苏格拉底是什么样的人，有什么样的想法，从他的行为举止就可以明显看得出来，这一点从柏拉图的对话式写作形式中可以得到证明。与议论文或者说明性叙述不同，对话不可能将陈述的内容与表达的形式分开。因此，苏格拉底的教导与他的精神也不可能分开。要理解苏格拉底的建议和主张，我们必须将其置于行动之中进行思考，特别要考虑在与特定人物的对话中，苏格拉底可能会如何与之争辩。

在讨论苏格拉底的建议和主张的同时，我们也会仔细分析苏格拉底的行为举止。我们发现，苏格拉底的行为非常符合亚里士多德对大度的论述。他与各种各样的人交谈，无论是雅典的名门望族或外国的名人绅士，还是地位低下的平民奴隶，他都一样坦坦荡荡、堂堂正正，全然没有一般人身上常见的焦虑和恐惧，完全不担心是否受人欢迎、是否端庄稳重、是否得到别人的尊重，或者害怕被人视为班门弄斧。而且，苏格拉底也是战胜厄运的榜样。接下来，我们将对苏格拉底的这些特征进行详细分析。

## 理解与我们意见相左的人

无论面对的是出身高贵的名人，还是地位低下的普通人，苏格拉底的态度都是坦坦荡荡的，因为他对真理的关注永远超过名誉。与那个时代受过教育的精英不同，苏格拉底并不在乎看起来聪不聪明、是否老练或者博学。他毫不畏惧地提出一些有伤风化甚至亵渎神灵的话题，比如爱与性的关系，或者诸神是否真的全知全能。他的兴趣是普遍的，无论是著名的诗歌、伟大的事件，还是鞋匠的工作，他都同样感到好奇。他唯一关注的是自我认识，他想了解构成美好生活的品格和美德，并以此作为自己的生活准则。这便是他唯一的目的，出于这个目的，他渴望听到任何人的看法，无论对方的级别、头衔或声誉如何，只要是有意思的观点，他都想听一听。

苏格拉底欢迎怀疑和争论。他相信，质疑传统智慧有百利而无一害。只要能提高自我认识，那就无所谓输赢，这是苏格拉底自始至终践行的观点。比起纠正别人，被别人纠正或者在如何生活的问题上被告知一个更好的新视角反而是一种更大的善。苏格拉底曾经欣然向著名演说家高尔吉亚承认："如果我说的事情是错误的，那么我乐意受到驳斥；如果别人说错了话，我也乐意驳斥他。……因为使自己摆脱错误是一种比使他人摆脱错误更大的善。"[1]

苏格拉底对自我认识的关注使他有别于当时著名的演讲者和教育者，即演说家和诡辩家（sophist）。演说家和诡辩家以能够在议会或陪审团面前赢得争论为荣，但是他们并不关心自己论述的观点是不是真理。今天，我们所说的"诡辩术"（sophistry）一词便从诡辩家而来。诡辩家奔波于古希腊的各个城市，有偿指导有野心的年轻公民掌握巧妙的话语艺术，教他们如何在辩论中使对手陷入矛盾。在雅典，富有的父亲雇用诡辩家做老师，教育他们的儿子学习修辞技艺，帮助他们在公开辩论中取胜。柏拉图记录了苏格拉底对诡辩家的批评，诡辩家从此以后便背上了坏名声，正因为如此，今天的"诡辩术"一词才变成一个贬义词。

演说家和诡辩家只注重如何说服第三方，并没有形成一个内在的是非标准。因此，在讨论中，只要他们自诩的高超技艺受到了挑战，他们就会很容易感到沮丧和愤怒。相比之下，苏格拉底总能保持一种恰如其分的自信态度，无论面对多么严厉的挑战，他都能泰然处之。例如，在一次关于正义的对话中，雄心勃勃的年轻演说家色拉叙马霍斯（Thrasymachus）突然激动地插话，责备苏格拉底只提出问题，却不给出自己的回答。苏格拉底仍然保持冷静，以真诚的好奇心回应道："色拉叙马霍斯，不要对我们太过苛求。如果我们在考虑问题时犯了任何错误……你要知道，我们犯错误肯定不是故意的。……像你这样的聪明人，我们从你那里得到的应当是同情而不是苛求，这样对我们来说才更合适。"[2]色拉叙马霍斯问苏格拉底，如果他（色拉叙马霍斯）能就"正义的含义"这一问题提供一个"更高明的"答案，苏格拉底应该受到什么惩罚。苏格拉底回答说，自己的"惩罚"应该就是"向有知识的人学习"。[3]

苏格拉底的回答十分真诚，但色拉叙马霍斯对此毫无察觉，他只想在争论中取胜，除了研究如何用语言打败对方，他完全无视其他一切学习的想法。所以，他认为苏格拉底是在讽刺他，他相信自己将赢得这场争论，但事实证明，苏格拉底确实想知道色拉叙马霍斯的看法。于是，色拉叙马霍斯便开始夸夸其谈，将他对正义的所谓开明的、不假思索的理解公之于众，即正义就是"有利于强者的利益"（色拉叙马霍斯不知道的是，他的观点几乎没有原创性，热衷于争论的人都喜欢用这样的说法）。但是，苏格拉底却非常认真地对待色拉叙马霍斯的观点。他说："首先我必须了解清楚你的意思。"苏格拉底没有马上反驳色拉叙马霍斯，而是提出了一个简单的问题，希望借此厘清色拉叙马霍斯的观点。正义是统治者**认为符合**他们利益的东西，还是**真正符合**他们利益的东西？即使是最强大的统治者，有时候也会因为判断失误而损害自己的利益，不是吗？无论统治者制定什么样的法律，被统治者都必须服从。如果被统治者知道服从可能会损害统治者的利益，但他们还是服从，这样做是不是正义的？[4]这是一个好问题，既合情合理，又具有批判性，一方面指出色拉叙马霍斯的理解可能把握了正义的某些方面，另一方面也揭露了色拉叙马霍斯的“强权即正义”一说是非常含糊和混乱的。通过提出问题，苏格拉底开启了一场范围广泛、内容丰富的讨论，使正义的含义变得更加清晰。

随着对话的展开，苏格拉底让大家明白，色拉叙马霍斯对正义的理解并非完全错误。苏格拉底让他的青年朋友认识到，正义与善有关，与某种灵魂的和谐有关，要让对智慧的爱引导对荣誉的爱、对利益的爱。按照这种理解，正义对每个人都是“有利的”，包括所谓的强者。尽管色拉叙马霍斯对“利益”的看法十分狭隘，并将“善”简化为荣誉和物质占有，但他并没有完全偏离轨道。他认识到，正义并不仅仅是为了他人的利益而牺牲自己。在某种意义上，真正的正义将会使拥有正义之人变得更加充实，更有力量。这才是正确理解正义的方式。

在对话的最后，苏格拉底显然已经完全理解了色拉叙马霍斯，甚至比色拉叙马霍斯对他自己的理解还要深刻。苏格拉底提出了真实而全面的正义观，这正是色拉叙马霍斯在最初的定义中想要把握的。苏格拉底因此克服了色拉叙马霍斯的反对意见——不是通过以演说家在法庭上打赢官司的方式打败他，而是通过揭示隐藏在双方分歧之下的共同点。

就像他与色拉叙马霍斯的互动一样，苏格拉底总是无比耐心地向反对他的人提出疑问，一丝不苟地向他们揭示争议性观点的内涵。苏格拉底甚至会鼓励对话者用更具体、更精确的术语来阐述有争议的观点，以便发现这些观点的可取之处。例如，在讨论中，他邀请格劳孔（Glaucon）和阿德曼托斯（Adeimantus）两个年轻人对色拉叙马霍斯“强权即正义”的正义观做进一步阐述，比如说有一个全知全能的小偷，因为拥有一个让自己隐形的魔法戒指，无论施行任何不义之举，他都可以逃脱惩罚。这样的人难道不比一个老老实实地尊重他人权利却总是吃亏的正义之士更幸福吗？事实上，这个大胆而发人深省的问题就是柏拉图在《理想国》

（*Republic*）中讨论的核心主题。在《理想国》中，苏格拉底用自己的方式解决暴君（或者有追求的暴君）问题。在古希腊当时的政治制度背景下，这种讨论的前提——即暴君的生活方式也可能有价值——本身就是禁忌话题。但是，苏格拉底并不关心道德主义，也不在乎政治正确，他只想探讨人类每一个有趣的行为动机。

最后，苏格拉底引导他的青年朋友从暴君的角度对暴君进行了批判。暴君施行不义之事，虽然他可以摆脱惩罚，可以积累财富、争夺女人、沽名钓誉，可以坐拥天下一切财富和名声，但说到底，暴君所做的一切都只是在用转瞬即逝、虚无缥缈的东西来满足自己的欲望，最终他将会自食其果，陷入满足—空虚的恶性循环，无法得到真正持久的幸福。同时，他必须一直奉承赋予他权力的人。苏格拉底认为，真正的幸福只能在对哲学的追求中找到，只有追求哲学，才能理解所有美丽和理想的事物隐含的意义，才能在创造美好生活的过程中坚守美丽和理想的事物。

由此可见，尽管暴君和哲学家表面上存在明显的差异，但他们并非完全不同。暴君和哲学家都被一种热情和无限的欲望驱使，这种欲望超越了一切名誉和传统的界限。他们的基本需求是一样的，只是他们为同样的基本需求做出了不同的尝试，这是他们之间的区别。

从苏格拉底的提问方式以及他明确的陈述可见，苏格拉底有一个基本假设：任何一种观点都有哪怕一点可取之处。苏格拉底毫无保留地提出的论断不多，其中有一条便是：**所有**人都渴望得到善，即使是最无知或最邪恶的人也是如此。[5] 甚至被全知全能的小偷理想诱惑的人也渴望得到善：他只是错误地认为如果占了别人的好处，偷窃了别人的财产，可以给自己带来幸福。我们都在用自己的方式努力使自己的灵魂达到一致与和谐，虽然不一定能奏效。因此，我们并不会完全被误导，即便是我们当中最明显的误入歧途之人也是如此。

因为苏格拉底总是站在别人的角度去理解他们，能够从无知而不是恶意出发来理解罪恶，所以他并不会像大多数人那样对罪恶感到义愤填膺。即使他的哲学生活方式受到直接攻击，苏格拉底也会保持镇定，以好学的姿态询问参与讨论的青年朋友，希望以此影响其他人的看法，甚至陶醉于在他们面前为哲学辩护。

最突出的例子是他对一个有抱负的年轻演说家卡利克勒（Callicles）的回应。卡利克勒谴责哲学是一种"不道德的、可笑的"追求，孩子学习哲学是可爱的，但成年人还学习哲学就是不合适的。[6] 卡利克勒敦促苏格拉底转向"更伟大的事情"，即国家事务，为此需要学习修辞技艺。卡利克勒说，哲学家完全没有在私人事务和公共事务中出类拔萃的能力，对人类的快乐和痛苦视而不见，在衡量人的性格方面也没有谋略。他接着说，哲学家的生活是没有名誉的生活，他们只会"和三四个年轻人在角落里窃窃私语"。[7] 卡利克勒关于反对哲学的论证的总结性发言，也预示了苏格拉底的命运：

> 如果现在有人抓住你，或者抓住其他像你这样的人，把你拖进监狱，即使你们没犯罪也说你们有罪，你就会发现自己不知如何是好，嘴张个没完，却说不出话来……如果你被送上法庭，即使你碰上的是一位非常恶毒的、耍无赖的原告，如果他要求处死你，那么你就会被处死。苏格拉底，如果一种技艺让人无法自救，也不能帮助自己或者其他人摆脱极端危险的处境，那这种技艺有什么智慧可言呢？[8]

卡利克勒的指控确实是对哲学的一种批判，这种批判由来已久，在苏格拉底所处的时代并不陌生。这种批评认为，哲学家致力于抽象的理论研究，远离实际事务，可一旦遇到实际生活问题，哲学家的看法就显得愚蠢可笑。与苏格拉底同时代的著名喜剧诗人阿里斯托芬（Aristophanes）甚至用这些术语来嘲弄苏格拉底，把他描绘成一个无助的孩子，把头扎在云中，在他的“思想所”中用显微镜研究昆虫。通过卡利克勒的反对意见，柏拉图提出了对苏格拉底最重要的指控，一个比雅典法庭的指控（腐蚀了雅典青年）更彻底的指控。虽然雅典法庭的指控附带最严厉的惩罚，但并没有打击苏格拉底生活方式的核心。法庭的指控针对的是哲学带来的一种效果，而不是哲学本身。柏拉图让卡利克勒用最直接、最令人信服的方式对苏格拉底提出了考验。

面对卡利克勒的严厉批评，苏格拉底丝毫没有感到愤慨。相反，他很高兴有机会与一个直抒己见的人对话，因此他便有了一个合适的伙伴，一起讨论最伟大话题——人应该如何生活：

> 我与你相遇是多么幸运的一件事啊！……因为我认为，任何人想要恰当地考察一个人的灵魂是善良还是邪恶，都必须拥有三项素质，即知识、善意和坦率，而这些素质你都有……我曾经听你们讨论过学哲学应当学到什么程度，我知道在这个问题上你们中间占上风的是（你刚刚提出的）那个观点……所以，当我听到你向我提出的建议时，我知道你向你最亲密的同伴也提出了同样的建议，我就有了充分的证据表明你确实对我心存善意……卡利克勒，没有什么比你责备我的那些问题更值得探究的了——一个人应该具备什么样的品格，应该追求什么。[9]

然后，他继续讨论卡利克勒的每个观点。关于哲学家对实际事务的无知，苏格拉底就善与快乐的关系向卡利克勒提问。卡利克勒指出，美好生活在于放纵自己的欲望，尽最大的可能满足欲望。他说，为了满足自己的欲望，人们需要掌握修辞技艺，这样才能说服别人给予你想要的东西。卡利克勒把“善”等同于“快乐”，苏格拉底便紧紧抓住这一点，问他是否真的认为这两者是相同的。起初，卡利克勒坚持认为这两者之间没有区别，美好生活就是快乐源源不断的生活。但是，当苏格拉底继续向他进一步提问时，他不得不承认两者是有区别。苏格拉底对卡利克勒的动机非常关注，为了检验卡利克勒的真实想法，苏格拉底问了卡利克勒一个简单的问题："你难道没有见过一个愚蠢的孩子享受快乐吗？"卡利克勒回答说："见过。""那你难道没有见过一个愚蠢的人享受快乐吗？"卡利克勒说："是的，我想我是见过的。"[10] 就这样，苏格拉底引导卡利克勒得出一个不可避免的结论，使卡利克勒自己承认，并非所有快乐都是善的。要想拥有美好生活，就要具备区分各种欲望的意识或者智慧，而不是简单地放纵自己在任何时候产生的任何欲望。这是苏格拉底引导卡利克勒得出的结论。苏格拉底提出了一个主张，这个主张基于卡利克勒对苏格拉底的批评。卡利克勒无法否认苏格拉底提出的主张，因为恰恰是他指责苏格拉底追求哲学——就像一个愚蠢的孩子一样。但是，很明显，苏格拉底是以从事哲学活动为乐的，在卡利克勒面前也是如此。卡利克勒认为哲学家的生活毫无价值，为了与这种观点保持一致，卡利克勒必须承认（他所否认的事）：善与快乐不同。

但是，一旦承认了善与快乐不同，卡利克勒对哲学的诋毁也就不攻自破了。他支持修辞学而非哲学的理由是，修辞学能让一个人掌握统治的本领，从而获得他想要的东西，而哲学则是软弱无力的。卡利克勒认为，哲学家不能沉溺于他可能想要的东西，他要过的是一种苦行僧式的自我否定的生活。然而，现在苏格拉底已经向卡利克勒表明，美好生活需要某种形式的常识或智慧，要对自己想要的东西进行批判性评估，光有获得想要的东西的手段是不够的。但是，卡利克勒提出要学习修辞技艺，其目的只是说服第三方把你想要的东西给你——仿佛你已经知道什么是善的一样。如何厘清我们想要的东西才是至关重要的，但修辞学忽略了这一点。

卡利克勒所指责的哲学实际上是作为一门抽象学科，或者只注重对自然的研究，不重视美德和美好生活的哲学。在某种程度上，在苏格拉底之前，哲学就已经背负这种名声了。但是，这并不是苏格拉底实践的那种哲学。卡利克勒将苏格拉底的哲学等同于不谙世事，但是他忽略了很重要的一点：只有经过深思熟虑，才能决定正确的行动方案，只有审视自己的整个人生，才能确定什么是真正值得追求的事情。对于这一终极任务，以说服他人为目的的修辞学将毫无用处。苏格拉底由此揭示，哲学才是真正**实用**的追求，而非修辞学。真正有能力提供明智建议的是专注于自我认识的哲学家，而不是只想在法庭赢得胜利的演说家。

卡利克勒指责说，哲学家在法庭上没有说服力，无法为自己或朋友辩护，容易遭受最可怕的不公正待遇。对此，苏格拉底指出了一个困难的处境：如果有说服力意味着满足第三方，那拥有这种说服力是要付出代价的。比如在法庭上，只有说服陪审团才能获得无罪释放，因此，为了满足陪审团，被指控者什么样的话都可以说；但是，如果陪审团是邪恶的，满足这样的陪审团以求脱罪就是扭曲自己的灵魂——这就是对自我犯下严重的不义之举。要保持自己灵魂的完整性，避免受到不公正待遇，那就必须以某种方式改变陪审团的立场，而不是满足陪审团。我们将会看到，这正是苏格拉底在面临审判时遇到的困境。

苏格拉底对卡利克勒的论点发出了最后一击。他指出，即便是雅典历史上最伟大的演说家，比如卡利克勒和其他人都十分推崇的伯里克利等人，在雅典民主政治陷入动荡的时候都无法拯救自己。修辞学并非像卡利克勒认为的那样无所不能，比修辞学更强大的是哲学，而哲学关注的是如何在保护自己和表明立场之间取得适当的平衡。

要说苏格拉底有什么缺点的话，那也不是谦逊或缺乏说服力，而是他有一种居高临下的倾向，就像所有大度之人一样，他从一个高度俯视众生，把他们的堕落行为视为滑稽之事，他和其他哲学家一起嘲笑他们像不成熟的孩子一样愚蠢。

在柏拉图的对话录中，苏格拉底对待谈话的伙伴都十分宽容。但是，如果在讨论中有人专横跋扈、盛气凌人，使其他更年轻、更谨慎的对话者不敢畅所欲言，或者使他们虽不明所以却莫名钦佩，苏格拉底也会故意诱导前者陷入自相矛盾，这是他唯一显得刻薄的时候。在与色拉叙马霍斯讨论正义的时候，苏格拉底便故意使用模棱两可的话扰乱色拉叙马霍斯的思路，其目的不是让正义的含义更清晰，而是使之更加模糊。[11] 苏格拉底之所以这样做，只是因为色拉叙马霍斯桀骜不羁地反问他，为什么非要说出自己认同的真理，而不是简单地反驳苏格拉底。苏格拉底对此做出了回答，他向色拉叙马霍斯表明，如果用诡辩家的方式进行抽象的对抗辩论，他苏格拉底也可以击败色拉叙马霍斯。然后，苏格拉底巧妙地转换不同的术语，用相同的词语表达不同的意思，使色拉叙马霍斯的自相矛盾暴露无遗。他的目的并不是要打败色拉叙马霍斯（他完全不在乎输赢），而是要在格劳孔和阿德曼托斯面前挫一挫色拉叙马霍斯的威风，引起这两个年轻人的注意。能让像色拉叙马霍斯这样桀骜不羁的人尴尬得面红耳赤，苏格拉底无疑会给格劳孔和阿德曼托斯留下深刻的印象。苏格拉底借此机会让他们看到，色拉叙马霍斯在他自己擅长的对抗辩论上也都不过如此。但这只是他的策略，与这两个年轻人一起真诚地寻找智慧才是更重要的目的。就像亚里士多德所说的大度之人一样，苏格拉底并不会随便羞辱他人，“除非出于明确的目的而故意为之”。[12]

苏格拉底的自我掌控还表现在诚实上，用亚里士多德的话来说就是“言辞坦率”。虽然经常通过提出问题间接地表达观点，但苏格拉底总会说出自己真实的想法。他所说的一切都是他认同的真理，依我所见，他从来没有说过一句谎话。很多时候，他提出一些引导性的问题，使某个特定人物不假思索地表示同意。他这样做也是为了更专注于讨论的人，特别是我们读者。（我们必须记住，苏格拉底是柏拉图笔下的主人公，而我们是柏拉图的听众。）但是，可能让人产生错误思路的问题并不是谎言，而是一种精心呈现的诚实，需要加以辨别，只是辨别的责任落在了需要回答问题的人身上。苏格拉底不是随意表露自己思想的人，他自己的观点几乎总是隐含在向别人提出的问题中，很少以论断的形式呈现。

当朋友和敌人向他施加压力，要他直截了当地说出他的观点时，他往往会用反诘的口吻说话：他坦诚地表达自己，只是他说话的方式可能让一些人听不懂，这对他来说是好事，对听不懂的人来说也是好事。通过反诘的方式，苏格拉底在许多对话中始终保持自我掌控。他既不会撒谎，因为撒谎会导致自我扭曲；也不会一味诚实相告，因为一味诚实相告会招致辱骂和误解。

苏格拉底最为著名的反诘是他在接受审判时的陈述。接受审判是他生命中最为重要的事件，我们将在下文详细讨论。他在陈述中承认，他不认为自己有多少智慧。[13] 在某种程度上，他说的是实话。苏格拉底从未声称自己拥有知识，即确定的事实或者对真理的清晰认识。他陶醉于**探索**智慧，把每一种观点都视为可能性，在人生旅途中对其加以澄清和修正。熟悉苏格拉底的人能够读懂他的讽刺，理解他在陈述中道出的真理。而那些不了解他的人可能会认为，他只不过讲述了他热衷于驳斥他人的一生，这种怀疑一切的人生态度最终给他留下的只有空虚。

## 苏格拉底的审判

在苏格拉底七十岁的时候，三位身份显赫的雅典公民指控他腐蚀青年人的心灵、信奉异端邪说，将他送上了法庭受审。这些罪名非常严重，最高可判处死刑。这是苏格拉底落难的时刻，从提审到宣判，他经历的种种遭遇凸显了他此次苦难之深重。从柏拉图的对话中，我们可以看到，苏格拉底一生都小心谨慎，在追求哲学的同时，他也恪守宗教礼仪，避免激怒雅典的公民。因为担心会被卷入权力斗争，他不参与政治生活，但他尽职尽责地履行公民职责，包括应征入伍，参加了代立昂（Delium）

战役。但是，他受审的时候正是雅典衰落的时候，当时雅典在伯罗奔尼撒战争中败于斯巴达。

一般情况下，在政治动荡时期，当权者对反传统意见和生活方式的容忍度要低于稳定时期。雅典曾经是希腊最强大的城邦和文化中心，但在苏格拉底受审的时候，雅典正处于失败的边缘，亚西比德的叛逃事件更是使情况雪上加霜。亚西比德是一位功勋卓著的年轻将军，也是苏格拉底的杰出学生之一，他开启了征战西西里岛的军事行动，但是后来却叛逃斯巴达，给雅典造成了灾难性的后果。这次军事行动本来有望成为雅典历史上最辉煌的征服行动，但在出发之前却发生了一起严重的渎神事件，使雅典的民主制度陷入困境。雅典城内的赫尔墨斯神像遭到玷污，渎神者砸掉了神像的一部分，有谣言说这就是亚西比德所为，因为他要维护自己的权威，反对雅典城的宗教信仰。我们从柏拉图的《会饮篇》中得知，苏格拉底曾经劝说亚西比德要懂得节制，不要沉迷于名声和荣耀。但是，这位年轻的将军在错误的时间被野心蒙蔽了双眼，雅典当局将他从西西里远征中召回，让他为自己亵渎神灵的指控辩护（有些说法认为是此次召回导致远征失败）。但是，在被召回的途中，亚西比德逃到了斯巴达。在他叛逃之后，人们开始质疑，雅典的年轻领导人缺乏忠诚正是苏格拉底之过。

同时，雅典的民主派和寡头之间的冲突也十分激烈，民主派希望为雅典的所有自由民争取更多的权力，而寡头们则希望权力都掌握在精英阶层手中。为了维系权力，寡头们雇用诡辩家做老师，教导他们的儿子掌握演讲技巧和治理本领。在这种氛围下，苏格拉底很容易被误认为是诡辩家。他与富有的贵族之子（除此之外还有其他人）交往，鼓励他们质疑传统智慧，他也乐于与外邦人讨论——就像他跟雅典人讨论一样。

事实上，苏格拉底并不是诡辩家。在法庭上，他提醒陪审团，他教学从来没有收取过费用。他也从未说过要传授美德，他不是知识的投手，他的学生也不是空的容器。在他从事的哲学实践中，哲学的意义不在于传授知识，不在于赢得争论，甚至不在于到达终点，而在于与别人一起探索自我、认识自我，引发更多疑问。

苏格拉底对诡辩术进行了细致入微的批判，但是不了解他的人对此并不理解。信仰民主的传统雅典人憎恨苏格拉底，尤其是在亚西比德事件之后。在《美诺篇》中，苏格拉底认为，所谓教学就是激发学生想起已经拥有的知识。在对话的结尾，我们可以看到雅典政客阿尼图斯（Anytus）对苏格拉底的仇恨。阿尼图斯也是苏格拉底的指控者之一，他是突然加入讨论的，他谴责苏格拉底竟然愿意与诡辩家来往。苏格拉底反问阿尼图斯是否曾经被诡辩家伤害过，或者是否真的遇到过诡辩家。阿尼图斯变得非常愤怒，他承认自己从来没有和任何一名诡辩家打过交道。苏格拉底便问他，他怎么能谴责一个自己不认识的人呢。阿尼图斯回答说，他知道诡辩家属于“哪一类人”，并警告苏格拉底要小心行事，以免他自己也被谴责为诡辩家。[14]

雅典人对苏格拉底的误解相当复杂，其中包括说他有诡辩之嫌。面对雅典法庭最严厉的惩罚，尤其是在约500名公民组成的陪审团面前澄清所有误解并不是一件容易的事。但苏格拉底依然镇定自若，他找到了应对之策，不仅能够让自己从容面对命运转折，重申自己的生活方式，而且可以激励自己的学生。他没有愤怒，没有恐惧，也没有自怜，在雅典人组成的陪审团面前，他机智地为哲学辩护。柏拉图把这一切都记录在《苏格拉底的申辩》（*The Apology of Socrates*）中。（在此，柏拉图用apology一词，表达的是“辩护”之意。）柏拉图由此表明，苏格拉底绝不是不切实际、不谙世事的人物，虽然哲学家一般被认为如此，很多故事也在嘲笑这样的哲学家，比如泰勒斯（Thales）的故事——他太专注于观察天象，一不小心掉进了井里。柏拉图表明，苏格拉底在人类动机的问题上很有智慧，知道如何坚持自我。

正如柏拉图所说，苏格拉底的自我辩护既坚定又谨慎。由于怕自己的学生（包括柏拉图）对哲学失去信心，苏格拉底毫不含糊地坚称“未经审视的人生不值得一过”。[15]同时，他以一种哲学家身上极其少见的言辞方式来介绍哲学，以此来保护他的学生，以免自己的命运对学生产生负面影响。他试图表明，哲学与守法公民身份相辅相成。同时，他暗示雅典城邦已经腐败成风，所以才不能容忍一些能使雅典公民变得更好的话语。

苏格拉底运用的措辞技巧甚至不亚于著名演说家高尔吉亚，他假装对法庭审判的门道一无所知，巧妙地阐述哲学如何鼓励公民尊重法律。他以自己过去经历的两件事情为例，说明自己如何捍卫法律，反对煽动大众的激情。他想方设法激励他人，竭尽所能维护自己的哲学生活方式，指出哲学并不是一种破坏性力量，而是能够维持雅典城邦完整性的堡垒。苏格拉底最大的愿望是为哲学辩护，**并且**被无罪释放——这是一个看似不可能的任务——他差一点就成功了。但是，陪审团以微弱多数（票数几乎不分上下）做出了有罪判决。

听到有罪判决后，苏格拉底仍然坚持诚实的自我评价。在雅典，被判有罪的人可以向法庭乞求一个比死刑更轻的惩罚。但是，苏格拉底并没有这样做，他甚至放肆地说，作为他的“惩罚”，他的余生应该享受国家公共服务，包括免费膳食。他声称，这是他应该得到的回报，因为他提高了雅典人的品格。毋庸多言，陪审团是不会同意的，雅典法庭判处苏格拉底死刑。

苏格拉底泰然处之，耐心地依次向指控者和支持者讲话。他告诉支持者，他并不认为自己的死亡是一种恶。苏格拉底坚持认为，如果给他更多的时间，他会让指控者明白他们的愚蠢。

如果遇到苏格拉底面临的困境，大多数人都会放弃自己的生活方式，一头栽倒在地，向陪审团乞求怜悯。想想看，要是苏格拉底放弃哲学，至少在雅典不再从事哲学，或者恳求法庭对他处以放逐而不是死刑，那一切就好办多了。但是，他没有扭曲自己，没有放弃哲学以保全性命，而是选择直面不幸，并以此为契机，向人们申明自己的生活方式。以此，他展示出一个大度之人的美德，“不喜欢危险本身”，也“不会因为微不足道的原因冲向危险”，但是会“因为重大的事件舍弃自己的生命”。[16] 苏格拉底虽然遭遇了厄运，但是他仍然保持自我掌控。正因为如此，他能够在与指控者的对抗中占据上风——不是摧毁他们或在法庭上击败他们（他也尝试过），而是从自己的角度出发，借助申辩的机会向所有被哲学感动的人传达一个信息：永远不要放弃，不要害怕死亡，因为未经审视的人生不值得一过。这是一种极其震撼人心的立场，要是苏格拉底没有采取这种立场，那他对他的学生、对柏拉图是否还能产生如此巨大的影响，这一点很值得怀疑。

## 苏格拉底之死：如何救赎不幸，坚持自我

被判死刑后，苏格拉底一直留在监狱里，即使有机会逃脱，也决不越狱，这一点更加凸显他的信念之坚定。在那个时代，越狱是很常见的做法，只要贿赂监狱的守卫，就可以轻轻松松从雅典逃到其他城市。他的朋友克里托已经准备好贿赂监狱守卫，但是苏格拉底还是拒绝了朋友的好意。柏拉图用了一整篇对话记录了苏格拉底拒绝越狱的故事。在他被执行死刑的那一天，苏格拉底表现出一如既往的坚定和开朗。他的朋友斐多（Phaedo）在讲起苏格拉底临近死亡的情景时说道：“如果是看到其他朋友面临死亡，我会感到很难过的。但是，在苏格拉底行刑那天，我并没有感到难过；因为（苏格拉底）看上去很快乐，从他的行动和言语中都感受不到一丝悲伤。面对死亡，他没有丝毫畏惧，依然那么卓越高尚。”[17] 苏格拉底是在日落时分被处决的，他像往常一样度过了这一天：

认真地、专注地与朋友们就美德和灵魂等问题进行了开玩笑般的对话。

尽管知道自己即将死去，苏格拉底仍然与朋友开怀畅谈，而且讨论的话题是灵魂是否不朽。在当时的情况下，这应该是一个最令人不安的问题。他的年轻朋友们想和苏格拉底一起探讨这个问题，其中包括西米亚斯（Simmias）和西比斯（Cebes）。苏格拉底认为，灵魂是不朽的。起初，他们不敢提出异议。当人的生命走到最后时刻，谈论死后会发生什么事情确实会令人感到焦虑，他们不想让苏格拉底为此事烦恼。但是，苏格拉底察觉到他们的犹豫，鼓励他们放心与他讨论，不要有任何保留。就像慈父一般，他冷静地让他们说出内心最深处的恐惧。在西米亚斯和西比斯先后说出对死亡的恐惧后，苏格拉底开始对他们提出问题。

在苏格拉底被处死的时候，斐多就在现场，他把苏格拉底死前的所言所行讲给他的许多朋友听。在讲述的时候，他提醒聆听的朋友们注意苏格拉底是如何安抚大家的恐惧的：

> 苏格拉底经常让我赞叹不已，而此时此刻是我最崇拜他的时候。（两位青年提出了关于灵魂的疑问，）他从容对答，我想这并非不寻常，但最让我赞叹的是他应答的方式。首先，他愉快、温和、充满赞赏地听完了两位青年的反对意见，然后马上指出他们的话对我们的影响，最后又巧妙地抚慰我们的心灵，鼓励我们振作精神，摆脱逃避和失败的心理，让我们改变看法，与他一起继续探讨（关于灵魂的）观点。[18]

随着行刑时刻临近，对话也进入了尾声，苏格拉底已经将灵魂不朽的“证据”向西米亚斯和西比斯阐述完毕。苏格拉底提问的核心是让他的年轻朋友们明白，他们之所以感到恐惧，是因为他们无意中将灵魂简单地理解为身体。他们说，灵魂可能会在人死的那一刻被驱散或者被毁灭。由此可见，他们对灵魂的理解其实是一种对物理事物的认识，就好比在天冷时呵出的一口气，只能短暂存在，很快就会消失，或者未灭的余火，但终将会熄灭。苏格拉底则建议要对灵魂的命运问题进行更全面、更深入的探讨。

在死亡面前，苏格拉底一直保持沉着冷静、坚不可摧，说明他对灵魂的理解极其深刻，已经超越了任何一种论证或证据：灵魂赋予身体以活力和生命，不仅体现在身体上，而且体现在话语和行动的意义上。而话语和行动的意义也许暂时不为人知，可能会遭到误解，甚至长时间被人遗忘，但不会像呵气或余火一样消失或熄灭。话语和行动的意义具有打动人心的力量，被感动的人将通过自己的话语和行动使意义得以延续。虽然苏格拉底已经死去，但他仍然活在柏拉图的对话录中；我们阅读柏拉图的对话录，解读苏格拉底的话语和行动的意义，从中寻找生活的指引和方向，所以苏格拉底也活在我们的思想和行动中。

最后，苏格拉底又对他的朋友克里托嘱咐了几句。克里托问他是否可以为他的孩子做些什么事情，他用一个简单的请求做了回答："只有我一直跟你说的那些事，克里托……只要你能（通过追求哲学）照顾好自己。"[19] 苏格拉底想要的不是被铭记、被赞扬，而是成为坚持哲学生活方式的榜样，只要认可哲学生活方式的价值，任何人都可以从他身上汲取力量。克里托并没有完全理解苏格拉底的要求，他问苏格拉底希望死后如何安葬。带着向来一本正经的幽默感，苏格拉底温和地轻声笑道："如果你们抓得住我，我也不逃跑的话，那就随你们怎么安葬。"[20] 他幽默的地方在于，克里托确实没有抓住苏格拉底的谈话所表达的意思，因为他天真地将苏格拉底这个人等同于苏格拉底的身体，而苏格拉底的身体很快将要成为尸体了。难怪克里托一直想说服苏格拉底越狱，他只想着身体，想着如何保存身体，无法理解更伟大的灵魂的力量。

根据柏拉图的记录，苏格拉底甚至主动安排自己如何被处死。这似乎是为了凸显苏格拉底的自我掌控，即使面对死亡这样的巨大灾难，他依然保持着对自我的主宰。是苏格拉底让他的朋友克里托把行刑官叫进来的，他甚至愉快地接受了那杯毒芹酒，而行刑官早已泪流满面，转身离开了房间。苏格拉底没有颤抖，也没有哀叹命运，而是一口气喝下了那杯毒芹酒，仿佛那是一杯用于庆祝的美酒。

毒药很快就生效了，在他生命的最后时刻，朋友们都在啜泣，苏格拉底安慰着他们。他向克里托提出了最后的要求，也是他说的最后一句话："我们必须向阿斯克勒庇俄斯（Asclepius）祭献一只公鸡。注意，千万别忘了。"[21] 苏格拉底的这句遗言十分意味深长，常常被理解为生命的证明。阿斯克勒庇俄斯是医药之神，献上公鸡是一种献祭举动。苏格拉底让克里托向医药之神献祭，似乎想说明，生命是一场疾病，生命困囿于身体，但死亡可以治愈疾病。神用死亡终结身体，治愈我们的疾病，所以我们应该给神献上祭品。但是，这种解释忽略了苏格拉底说出这句话时的玩笑意味。苏格拉底在行刑当天、在审判期间乃至在他余生中所做的一切和所说的一切，都充满了对智慧的热爱，这种热爱既是世俗的，也是超脱世俗的。苏格拉底多次把哲学家（世俗的）视为灵魂的治疗者，因此将阿斯克勒庇俄斯神理解为哲学的象征，也不无道理。

有一种观点认为，苏格拉底相信，只有从身体中解放出来，或者从这个世界的苦难中解放出来，才能获得真正的生命。可以说，这种观点是新柏拉图主义由于受到某些基督教教义的影响而强行对苏格拉底的思想做出的解释。虽然苏格拉底主张灵魂优越于身体，但他从未拒绝身体，也从未把身体视作灵魂的障碍。在柏拉图的《会饮篇》中，苏格拉底甚至提出，爱欲，即对美丽之人的热烈爱恋，就是哲学的起源和动力。他表示，美丽的身体不仅让人产生身体上的渴望，而且使人在理智上渴望理解美本身。苏格拉底非但没有摒弃可见的、有形的身体，反而以好奇的眼光看待身体，在讨论如何生活的寓言中不厌其烦地提及身体。

有一个明显的例子可以说明苏格拉底对身体的理解以及他对自己生

活的热情。在临刑前，他给朋友们讲了最后一个神话：从上往下看的“大地真正的表面”，那是虔诚生活的灵魂死后居住的地方。大地的样子也变成了一个解读哲学生活方式的模型。苏格拉底说，大地的大小和性质都跟我们想的不一样，我们居住的区域只是大地的一小部分，就像蚂蚁或青蛙沿着池塘居住那样。我们以为自己住在大地的表面，但其实我们居住在大地的凹陷之处，这些凹陷的地方充满了水、雾和空气。我们的状况就像居住在大海深处的人一样，他们也以为自己住在大海表面。因为能透过海水看到太阳和星星，所以他们以为大海就是天空。他们既迟钝又软弱，从来没有到过大海表面，所以他们并不会知道，从我们的位置看太阳和星星，它们散发的光芒有多么纯粹和美丽。其实我们的情况跟他们是一样的，因为迟钝和软弱，我们以为空气就是天空，觉得星星就在其中移动。但是，天空是纯净的，很多人把天空称为以太，而空气实际上只是以太的沉淀物。如果我们能长出翅膀，飞出浑浊的空气层，到达空气上面，我们就能看到真正的星辰，看到其他一切事物的真实面貌。[22]

大地的许多分层代表着不同层次的自我认识。我们居住在“凹陷之处”，所以我们要学会质疑传统智慧，认识到生活的意义远远不止我们自己小圈子里的“真理”。这些所谓真理不过是意见而已。但是，如果有人怀抱向善之心提出缜密周到的质疑，这些意见也可以激发更深刻、更全面的见解。这些见解，就是从上往下看的“大地真正的表面”，那里闪耀着各种最灿烂、最明亮的颜色，有紫色、金黄色、白色和其他许多颜色。因为“大地上那些充满水、雾和空气的凹陷之处也散发出美丽的色彩”，所有颜色五彩缤纷，“在一个凹凸不平的图景里”闪闪发亮。[23]

苏格拉底想象出一幅“连成一片的五光十色”的图景，不同的颜色相互映衬，交相辉映。我们也可以由此来理解自我掌控的人生，理解这种人生的整体性或者完整性。这幅图景还表达了一种无知的态度，与苏格拉底的看法也是一致的，即没有一个观点是完全错误的。我们无知，并不是因为我们误把虚幻的东西当作真实，而是因为我们固执己见，目光短浅，沉迷于自身的细枝末节，迷失在大地的许多凹陷之处，忘记了每一个凹陷之处散发出的美丽色彩，将会成为“连成一片的五光十色”。如果我们找到正确的理解方式，我们就会明白，相对于大地的其他地方，每一个凹陷之处都是闪闪发亮的图景不可或缺的组成部分。

“虔诚生活的灵魂”居住的美丽地方，实际上就是在哲学光芒照耀下的**世俗**世界，这个世界的大小和色彩都是真实的。苏格拉底暗示，对智慧的爱引导下的人生是一段无限的旅途。在旅途中，人们的思想可以达到前所未有的高度，对自己已经熟知和热爱的世界形成更深刻、更清晰的认识。

被判有罪后，苏格拉底进行了自我辩护。在辩护结束时，苏格拉底告诉陪审团，他死后最大的愿望是哲学事业得以延续。如果死后到了哈得斯（希腊神话中的冥王），遇到阿喀琉斯和奥德修斯，他最想做的事情就是拿他经常与朋友讨论的问题向他们提问。由于对智慧的热爱和对自我认识的不懈追求，在面对审判和处决时，苏格拉底表现出了他生命中最自由的姿态。遇到不怀好意的对话者时，他总是冷静自持，仔细聆听他们的意见并让自己有所获益。面对指控者，他也一样镇定自若，利用审判的机会来申明和肯定哲学。苏格拉底把自己的人生理解为一段无限的旅途，所以他甚至能够理解死亡——被处死只不过是他人生故事中的又一个事件。虽然他已经死去，但他的故事将会通过别人的思想和行动不断地续写下去。

## 电影《美丽人生》：一个苏格拉底式的当代故事

苏格拉底的生与死的故事告诉我们，哲学不仅仅是无休止的争辩、论述、推断。更重要的是，哲学教我们**如何做**一个达观的人，能够临危不乱，处变不惊，泰然自若地应对生活中的种种考验和磨难。如果这种对哲学的认识是正确的，那我们在知识精英之外也可以找到很多哲学家。

《美丽人生》（*Life is Beautiful*）是罗伯托·贝尼尼（Roberto Benigni）执导的电影。在电影中，我们就可以找到一个这样的哲学家。电影讲述了一个人通过行动认识自我，从中获得救赎的力量，最终超越巨大苦难的故事。电影的男主角并非典型的主人公形象，但他显然是一个苏格拉底式的人物，在他看似笨拙怪异的外表之下，其实闪耀着自我掌控的光辉。

男主角的名字叫圭多·奥雷菲切（Guido Orefice）。在电影中，他的出场十分滑稽。圭多诙谐幽默，在一家饭店做服务员，收入不高，却要追求一个他高攀不起的女子多拉（Dora）。多拉是贵族出身，容貌十分美丽，已经与一位自负的政府官员订了婚。凭借机智、浪漫的天赋和不怕失败、不屈不挠的坚韧精神，圭多最终赢得了多拉的青睐。在她的订婚晚宴上，圭多冒充服务员，偷偷溜到多拉所坐的长桌底下，拍拍她的腿，说服她与自己私奔。几年过后，圭多已是多拉的丈夫，两人育有一个五岁的儿子焦苏埃（Giosuè）。他的人生似乎是一个出人意料的成功故事，是一部恰到好处的喜剧。

但故事忽然急转直下，纳粹上台了，我们看到圭多原来是犹太人。一天下午，多拉回到家，发现家里被翻得乱七八糟，丈夫和儿子都不见踪影。她疯狂地寻找他们，追到火车站时，他们正像牲口一样被赶上开往集中营的火车。虽然多拉并不是犹太人，但她还是恳求军官让自己登上火车，与家人待在一起。

接下来便是圭多如何在集中营的残酷环境下发挥聪明才智，以常人难以想象的方法保护妻子和儿子的故事。故事的重点是，在其他孩子被杀害后，圭多采取了巧妙的策略，将焦苏埃隐藏起来，不让纳粹当局发现。其他孩子被命令进毒气室“洗澡”时，讨厌洗澡的焦苏埃躲在营房里，逃过了一劫。圭多头脑灵活，想象力非常丰富，他告诉焦苏埃，现在他们和其他囚犯一起参加一场盛大的比赛。比赛最重要的规则是躲避狱警的注意。此外，不能抱怨说肚子饿，或者想念母亲。认真遵守规则并得分最高的人将会赢得一辆真正的坦克。听到奖品是一辆坦克，焦苏埃非常兴奋，他天真地听从了父亲的安排，继续躲藏起来。

随着故事的展开，我们逐渐了解到，这不仅仅是一个精心策划的生存故事。正如电影标题暗示的，这是一个即使在极端压迫的条件下，人类仍然可以追求幸福，实现自我掌控的故事。圭多编造的游戏不仅仅是保护儿子的手段，也是他豁达乐观和创造性天赋的体现。这是他一以贯之的乐天精神，从遇到多拉那一刻开始，一直到生命的尽头，都没有任何改变。因此，圭多为了保护孩子而哄骗孩子玩的这个游戏并不是一个异想天开的幻想，而是圭多做自己的方式——即使在一个任何人都会扭曲自我的高压环境下，圭多依然能够坚持自我。这个游戏是圭多理解自己所处的现实的结果。而他所处的现实——充满恐怖和反抗的现实——都是他编造游戏的帮手。就像苏格拉底在面对审判和处决时那样，即便在最恶劣的环境中，圭多都能够找到自我。

这个游戏就是圭多做自己的方式，在圭多编造游戏的那一刻就有所体现。从火车下来后，人们被赶到集中营，圭多和其他意大利人在营房里静静地坐着、站着。一个头戴圆形头盔，身材粗壮的党卫军军官走进营房发号施令。在当时的处境下，他们完全无能为力。这名军官讲话的语气极其严厉，他大声问是否有人能够将德语翻译成意大利语。圭多不懂德语，但他觉得这是一个机会，于是他不顾自身安危，大胆地走上前。

圭多装出一副认真的样子，好像在热切地聆听军官所说的每一句话，甚至在翻译中还保留了军官严厉的语气，但是他并没有翻译军官的话，而是编造了一个游戏，还说了几条他希望焦苏埃遵守的规则，这让其他囚犯感到非常惊讶。然而，那位不懂意大利语的纳粹军官却认为圭多已经忠实地传达了他的命令。圭多别出心裁的举动是他针对纳粹军官的反抗行为，通过这个举动，圭多扭转了当下的形势。此外，这也是他一贯以来的习惯。以前他也搞过恶作剧戏弄多拉那位傲慢的未婚夫，他本身的个性就喜欢开玩笑，经常做出一些荒唐行为，只是现在身处集中营，面临的处境远比以前严峻。

在表达对多拉的爱时，圭多也表现出同样的机智和自我掌控。在集中营里，即使两人被分开，圭多也想方设法宣告他的爱意。在一个早上，工作开始了，圭多推着手推车往前走，焦苏埃就藏在手推车里。在经过广播室时，圭多看到里面空无一人。冒着被抓住的危险，他悄悄离开队伍，迅速朝着广播室走去。要是被抓住的话，他和儿子都必死无疑。他对着扩音器大声说："早上好，公主！"这是他向妻子说的话，虽然他不知道她在哪里。"我整晚都梦到你，梦到我们去看电影，你穿着我非常喜欢的粉红色衣服。我满脑子都是你，公主！"他还招手让焦苏埃过去说了几句话，然后就赶紧撤退了。在集中营的另一个角落，多拉和妇女们正在做苦工，她听到了圭多的广播，脸上露出无比惊讶的神色，心中又燃起了希望。跟他为纳粹军官"翻译"时的举动一样，圭多抓住了机会，利用纳粹的扩音器来表达自己对妻子的爱，把"压迫工具"变成了一个做自己的"帮手"。

他在电影中最后的一幕也同样如此。盟军快要解放集中营时，纳粹军官开始把囚犯赶到一起，打算将他们集体处死。圭多把儿子藏在一个废弃的炉子里，他自己去寻找妻子多拉，打算找到多拉之后一起逃走。他急匆匆地到处奔跑，寻找着多拉，不幸被守卫发现了踪迹，而他的儿子躲藏的地方就在几米之外。透过炉子的门缝，儿子已经看到他被抓住了。他知道儿子可以看到他被枪指着脑袋，于是他转过身，悄悄地朝着儿子躲藏的地方眨眼示意。守卫逼着圭多走向一条小巷，那条小巷将是他被处死的地方，于是他迈着滑稽夸张的步伐向前走去——以前在家跟儿子玩游戏的时候，他也是用这种方式走路的。圭多从画面中消失了，我们听到了开枪的声音，这表明他已经被杀死。不久之后，盟军到达，集中营解放了。焦苏埃和多拉都活了下来，母子俩很快重聚了。

圭多的生与死的故事与苏格拉底的生与死非常相似。从表面上看，苏格拉底和圭多是两个完全不同的人，苏格拉底是一个对家人不闻不问的哲学家，圭多是深爱妻子的丈夫、保护孩子的父亲，他没有什么思辨思维，就算有也只限于玩猜谜语（猜谜语是圭多的一个爱好）。然而，两人都同样达观，同样处乱不惊。他们的自我认识都十分坚定，对自己的承诺和职责都无比清晰，所以他们能够直面灾难并从中得到救赎。因此，苏格拉底将审判的法庭和行刑的监狱变成捍卫哲学的舞台，圭多利用集中营的扩音器来表达对多拉的爱意。正是在这样的救赎行为中，苏格拉底和圭多的人生达到了真正的圆满。即使遇到极端的对立，他们也能够找到本真，回归自我。世界已经支离破碎，但他们硬是从废墟中找到了一种值得一过的生活方式。他们的死亡方式虽然不同，但从某种程度上说，他们都是遭到胁迫而招致死亡的。但是，他们死亡的方式也具有自我的统一性，无论是活着还是死去，他们都坚持同样的立场，因此他们都是自由的。从苏格拉底和圭多的人生故事，我们可以看到，苦难并不是消极对待生命的理由，即使在最黑暗的时刻，生命也仍然充满了救赎和快乐的可能性。

## 真正的同情在苦难面前的意义

人生在世，总会遇到各种各样的苦难，或者是政治上的不公正待遇，或者是病痛缠身，或者是个人悲剧。在理解苦难时，我们要注意在两个方面取得平衡：一方面，我们要承认发生苦难是悲惨的、恐怖的；另一方面，我们也要钦佩勇敢直面苦难的人，他们有坚不可摧的毅力，就算在最恶劣的环境里也能创造出自己的生活方式。但实际上，我们往往会偏向前者，把注意力都放在痛苦和恐怖本身，对受难者充满怜悯，总是强调他们如何在恶劣环境下遭到非人待遇。

我们之所以会如此，有一个常见的原因：我们觉得自己是苦难的共谋者，无论这种感觉是对是错，我们都感到自己对苦难负有责任。也许我们与实施迫害的政权脱不了干系，或者我们的祖先曾经参与了迫害，或者我们本该对受难者伸出援手却没有做到。由于心怀愧疚，我们觉得有义务去回顾受难者承受的痛苦，一遍又一遍地强调那种痛苦是多么难以承受。不断地回忆受难者的痛苦，这种做法反映的可能是一种正常的同情心和责任感，但也可能是一种悖谬的自我谴责，有辱受难者在遭受痛苦、克服困难时表现出来的美德。

对于与我们不相干的灾难，我们对受难者的怜悯几乎没有任何作用，只不过我们会想象，要是我们自己遭受那样的痛苦，将会多么可怕，因此产生一种基于自怜的浅薄的认同感。如果我们仅仅哀叹他们如何受苦，那我们就是在美化我们想象中的自己在面对苦难时的无能为力（还称赞自己有同情心），同时贬低了他们面对苦难时的力量。我们忘记了一个重要的道理：即使在物质极端匮乏、生活极端艰难、社会不公极端严重的情况下，人也有可能实现救赎，不仅单纯地活着，而且活得灿烂、活得幸福。只把受难者视为受害者，那是否定他们的大度，也是剥夺我们自己的大度。相反，在谈及他们时，我们应该称他们为最高美德的典范，我们要向他们学习，从他们身上寻找启迪。这样做是对受难者的一种尊重，而尊重远比基于怜悯的同情更加伟大。

现在，在政治正确的背景下，人们谈及他人的苦难（或他们所属群体的历史苦难）时都小心翼翼、如履薄冰，表达完毕之后还要附带几句类似免责声明的话，表示“这只是我的个人看法，我不可能真正理解”之意。

于是，一说到苦难就表示怜悯和内疚便成了一种公认的“安全”表达方式，但这种现象反而是对同情的嘲弄。我们要看到，受难者具有面对苦难的力量，虽然他们遭到不公正待遇，历尽艰难困苦，但他们不但能够活下去，而且能活得快乐、活得精彩。然而，如果我们把重点放在这些积极的方面，往往会引发很多质疑和谴责：“你是说，发生在他们身上的灾难不是坏事？你是说犯下严重的错误也是正当的？”提出这种质疑的人没有认识到，一种恶行的实施是无法开脱的，但是，受难者发挥创造力，在苦难中找到适应的方法并得到救赎，这在更深层意义上来说可以理解为正当的。即使深陷苦难之中，受到迫害的人也能化苦难为力量，在苦难中找到一种他们确信的、有意义的生活方式。我们应该研究他们的故事，赞美他们的品质，学习他们的精神——这才是真正的同情，这才是同情的最高形式，也是唯一的形式。根据希腊语词根，同情（sympathy）的意思是“一起受苦”（syn-pathos）。如果我们要和某人一起受苦，那我们必须努力想象：如果我们是他们，我们要付出什么样的努力，才能够克服他们受过的苦、遭过的罪。但是，由于我们享受着生活舒适或者特权，我们往往从一开始就会认定我们和他们之间存在不可逾越的鸿沟，因此我们根本不会想象自己会像他们那样承受苦难。

电影《美丽人生》讲述了有关纳粹大屠杀的故事，有些评论人士批评电影拍得过于轻佻，缺乏大屠杀电影常见的沉重感和严肃性。他们认为，电影塑造了一个将纳粹集中营的恐怖环境变成一个游戏的喜剧角色，这是对纳粹大屠杀的轻视。这种批评没有看到，在恐怖的集中营里，要做到像电影主人公那样乐天和幽默，是需要极其深刻的领悟力和创造力的。他的幽默产生于恐怖，集中营有多恐怖，他就得有多幽默。只有如此，他的幽默才有说服力，也只有依靠幽默，他才能应对集中营的恐怖。比如，儿童大规模遭到屠杀，主人公的儿子因为讨厌洗澡才侥幸逃过一劫；骨肉分离，妻离子散，男女分开做苦力；一天晚上，纳粹军官们聚会享乐，主人公被安排去做侍应，在回来的时候迷了路，他摸索到一个隐秘的地方，却发现了成堆的被焚烧的尸体。这是世上最骇人听闻的现实，主人公却必须从这样可怕的现实中找到活下去的勇气和毅力。

电影塑造了一个充满力量的角色。不接受这个角色，认为这样的角色不合情理，那就是否定理想的力量，也是对真实历史记录的忽视。在位于耶路撒冷的以色列犹太大屠杀纪念馆里，许多有关集中营的物品常年展出，其中最打动人心的展品是一些精心制作的简洁雅致的饰品——比如戒指、耳环、发梳——都是集中营囚犯利用难得的时间，一点一点从无到有制作出来的。这些物件之所以如此震撼人心，正是因为它们非常漂亮，但是在一个连生存都成问题的处境下，它们完全没有用处。它们跟《美丽人生》的主人公在集中营里通过扩音器向妻子表达爱意的举动性质一样。它们比任何普通人家常见的饰品更能引起亚里士多德式的共鸣："大度之人愿意拥有美丽而不实用的事物，因为拥有这样的事物更表明一个人的独立自足。"[24]

总之，我们要承认不公之事不可开脱，也要承认即使深陷苦难之中，受难者也能化苦难为力量，在苦难中找到一种他们确信的、有意义的生活方式。我们应站在受难者的角度，而不是作为旁观者站在远处，希望与之感同身受，但只看到让心生怜悯的变故。"如果再遇到同样的变故，我也依然如此"，这句话实际上已经表达出最伟大的力量和最高的美德。

为了我们自己，我们也应该承认这种力量。确实，我们可能站在远处，看到别人在经受骇人听闻的苦难，但严格来说，对于受难者的命运，我们并不是简单的旁观者。17 世纪哲学家、科学家布莱士·帕斯卡（Blaise Pascal）写道："最后一幕总是血腥的。"[25] 他的意思是说，我们所有人都得面对死亡，在终极问题上，不会有一个人比另一个人更幸运。无论苦难的直接来源是疾病、政治迫害，还是纯粹的衰老，死亡都是神圣的意外。传统观念认为，不同的死法有好坏之分，有些死法更好，有些死法更坏。这种观念确实可以给我们带来一点安慰，因为我们每时每刻都在逃避面对时间流逝的责任。众所周知，帕斯卡有一种病态的敏感，对于生命的脆弱，他的看法确实令人感到不安，但我们不应该将他的看法理解为一种悲观主义观点。相反，就像苏格拉底和《美丽人生》的主人公一样，他的观点应该能够启发我们产生一种救赎的希望和乐天的精神。每一刻都是宝贵的，每一刻都赋予人生以意义，我们要为自己的人生负责，要活在当下、珍惜当下，用生活的每一刻锻造一个美丽的、诱人的、毫无畏惧的、鼓舞人心的人生。

Happiness
in
Action

A Philosopher's
Guide to the Good Life

# 第3章

# 友　谊

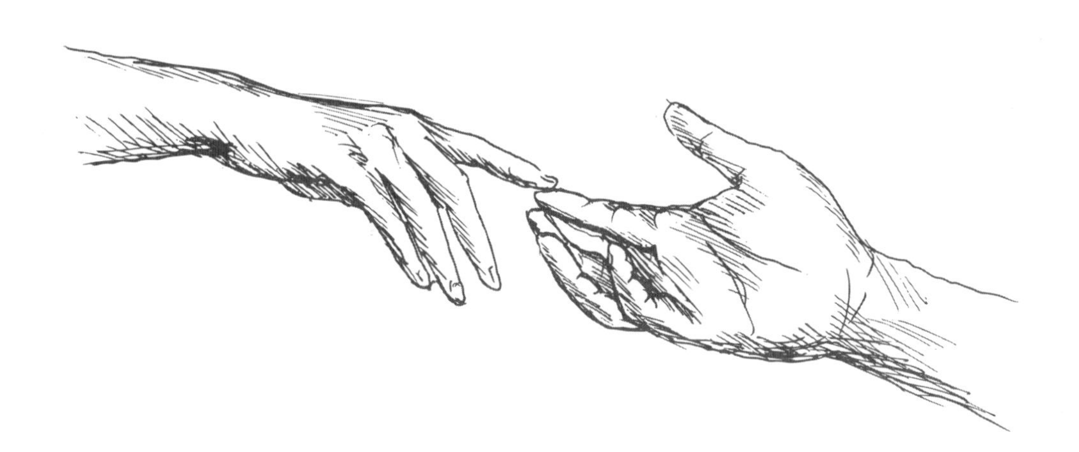

有时候，到了学期末，学生会问我，哲学有没有改变我的生活方式，如果有的话，是哪些方面的改变。以前，我的回答比较宽泛，只是谈一谈学会反思的好处，或者要以批评的眼光看待传统智慧。后来，我对这个问题有了更多思考，也想过如果是大学时代的我提出这个问题，我会如何作答。现在，我有了一个更具体的答案：哲学让我更加懂得欣赏和评价友谊。

如果要从哲学的角度给踌躇满志的大学生一个建议，帮助他们想清楚自己未来的道路，那我的建议就是要努力结交真正的朋友，而不只是盟友。盟友是与你有共同利益，会帮助你实现目标的人——比如与你一起在校报编辑部工作的同事，或者与你一起为社会正义事业而奋斗的伙伴。而朋友是会帮助你正确地看待目标，使你克服对失败的恐惧，并且提醒你，人生除了功成名就，还有其他更重要的东西的人。

与人结盟的目的永远是得到某种成果，比如发表文章、实施改革或者取得胜利，而友谊的目的只在于友谊本身。可以说，友谊的“果实”是一种相信自己有力量的自我意识，因为你知道有人支持你，而你也支持他们。不是说盟友不能同时是朋友，朋友也并非不可以是盟友。我一些最亲密的朋友也是我的训练伙伴和同事。但是，随着年龄增长，人人都在忙事业，你很容易就会发现，你的周围都是这样一种人：如果你说要介绍资源或者“谈工作”，他们都会很爽快地响应你，但如果你邀请他们来参加你的婚礼，他们却说“太忙”，不能出席。你很难不屈服于这种工具性的友谊。事实上，友谊与以目标为导向的人生很难并存。如果我们只想事情尽快结束，只想把事情做完，我们往往会希望寻找盟友，而不是结交真正的朋友。

这个问题其实古已有之，并非当代才出现。亚里士多德意识到这个问题，于是他区分了从彼此的陪伴中寻求某种利益交换的朋友，即“功利的朋友”，和因为坚守美德而彼此吸引的“真正的朋友”。功利的朋友对彼此的爱并不是因为朋友“本身”，而是因为朋友提供的商品或者服务。一旦其中一方不能为另一方带来好处，他们很快就会分道扬镳。[1]由于双方的关系是交易性的，或受特定目标的限制，所以这种友谊经常会涉及公正的问题；在相处过程中，功利的朋友始终会关注每个人是否尽到自己的责任或者交易是否公平。

相比之下，真正的朋友在一起只是为了享受对方的陪伴，而不是为了达到什么结果。他们欣赏对方的美德，或者说被对方的大度吸引，所以才走到一起。其他朋友关系会随着利益的变化而分崩离析，但建立在美德基础上的朋友关系不一样，只要美德保持不变，基于美德的友谊就会一直持续下去。这样的友谊已经超越了公正，因为双方都主动地为对方着想，为对方付出，仿佛支持对方就是支持自己一样。交易是否公平的问题从未出现过。“朋友之间，不需要公正。”[2]

我们经常用“友谊”这个宽泛的术语来表示基于功利的朋友关系和基于美德的朋友关系，实际上这是两种不同的朋友关系：基于功利的朋友关系完全是目标导向的，如亚里士多德所说，是“偶然发生的”的关系（因为人不一定有这个或那个目标），基于美德的朋友关系则是自身导向的。

亚里士多德认为，自身导向的友谊是幸福的重要组成部分：“没有人愿意过百善俱全而独缺朋友的生活。”[3]

## 友谊与自我掌控

如果没有友谊，我们甚至很难理解自我掌控的含义。回想起我们为自己挺身而出、发挥判断力或者实现救赎的时刻，我们会发现，在很多时候，这些都是我们在朋友的支持下做出的举动。在亚里士多德的笔下，真正的朋友“共同参与活动，在活动中通过相互纠正而变得更好”。[4]

我们最伟大的自我掌控举动也往往是为了朋友（或者是与我们有一种在广义上可称为友好关系的亲人）而做出的。即使在最恶劣的环境中，《美丽人生》的主人公之所以能保持着正直和对生活的热爱，与他对妻子和儿子的关爱是分不开的。他利用扩音器宣告对多拉的爱，他为了焦苏埃采取的创造性的反抗行为，都是最能体现他的自我掌控的举动。苏格拉底宣告，“未经审视的人生不值得一过”，并且拒绝为自己的生活方式道歉。他这样做既是为自己挺身而出，也是为他的学生挺身而出。在雅典法庭面前，为了保护和激励愿意追求哲学的人，他竭尽全力为哲学辩护。

有时候，我们采取的行动并不只是为了朋友，在行动过程中我们也获得了快乐，认识了自我，而这往往也是另一种形式的友谊，苏格拉底将自己献身于哲学就是一个例子。按照苏格拉底的理解，哲学的对话性从本质上可以理解为一种朋友关系。与诡辩和法庭辩论——其目的就是要比对手智高一筹相反，苏格拉底对话的目的在于使彼此变得更有力量。在对话中，双方要为一个共同目标而努力，即通过诚实的自我审视来厘清美好生活的意义，用自己认为真实的东西来回答问题，或者就自己感到困惑的地方提出疑问，避免单纯为了争辩而提出假设性的反对意见。在真正的哲学探索中，双方都要做出共同承诺，苏格拉底自然已是深谙于此道，所以他经常把哲学视为友谊的一种形式。苏格拉底著名的反诘法使轻信的对话者远离他，而使知情的对话者靠近他，并与他成为朋友。对反诘法的赞赏，说明了双方具有一些共同的性格特征，这正是为了友谊本身而结交朋友的典范。

因此，尽管自我掌控似乎意味着独立或个性，正如亚里士多德在自足（autarkeia）或“自我定夺”（self-rule）中所暗示的那样，他认为这是大度不可或缺的一部分，但这种独立与友谊是相容的。按照亚里士多德的理解，实现自我定夺并不是指作为一个孤立的个体活着，而是以批评的态度看待盛行的惯例、共同的意见和遵从的模式。在这方面，朋友肯定能提供帮助。在我们面临社会环境压力的时候，往往是我们的朋友提醒我们要坚持自我；在我们无意间误入歧途的时候，也是我们的朋友温柔地指出我们的错误，让我们不再迷失自我。

亚里士多德说，大度之人永远不会“去讨好另一个人”，对此他补充了一个重要的条件：“除非那是一个朋友。”[5]在关于大度的论述中，亚里士多德在不经意间也提到了友谊，后来他还用专门的章节讨论友谊，进一步展开他在讨论大度时提到的友谊观。例如，大度之人喜欢做好事，因此需要一个受益者。后来，亚里士多德提出，真正的受益者是一个朋友——朋友接受智慧带来的好处，并且反过来发展智慧。

有时候，我们会独自面对困难，或者靠自己处理在我们内心掀起波澜的事情。即使在这种时刻，我们也可以通过对话的方式劝慰自己，就像我们在和朋友交谈一样。我们可以默默地自问自答，或者大声地对自己重复激励的话语。亚里士多德甚至建议，人可以成为自己的朋友，因为人具有“二元性和多元性”。[6]这个有点晦涩难懂的说法其实是指一种共同经历。尽管我们与自我合为一体，或者说拥有和谐的灵魂，但我们无法避免内心分裂的时刻。我们知道朝某一个方向走才是正确的，但是朝其他方向走也有很多好处，所以我们往往会感到纠结，不知道如何选择。在这种情况下，成为自己的朋友就能获得力量，做出最佳选择——比如，久久地凝望着镜子里的人，告诉他“你一定能行”，或者将目光转向贴在桌子上的激励图像，默默地鼓励自己。还有些时候，我们可能不知道哪一个才是正确方向，我们被相互矛盾的承诺困扰，必须努力找到解决的办法。我们会慎重考虑如何同时履行两个不同的承诺，要结合我们当前的情况，甚至要顾及对我们人生的影响，在两个选择之间进行权衡掂量。进行这种权衡掂量的过程实际上是我们在扮演自己的朋友。

这种内在友谊的存在说明友谊和自我掌控其实是同一美德的两种表

现形式。与自我为友，这种友谊的特征是深思熟虑，而深思熟虑也是自我掌控的本质。如果有朋友的支持，自我掌控会更容易实现。而且，从本质上说，自我掌控是内心不同声音之间达成的一种友好关系。因此，苏格拉底说，和谐的灵魂是一个各部分相互“友好”的灵魂，对学习和智慧的爱主导着对荣誉和利益的爱。亚里士多德得出结论：一个好人首先是自己的朋友，与自己的友谊是友谊这种美德的最基本形式。[7]

我们通常所说的友谊，即自我与另一个人的密切关系，可以理解为我们与自己的友谊的延伸，因此我们必须首先建立与自己的友谊。我们要先把自己的房子整理好，才有工夫去管别的房子。可以说，除非我们已经懂得如何平衡不同的承诺，懂得如何正确认识损失、如何为自己挺身而出，否则我们不可能成为好的朋友。我们缺乏提供鼓励和建议的基础，而友谊正是在鼓励和建议中产生的。如果一个人容易产生怨恨、报复、愤怒、迷恋或其他恶习，那他就不能向别人提供支持，而支持正是友谊的组成部分之一。

亚里士多德认为，只有有德的人才能成为彼此的真正朋友。他对照一个好人对待自己的方式，得出了一个好的朋友的标准：

> 我们对邻人友善的特征、我们用来定义友爱的特征，似乎都产生于我们与自身的关系。因为朋友据说是这样的人：他希望另一个人拥有并促成其获得善或者显得是善的事物，或者希望他的朋友为自身的缘故而存在、活着……然而，这每一种[特征]都存在于一个好人同他自身的关系之中……因为首先好人身心一致，他的整个灵魂所追求的都是同样的事物。确实，他希望自己拥有善……并促成自己获得善；他这样做是为了他自己，因为他追求善的行动代表的是他灵魂的理智部分，而理智的部分似乎才是一个[人]的真实自身。他也希望他自身——尤其是

> 理智的部分——活着并得到保存，有了理智的部分，他才能获得智慧。[8]

我们可能会怀疑亚里士多德将自我掌控和友谊紧密地联系起来的做法是否正确。有一些人对自己那么苛刻，那么不尊重，不依然成为好的朋友了吗？自我贬低和自我怀疑一定会减少我们可以给别人的支持吗？亚里士多德一定想到了类似以下的情况：我们意识到自己过于严厉地批评自己，并且知道这样做是错误的，这种意识表明我们至少已经产生了成为自己的朋友的愿望。有了这个愿望就意味着我们已经认识到真正的自尊所包含的内涵。在真正帮助朋友的时候，我们会在无意中把这种认识传达给他们，并且强化我们自己的认识。我们只是在一时之间对自己、对他人犯了错误，失去了美德，仅凭这一点并不会使我们失去成为好的朋友的资格。没有人是完美的，当我们确实成为一个好的朋友，做出了一个好的朋友该有的举动时，我们就是在依靠友谊——在某种意义上，这种友谊一定也是对我们自己的友谊。因为我们每时每刻都在与自己相处，所以我们可能会忽视发生在我们自身内部的友谊，而且会夸大我们屈服于自我憎恨的程度。我们可能清晰地记得一些罕见的情景，让那些茫然无措、痴迷执着或绝望的特殊时刻一直在脑海里栩栩如生，却忘记了更多的实现自我掌控的时刻。因此，成为别人的朋友，但同时与自己为敌，这两种情况永远不可能同时存在。我们能够帮朋友把问题分析得清清楚楚，这就说明我们内心已经拥有友谊的力量，我们随时可以把这种力量运用到我们自己身上，虽然具体如何运用我们暂时还无法完全理解。

有时候，我们很容易会忘记自己拥有的美德，而朋友会指出并提醒我们忘记的美德，使我们的自尊得到加强，这是拥有朋友的一大好处。如果人已经拥有美德，那他应该不再需要其他东西了，为什么有德的人还需要朋友呢？在回答这个问题时，亚里士多德便提出了友谊的这一好处。无论人拥有多少美德，想要充分理解自己的美德，他就必须思考别人的活动。亚里士多德的理由如下：

> 如果幸福在于生活或活动；而且好人的活动本身就是严肃的、令人愉悦的……如果我们更能沉思邻人而不是我们自身，更能沉思邻人的活动而不是我们自身的活动，那么对好人来说，沉思好人朋友的活动便是愉悦的……那么有福的人要沉思好的、自身的活动，他就需要这样的朋友……这可以通过共同生活和语言与思想的交流来实现。[9]

亚里士多德提出，我们更能思考和欣赏的是我们周围的人，而不是我们自己，这与斯多葛学派的主张形成了鲜明的对比。斯多葛学派提出，如果我们要对别人好，最重要的是要认识自己、爱自己，而且必须控制这种自爱的倾向。对于斯多葛学派的观点，我们接下来将会进行探讨。我们将会看到，应该如何通过对他人的思考认识自己、爱自己，这个问题的答案对友谊与个人身份的关系、对友谊与正义的关系都有重大意义。

亚里士多德认为，只有当我们看到自己的行为在朋友的行为中有所体现，我们才能真正欣赏自己。我们做人做事的方式都完全合乎美德——我们做出了牺牲，承担了风险，在大多数人惊慌失措的时候，我们仍然保持自我掌控，表现得体——但是，如果我们已经习惯于单纯地做自己，我们就很可能意识不到自身拥有的美德。在外界来看，我们所展示的生活方式明显是完整的、连贯的，但是我们仍然可能陷入自我怀疑之中。这时，朋友就会来帮助我们，给我们支持，提醒我们自己没有看到的美德，并告诉我们，我们之所以看不到自己的美德，是因为我们距离自己太近。虽然尼采几乎从来不提亚里士多德，但是尼采的观点与亚里士多德的类似。尼采把朋友比作浮木，能防止隐修者因内心的对话而陷入绝望。“我与自己总是热烈地交谈：如果没有一个朋友，那怎么受得了？对隐修者来说，朋友永远是第三人：第三人是防止两个人的对话沉入深渊的浮木。唉，隐修者的深渊何其多呀！总有太多的深渊。因此他们渴望有一个朋友及其所在的高处。”[10]

## 自身导向的友谊

想一想你人生中最能体现友谊的故事，脑海中浮现的很可能是你遇到一个或大或小的困难，你和朋友一起共同面对的故事。至少我一想到友谊，就想到了在印度班加罗尔被堵在车流中的故事。当时，我和朋友飞越半个地球去班加罗尔参加婚礼，我们已经迟到两个小时了，但我们还堵在路上。在这样一个相当无助的处境之中，我们还能苦中作乐，发现了司机身上的幽默之处——他是我们雇来的司机，衣着整齐，看上去显然是专业司机，但他却完全不知道车该往哪里开。友谊也让我想起自己在一次一对一、多项目的运动耐力比赛中与对手一决胜负的情景。当然，真正的输赢只有我们两个人才知道，因为我们都想拼尽全力，使彼此在比赛中有所突破，达成更高、更远的目标，这才是比赛的真正目的。在比赛结束时，我们互相向对方扔一条冷毛巾，在体育馆外的草地上躺下来，一起复盘刚才的这场对抗。

这些举动并不是为了达到什么目的。用亚里士多德的话说，这些举动的意义在于 en energeia，即“在行动中”，而不是获得其他（外在的）结果。由此可见，友谊行为有别于制作行为，例如制鞋的价值在于得到成品（一双可用的鞋）。用满不在乎的态度对待倒霉的交通堵塞，或者在比赛后给对方扔一条冷毛巾，这些举动并不是为了制造或实现什么，只是为了做自己，为了支持另一个人。在这种相互支持的时刻，我们往往会创造性地克服困难并得到救赎。这种时刻最能体现友谊的本质，说明友谊是在旅途中产生的。朋友是与我一起经历同一个故事的人，我们共同面对生活的曲折。在朋友的支持下，我会逐渐实现自我掌控。亲密朋友就是我们人生里不可或缺的组成部分，如果没有亲密朋友，我们将很难甚至不可能讲述我们的人生故事。

此外，尽管友谊行为只有其自身意义、没有外在目的，而且可以说友谊行为在“当下”就得到实现，但它们也有产品（如一双鞋）所不具备的永恒性。一双鞋一旦制作完成，就达到了其价值的顶点。从那一刻起，这双鞋就会随着使用和磨损而贬值。相比之下，一个体现友谊的举动在结束之后也继续存在，其价值也会继续增加。这样的举动开辟了一个未来——在日后遇到某些情况时，你可以以此为参照，并从中得到启迪。例如，下一次被堵在路上时，你可以回想一下“在班加罗尔的那一次堵车”，想一想以前的类似经历，减少当下的挫折感。这样的故事是一个关于友谊的故事，它发生在一次难忘的旅途中，已经成为你人生的一部分。

如果友谊与个人旅途的关系果真如此，那我们就必须承认，你和一个人能否成为朋友并不是由抽象的良好品质决定的。世上很多人都具有良好品质，比如同理心、慷慨、公正等，但他们并不都是我们的朋友，我们也不一定想和所有人做朋友。纳尔逊·曼德拉（Nelson Mandela）意志坚定，坚韧不拔，践行宽容的和解理念，我们可能会钦佩他，但我们不可能与他成为真正的朋友，因为对他的生活方式、他与我们的生活之间的联系，我们都不了解；如果要了解，最简单的方法就是花时间跟他相处，一起经历和分享，一起思考和讨论。

友谊不只是欣赏一般意义上的好人，友谊还需要相互忠诚和共同经历。可以说，友谊指向的美德不是某种一般意义上的善，而是一个人的实际生活方式的连贯性。

友谊让我们认识到，合乎美德的生活是为自己追求善，而不是追求抽象的善。亚里士多德对美好生活有过很多描述，有时候他说得好像每个人的美好生活都是一样的，但在对友谊的描述中，他提出了一个更微妙的观点。在论述好的朋友具有的特征时，亚里士多德考虑到了善与**自身的**善的关系："没有人愿意通过成为别人来得到所有的善。"。[11] 这个说法有点晦涩难懂，亚里士多德的另一个观点对此有所回应，即美德在某种意义上是相对于我们而言的。亚里士多德将美德定义为两个极端品质之间的中间值，勇敢是鲁莽和怯懦之间的中间值，大度是虚荣和谦卑之间的中间值。然后，亚里士多德问这种中间值是绝对的还是"相对于我们的"，他得出结论：美德是相对于我们而言的。[12]

亚里士多德的意思似乎是：在所有情况下，美德应该符合一般性要求，比如努力追求统一性、能够思考和判断、正确认识不幸等，但是你具体要思考、判断的承诺或拯救的关系是相对于**你**而言的。例如，在你的生活中，家庭、工作和爱好分别占多大比重取决于它们在你整个人生中的地位。然而，在所有情况下，美德要求我们考虑全部承诺，使它们彼此相互平衡，而且要忠于自我，保持自我的整体性。虽然"整体性"或者"连贯性"原则对每个人都是一样的，但是至于整体具体由哪些部分组成，每个人都各不相同。即使我们都同样追求美德，但因为情况不同、经历不同，所以我们会有不同的朋友。

换言之，为什么我的朋友是这个人而非那个人，不是因为我们用某种通用标准衡量他们是否具备相对美德，而是因为我们要做某些事情、要承担某些责任，此时这个人恰好适合给我们提供支持和建议。亚里士多德认为，真正的友谊只可能存在于有德的人之间，但是他从来没有说过一切有德的人拥有相同的美德，或者有德的人彼此都会成为朋友。

抽象的善不能解释好的朋友的善还有另一个原因。尽管我们都以拥有完整的生活为目标，但我们都不是完美的。如果我们是完美的，我们就不需要努力理解自我，也不需要寻求朋友的支持和认可了。构成美好生活的活动本质上是躁动的，这种躁动不是要努力取得更多成就，而是要在更大程度上实现自我掌控。缺乏自我掌控的具体表现因人而异，有些人更容易愤怒，有些人更容易悲天悯人，有些人更容易痴迷，有些人更容易萎靡不振。有些人为了别人的事情耗尽精力，却没有为自己的事情留下多少时间。还有些人一门心思只顾工作，一切以工作为先，忘记了怎么慷慨待人。我们都希望提升自己，我们自然会见贤思齐，希望寻找与我们优势互补的朋友，跟他们一起学习、共同成长。吸引我们的首先是适合我们的人，而不仅仅是一般意义上的好人。

友谊不是抽象美德还有最后一层内涵，与友谊的实践性、创造性有关。友谊不是一开始就被赋予的，而是通过做出承诺、付出行动培养起来的。不是说两个完美的人相遇，双方都承诺追求美德而且优势互补，然后马上就能成为朋友。彼此相似也许是友谊的开始，但不是友谊本身。只有通过共同生活——共同面对困境，互相支持，共同进退，宣告并重申对彼此的承诺——才能形成真正的友谊。正如亚里士多德所说，真正的友谊“需要时间，需要通过共同生活养成的习惯”。他说，人们至少要一起吃过饭才能成为朋友。只有通过共同生活，在一起经历过的故事里相互支持，“才能向彼此表明自己值得爱、值得信任”。[13]

亚里士多德认为，最真挚的爱不是被发现的，而是被锻造的。他不认同一见钟情的观点。首先，在接受一个人成为朋友之前，除了必须先对其有所了解外，对于这段关系，我们必须秉持活动的立场，也就是说我们要通过承诺和行动来发展这段关系，而这将决定这段关系的性质。在某种意义上，我们最爱的是自己创造的东西。对此，亚里士多德以热爱自己作品的工匠和热爱自己诗作的诗人进行类比。“我们通过活动而存在……在活动中，产品在某种意义上也**是**制作者自身。所以，制作者爱他的产品，因为他爱他自己的存在。”[14] 亚里士多德继续说，正因为这一点，母亲才对孩子有如此深厚的感情——因为她为孩子的存在付出了许多，而且经历了生育的痛苦。当然，我们并没有创造或生下我们的朋友，我们只是在生活中遇到朋友。但在慢慢认识他们的过程中，我们确实对他们有所付出。在共同生活中，我们为他们提供支持，与他们商议，给他们建议，帮助他们成了现在的样子。正是通过相互给予，朋友之间才会互相爱护，把彼此看作自己的延伸。

## 友谊与正义的矛盾:《第三人》——霍利·马丁斯和哈里·莱姆的故事

由于友谊的内涵包括行动和承诺，我们有时候需要做出艰难的道德取舍。在朋友需要支持的时候，无论我们身在何处，我们都要到朋友身边，只有这样做，我们才能证明自己是朋友。要做一个“好”的朋友，我们可能要推迟履行其他承诺，或者要为朋友冒险，甚至可能违背一些规则。如果我们需要雇用员工，按理说我们至少应该优先考虑需要工作机会的朋友，否则就很没道理。从正义的角度来看，这种优先权似乎是一种腐败，但从友谊的角度来看，这可能是正确的做法。我们利用自己的通行证把朋友带到剧场后台，让他们进入不对公众开放的区域，也是同样的道理。到了某种程度，友谊甚至可能让我们掩盖朋友的不义之举。

当友谊与正义发生冲突时，友谊的特殊必要性就会浮现出来。现在，人们可以说，友谊和正义不应该是对立的，至少作为美德的友谊不应该与正义对立。亚里士多德认为，有德的人，即有资格成为真正的朋友的大度之人，不会做出不义之举。因为对于大多数人竞相争夺并因此互相背叛的事物，大度之人都不关心。大度之人身心一致，即使面对伤害和侮辱，也不容易产生怨恨或报复心理。但是，如果说只要人做到大度或自我掌控，就能消除不正义的行为，真正的好朋友就永远是正义的，那我们的生活就太容易了。首先，我们都不完美。即使我们的生活在大多数情况下合乎美德，我们有时候也可能屈服于恐惧、怨恨、愤怒和绝望。

在这种时刻，我们可能会不正义地对待他人。其次，世界也是不完美的，就算我们的出发点再好，拥有自我掌控的人也可能被迫做出不正义的行为。如果朋友做了不正义的事情，那我们要继续支持他多久，后续是要支持他还是反对他，这是最难抉择的问题了。当然，如果我们否认友谊本身是一种重要的美德，那这个问题就不成问题了。

卡罗尔·里德（Carol Reed）执导的电影《第三人》（*The Third Man*）中有一个发人深省的例子，我们从中可以看到，对友谊的主张可以产生多么深远的影响。电影的主角是一位遇到困难的年轻作家霍利·马丁斯（约瑟夫·科顿饰演），他接受了儿时朋友哈里·莱姆（奥逊·威尔斯饰演）的工作邀请，从美国来到战后的维也纳。到达维也纳之后，马丁斯震惊地发现莱姆失踪了。他很快了解到，莱姆在一场神秘的交通事故中丧生了。马丁斯怀疑莱姆死于谋杀，于是他选择留下来调查真相。很快，一个沉默寡言的英国警察局长找到他，让他停止私人调查。警察局长说，莱姆是一个骗子，一个无情的诈骗者，他死了是一件好事。马丁斯认为莱姆只是被卷入了走私轮胎或香烟之类的生意，不是干了什么十恶不赦的坏事，因此他决定维护自己的朋友，固执地要调查他的死亡真相。

但故事的发展十分曲折，马丁斯了解到一个惊人的事实：莱姆其实还活着。为了逃避逮捕，莱姆伪造了自己的死亡，他的诈骗计划甚至比警察局长所说的更冷酷、更不人道。莱姆和他的同伙从当地医院大量偷取青霉素，将其稀释至失去疗效，然后在黑市上出售给绝望的病人，比如因战伤而腿部坏死的士兵、产后感染的妇女、患脑膜炎的儿童——他们最终都因为使用无效的青霉素而死亡。

在维也纳一个饱受战争摧残的街区，马丁斯和莱姆登上了摩天轮，高高耸立的摩天轮给人一种不祥的预兆。在与莱姆的对峙中，马丁斯发现他的朋友已经变得那么无情：他们到达摩天轮的顶点，从摇摇欲坠的车厢往下看，莱姆指着下方的地面上那些像黑点一样的人问马丁斯，如果这些黑点中有一个永远停止移动，他是否真的会在意："如果你让一个黑点停止移动，我就给你 2 万英镑——老兄，你真会不要这笔钱吗？还是你会计算一下你能接受多少个黑点不再移动？"说完了这个可怕的理论，莱姆提议马丁斯加入他的计划，如果不加入就不要插手他的事。

马丁斯是一个正直的人，对这种作恶的计划很反感，所以他拒绝与莱姆同流合污。看到自己的朋友变得如此愤世嫉俗、冷酷无情，马丁斯感到非常难过。然而，他不愿意帮助警察局长将莱姆绳之以法。

我们从马丁斯口中得知，他和莱姆在家乡一起长大。小时候，他们就到处冒险，一起恶作剧。每次遇到麻烦，莱姆总是能找到出路（回忆过去时，马丁斯意识到，就连在小时候冒险时，莱姆也永远都是先考虑他自己）。即使是现在，莱姆也在以一种反常的方式"帮助"马丁斯——帮助马丁斯找工作，给马丁斯买了去维也纳的机票，让马丁斯加入这个邪恶的诈骗计划。由于两个人从小一起长大，彼此的人生故事交织在一起，马丁斯并不想背叛莱姆。警察局长认为莱姆也许会被处以绞刑，马丁斯对此表示同意，"但不要指望我去系绞刑结"。

莱姆的女友安娜·施密特（Anna Schmidt）也有类似的立场，尽管莱姆为了诈骗谋财而"装死"消失，早已经背叛了她。后来，马丁斯改变了主意，准备帮助警察局长抓住莱姆。安娜仍然对莱姆保持忠诚。"我不想要他了。我不想看到他，不想听到他，但他仍然是我的一部分，这是事实。我不能做任何伤害他的事情。"为了莱姆，安娜甚至愿意被驱逐出境。警察局长了解到，安娜一直拿着莱姆为她伪造的非法护照在维也纳生活。他威胁说，如果她不协助抓捕莱姆，就把她驱逐出境。

最后，马丁斯和安娜分道扬镳。为了说服马丁斯，警察局长决定做出最后的努力，他把马丁斯带到了一家医院。看到莱姆稀释的青霉素对医院里的孩子们造成了永久性脑损伤，马丁斯终于选择了正义，帮助警察局长把四处躲藏的莱姆引诱出来。电影的最后是十分戏剧化的追逐场景，在追逐结束时，马丁斯发现了被警察开枪打伤的莱姆。莱姆自觉没有逃跑的希望，他给了马丁斯一个意味深长的眼神，意思是“一切都结束了，你扣动扳机吧”。当镜头从两人身上移开时，一声枪响，表明马丁斯听从了莱姆的要求，给他这位任性的朋友以最后一击。

与此同时，安娜一直对莱姆保持忠诚，她甚至试图向他透露最后诱捕行动的线索。在电影的最后，安娜和马丁斯都参加了莱姆的葬礼——这次是他真正的葬礼。在最后一幕中，马丁斯尝试与安娜交谈，希望与她重新成为朋友，但是安娜冷冷地从他身边经过，仿佛他不存在一样。

电影就这样结束了，至于马丁斯和安娜谁对谁错，电影把这个问题留给观众去思考。马丁斯最终决定站在正义的一边，安娜决定站在友谊的一边，我们很难说谁比谁的选择更高尚。我们清楚的是，这两个人物都意识到了两种美德之间的矛盾，并且因此感到痛苦和困扰。只有承认友谊本身就是一种重要的美德，而且与正义一样重要，我们才会意识到这种矛盾。

友谊和正义之间应该如何权衡取舍，可以通过以下问题衡量：一个朋友的阴险狡猾或诡计多端会如何危及友谊本身？很难想象，一个总想占别人便宜的人，到了最后，他会不想占朋友的便宜？马丁斯之所以决定与警察合作对付莱姆，部分原因是莱姆已经暴露了本性，他不仅为非作歹，而且对待朋友不忠诚。在摩天轮上对峙时，莱姆曾经威胁马丁斯，同时也暴露了他对安娜的态度，他只是把安娜当作工具，但安娜以为莱姆真的爱她。马丁斯终于意识到，即使小时候在家乡，在他们是好朋友的日子里，莱姆也总是以他自己的利益为先。

但是，我们也可以想象一种看似合理的情况：朋友的不正义行为是有针对性的，是有限度的——是为了反对“制度”或者抽象的公平准则。在这种情况下，朋友的不正义行为可能不会危及友谊。比如《十一罗汉》(*Ocean's Eleven*)中小偷之间的友谊，或者《雌雄大盗》(*Bonnie and*

*Clyde*）中邦妮和克莱德的友谊。影片中邦妮和克莱德结伙到美国中西部地区抢劫银行，对彼此的忠诚可谓坚如磐石。他们的所作所为确实是不义之举，但似乎并没有腐蚀他们之间的友谊。虽然他们的友谊并不高尚，但那也是一种友谊，不能因为其纯粹的功利性而将其否定。而且矛盾的是，他们的不义之举甚至可能使他们之间并不高尚的友谊变得更加牢固，因为他们可以借此机会聚在一起策划、商议、掩护，表达对彼此的支持，相互分享生活方式。

我们可能与严重犯罪且逃避法律制裁的人建立友谊吗？在费奥多尔·陀思妥耶夫斯基（Fyodor Dostoyevsky）的《罪与罚》（*Crime and Punishment*）中，索尼娅（Sonya）对拉斯科利尼科夫（Raskolnikov）的爱充分体现了这种可能性。索尼娅听了拉斯科利尼科夫向自己的坦白，知道是他谋杀了放高利贷的老太婆及其同父异母的妹妹莉扎薇塔（Lizaveta），但是索尼娅原谅了他。尽管她对他的所作所为感到震惊和恐惧，甚至无法想象他会做出如此可怕的事情，但她仍然支持拉斯科利尼科夫，因为他已经证明他是一个忠诚的朋友。尽管他已经迷失自我，道德败坏，犯下了骇人听闻的双重谋杀罪，以这种反常的方式证明自己的权力和独立。但在犯罪后，他试图振作起来，对索尼娅表现出坚定不移的承诺。为了养活贫穷的家庭和抚养妹妹，索尼娅不得不出卖肉体，圣彼得堡许多表面上的正派人都看不起她，而拉斯科利尼科夫却看到了她纯洁的心灵。他爱索尼娅，同情她的父亲马尔梅拉多夫（Marmeledov）。马尔梅拉多夫曾经是公务员，现在却陷入了困境，因为酗酒，他耗尽了家里仅有的一点资源。在一次可怕的意外事故中，马尔梅拉多夫被马踩伤，拉斯科利尼科夫赶到他身边，试图挽救他的生命。在马尔梅拉多夫死后，拉斯科利尼科夫将他仅有的一点钱都给了索尼娅和她的家人。有人企图诬陷她偷窃，破坏她的名誉，他还为索尼娅辩护，使她免遭指控。拉斯科利尼科夫支持索尼娅，爱索尼娅，他自己最终也因为对索尼娅的爱而得到了救赎，而索尼娅也一直对他保持忠诚，即使他杀死的女人之一莉扎薇塔曾是她的朋友。

拉斯科利尼科夫看到了索尼娅的善，索尼娅也看到了拉斯科利尼科夫的善。对于拉斯科利尼科夫的杀人动机，索尼娅比拉斯科利尼科夫自己认识得更清楚。当他陷入严重的自我怀疑时，她毫不掩饰地说他是一个误入歧途的好人。她规劝拉斯科利尼科夫忏悔，“吻一吻被你玷污的大地”。即使他拒绝，索尼娅仍然坚持对他的爱。最后，拉斯科利尼科夫主动自首，被判处八年苦役（相对于谋杀罪的刑罚，他的判决是相对宽松的，因为法官不理解拉斯科利尼科夫的真正动机，只是认为他疯了）。索尼娅随拉斯科利尼科夫搬到了西伯利亚，她每天都去监狱看他。通过索尼娅的爱，拉斯科利尼科夫最终找到了救赎。故事的结尾是拉斯科利尼科夫在索尼娅的怀抱中重生，他决心以索尼娅的愿望和目标作为自己的愿望和目标。

如果索尼娅坚持忠于正义，就应该在得知拉斯科利尼科夫的罪行后马上告发他，或者至少在他做出违背法律之举的时候与他断绝关系。但她对拉斯科利尼科夫的友谊和爱占了上风。既然我们钦佩索尼娅的忠诚，我们就不能如此轻易地承认正义优先于友谊。

## 现代人因推崇正义而贬低友谊

在内心深处，我们大多数人都承认友谊的重要性，承认友谊本身就是一种美德。但是，我们总是忙于事业，承受诸多压力，无法抽出时间来培养友情，我们对友谊的希望也因为背叛而破灭。于是，我们很容易就说服自己：人生还有很多大事要完成，友谊并没有那么重要。一般来说，现代哲学的传统之一就是贬低友谊，支持所谓的更普遍的关切，所以我们可以找到很多表面上开明公正，实际上对友谊抱有诸多偏见的案例。

我读到的一部介绍斯多葛学派的励志书便是例子。该书提出，友谊是一种“可取的无关紧要之物”，也就是说，能够拥有友谊当然更好，但是友谊并不是美好生活的必要组成部分。作者继续解释说，只有道德品格不是“可取的无关紧要之物”。他显然认为友谊与道德品格是完全分开的，这是远离纯粹的利己主义的第一步，但也就到此为止了。他在一个段落中写道：“罪犯之间不可能存在类似（斯多葛学派的）友谊的东西，因为每一次罪犯帮助同伙逃脱正义的惩罚，就说明他将友谊置于道德之上——这恰恰和斯多葛学派对两者排列的优先顺序相反。”[15] 由此可见作者对友谊的偏见。

斯多葛学派忽略了一点：道德的内涵比正义要宽泛得多。亚里士多德提醒我们，正义甚至可以被看作一种补救性美德。只有在更深层次的关系遭到破坏时，我们才会援引正义的准则。某人是个罪犯，但这并不代表他是个彻头彻尾的坏人或坏朋友。因为邦尼和克莱德犯下不义之举，所以说他们不是真正的朋友——这种观点毫无道理，除非你能证明他们的不义之举开始腐蚀他们对彼此的忠诚。

简单地主张把追求正义作为“真正”的友谊的标准，就是忽略了相互矛盾的美德之间的复杂关系。马丁斯和莱姆的故事已经充分表明，帮助朋友逃脱正义的惩罚代表了一种对朋友忠诚的道德。为了朋友的利益，向警察告发朋友的同伙，这更是一种正义的道德。我们之所以支持《教父》等电影中的罪犯，那都是有原因的。我们可能会谴责他们的罪行，但我们钦佩他们对待家人和朋友的那种坚不可摧的忠诚。我们不能将这种忠诚视为功利或自私，这确实说明他们具有一种良好的品格，拥有真正的友谊。

罪犯之间不可能存在真正的友谊，这种观点无法解释罪犯之间相互照应所体现的道德。正如柏拉图的《理想国》中苏格拉底所说，小偷之间可能存在某种美德，因为他们在犯罪时互相支持。我们可能谴责犯罪本身，但我们不能轻易否定在犯罪过程中形成和保持的忠诚。

类似那位推崇斯多葛学派的作者对友谊的诋毁，在当代道德哲学中相当常见，绝不是偶发现象。友谊只是局限在自己圈子之内的一种狭隘的亲近感，这是现在的哲学家普遍认同的一种观点。许多人认为，友谊是一种基于偶然性的习惯性忠诚，你从小和谁一起长大，或者你在日常生活中遇到谁，你就可能跟谁成为朋友。他们说，真正重要的、真正需要诉诸理性思考的，是无私的正义。在他们看来，做一个好的朋友几乎是自然而然的，是一种本能的倾向，我们本能地偏爱身边的人，但是做一个好人、爱一般意义上的人则需要付出努力。根据这种观点，要获得一种广泛的道德意识，就要抵制自私的倾向，包括友谊。

这种对友谊的偏见，可以追溯到苏格兰启蒙运动时期的哲学家亚当·斯密。在他笔下，友谊是一种“勉强的同情”，产生于对你习惯看到的人的过度认同——首先是你的家人，然后是你的邻居，再然后是你的国家。[16] 从自爱原则开始，斯密跟随斯多葛学派的步伐，探索向外扩大的各层关注圈。人们对各层圈的关注度取决于“习惯性同情”，距离中心越远，“习惯性同情”就越弱，直到完全摆脱习惯的影响，人们才能形成对陌生人的普遍同情。斯密认为，这种对陌生人的普遍同情是最高的道德情感：“有智慧和有美德的人……把可能降临到自己身上、朋友身上、他那社会团体身上或他那国家身上的一切灾难，看成是世界繁荣所必需的。”[17] 法国启蒙思想家孟德斯鸠也表达了几乎相同的观点，他声称：“如果一个人是道德完人，那他就不会有朋友。”[18]

但是，将友谊仅仅视为一种狭隘的、与理性和沉思相抵触的情感倾向本身就是一个错误。事实上，我们可以认真对待正义的主张，但又站在友谊一边（正如在电影《第三人》里安娜·施密特的做法一样），这说明友谊涉及深刻的考虑和痛苦的取舍。做朋友是平衡不同的承诺和责任，而不是盲目地坚持。

即使没有与正义的矛盾，没有沉思的需要，在日常生活中自然而然展现的友谊也需要一种创造和解释的能力。想一想我们日常表达友谊、建立友谊的方式，比如在堵车时开个玩笑。以这种开玩笑的方式发展友谊，你就要对双方都担心的状况表示关注，既忠于自己的性格，又意识到朋友的幽默感。你必须能够理解整个状况的荒谬之处：司机穿着整齐的制服，一副自信满满的样子，却不知道要开到哪里去。而且你也要知道，你的朋友此时此刻也能领会这种荒谬。这是一种实践智慧，不仅仅是因为彼此接近而产生的亲近感。有很多人是你与其一起在班加罗尔经历堵车三个小时的折磨后，你会变得不那么喜欢他们的。

对最终成为朋友的人来说，一开始的相遇可能只是偶然——来自同一个城市或者加入同一个跑步俱乐部——但他们形成的关系并不能仅仅被视为偶然。我们经常感叹世界之大，想象着谁会成为我们的朋友。在这样的想象中，我们可能会把友谊简单地理解为因为接近而形成的情感。但是，我们忽略了一个明显的事实：那些离我们最近的人，我们每天都能看到的人，大多数与我们的关系仍然非常疏远。而且，在某些情况下，我们与他们关系疏远是有充分理由的。想想那个麻烦的邻居，你就是越看越不喜欢他。我们决定只与身边的某些人在一起，因为他们是忠诚的人，能够帮助我们成长，让我们实现自我掌控。

友谊包含互相学习、互相认可的层面，但斯密的道德情操论忽略了这一点。亚里士多德从共同活动出发，认为我们只有在与他人的对话中才能发展出自我意识，而斯密则从个体自我出发，自我可能会（也可能不会）发展各种各样的关系。亚里士多德认为，自我理解和自爱只有通过友谊才可能实现，没有朋友，我们就不能完全成为自己和欣赏自己，而斯密则从自爱原则出发，甚至认为在爱家人之前就可以实现自爱。斯密说，只有通过偶然的习惯和习俗，我们才会去爱家人和朋友，他把这种爱解释为一种减弱的自爱。

当斯密说到“有美德的朋友”时，他指的只是被“爱全人类”这种共同情操约束的人。对于需要在相处过程中培养实践智慧、判断力和自我掌控的美德，他仍然是视而不见的。

## 友谊的要求和普遍关切的要求

对全人类的同情应该先于友谊这种观点忽略了一种可能性：是友谊先定义了人何以为人。有一部分人对友谊提出批判，认为友谊是一种偶然得来的东西，我们在生活中可能得到，也可能得不到。相比之下，我们作为人的身份是必要的，或者说是自然的，完全脱离友谊也可以被识别和理解。无论我们是否有朋友，我们都是人，我们也可以通过理性、语言、智商等基本特征或一些组合标准来识别其他人类。亚当·斯密谈到“一切有知觉和有理智的生物”，意思是知觉和理智决定了什么是人类，决定了什么值得尊重。[19] 根据斯密的观点，人的本质优先于友谊。

但是，根据亚里士多德的观点，人的本质不能脱离共同活动，而我们正是通过这些共同活动实现自我掌控的。我们已经看到，自我掌控的美德是包含友谊的，而自我掌控并不是一个被其他标准确定为人类的生物属性。做人就是要努力实现自我掌控，这也意味着做人要成为一个朋友——无论是成为自己的朋友，还是成为他人的朋友。亚里士多德提出，如果不通过人类特有的活动（ergon)，即灵魂追求美德的活动，就无法定义人。

亚里士多德暗示，一个人不是可以从观察人性中得到的，也不是可以客观认识的，人是一种活动的力量，只有从参与和投入活动的角度才能理解。在《尼各马可伦理学》开篇，亚里士多德就断言，只有已经投入到伦理生活的读者才能理解该书的意义，才能理解书中对“美德”“实践智慧”和“判断力”的阐述。只有与朋友一起努力奋斗，达到人性的高度，我们才会理解作为人类意味着什么。

因此，所有反对友谊和博爱的解释都是误解。只有通过想象，我们才能理解远方的人。我们想象：如果他们是我们，他们在生活实践中会如何权衡，如何取舍？我们只有通过想象，才能尊重陌生人，把他们当作跟我们一样的人类，我们想象自己让他们进入我们的圈子，成为我们的朋友。只有我们听到陌生人说的话，想过自己如何回应，把他们当作与我们邻近的人，我们才能想象把陌生人接纳到自己的圈子。正是通过友谊，人性和对他人的尊重才得以彰显。友谊不是人与人之间的某种偶然形成的关系，而是构成人类意义的一个重要部分。接受了这一点，我们就会承认，一般的人性是否应该优先于友谊这个问题完全没有意义。在追求自我掌控的过程中，除了通过朋友和他们给我们提出的要求，我们根本没有别的途径可以达到人性的高度。

斯密谈到“一切有知觉和有理智的生物”，他的说法其实蕴含了一种何以为人的概念，但这个概念并没有考虑到共同活动的重要意义。根据这种概念，人类是一种通过物种共有的某些属性（如有知觉或理智）就可以理解的生物。在形式和抽象意义上，斯密可能是对的，但是他使用的标准在理论上无法观察或确定。例如，理性与互相讨论和试图澄清共同关心的问题的实践是不可分割的；语言与对话中所表达的思想也是不可分割的。

今天，我们仍然会问一个生物学家、人类学家甚至哲学家都十分熟悉的问题：一种动物是否有理性或语言，如果有，那这个物种是否属于人类近亲？只要我们提出这个问题，我们就已经远离了参与和投入活动的立场，而正是这个立场为我们创造了获得理性和语言的途径。从理论或观察的角度来看，我们在动物身上可能找到所谓的理性或语言，但最多只是某种盘算模式，即一种对某种行为会导致某种结果的感觉。比如黑猩猩用棍子从洞穴中钓取白蚁；或者某种声音会触发某种姿态，比如一只猴子发现蛇，发出尖锐的叫声，其他猴子会迅速逃窜。动物的这种理性或语言并非我们认为能让人类从本质上值得尊重的那种理性和语言。通过理性和语言得到表达的人类社会，对表达的内容有一个共同的承诺。除了指引我们实现自我掌控的激励和忠告——关于善与恶、公正与不公正的讨论——人类不可能有其他凝聚起来的纽带。

理性、语言或任何其他所谓的“人”的标准都经不起客观分析和实证研究的考验，20 世纪的哲学家汉斯 - 格奥尔格 · 伽达默尔（Hans-Georg Gadamer）准确地把握住了这一点。他提出，每当我们体验或遇到语言，语言就已经对我们提出了要求；语言表达了意义，我们要追求连贯性，就要对意义进行质疑并得到解答。如果语言失去了**吸引**我们、促使我们质疑生活的意义，语言也就无关紧要了。拥有语言或有能力使用语言，就是已经在回应它的召唤。[20]

我们与语言的关系必然是一种参与关系，这就意味着语言永远不会变成一个客体——仅仅用描述性的术语来定义，也不会沦为被我们控制的符号系统。是语言在对我们说话，我们在回应。但语言的召唤和回应只能发生在朋友之间，发生在一起追求自我理解的人之间。

这种对语言的分析表明，我们在谈论普遍关切时，人类不能被当作从远处评估的客体。我们以为能体现人类本质的所有特征，每一个都以友谊为前提。由此可见，友谊是人类之爱的唯一可能的基础。

## 从天命论的角度看对友谊的贬低

世界主义对友谊的批评影响很大，尤其是在学术界，但这种批判只是一种思想立场，并不是我们不重视友谊的真正原因。与抽象的博爱理想相比，一种目标导向的思想倾向对友谊的反对更加强烈。这种思想倾向是从启蒙思想发展而来的，即相信世界正朝着某种正义、自由、幸福或技术进步的理想前进，而人类的最高使命就是努力实现这个理想。我们可以称之为一种变本加厉的目标导向观，一种历史天命，用通俗的话来说就是“让世界变得更美好”和“站在历史的正确一边”的愿望。

这种天命论将友谊置于联盟之后：在通往理想世界的道路上，即便是最真挚的友谊，也只是一个人获得鼓励的来源，一种终将被“人人皆兄弟”取而代之的情感形式。

拒绝友谊而选择联盟，这是对一种可能性视而不见，即压迫（如灾难、祸害和无妄之灾）是人类存在的一个基本层面。在古代思想，特别是古希腊悲剧诗歌里，描绘这种可能性的故事比比皆是。

俄狄浦斯（Oedipus）的堕落和救赎就是一个典型例子。俄狄浦斯聪明绝顶，解开了凶残的斯芬克斯（Sphinx）出的谜语，拯救了底比斯城（Thebes）。底比斯城的人民感激他的英雄壮举，推崇他为国王。登上王位之后，他勤勉治国，一心为民，但他不知道，命运早已将他推向了谋杀和乱伦的深渊。恰恰因为他有着超乎常人的智慧和善良，他的堕落才称得上是悲剧。他的故事表达了一个观点：人总是得不到应得的东西。古希腊悲剧总体上表达的都是这个观点。俄狄浦斯无意中犯了一些可怕的错误，导致国家的道德秩序彻底混乱。但是，当他得知自己的错误后，他刺瞎了自己的眼睛，离开了底比斯城，开始了自我流放的生活。最后，他为雅典城带来祝福，虽然他的命运遭到了诅咒，但是雅典愿意接受他，他也因此得到了救赎。在悲剧而非天命的世界里，我们最大的目标以失败告终；我们无法预见未来，虽然我们一心想做好事，但结果却适得其反；突如其来的动荡和波折令人难以理解，而且无论如何也无法逃脱，甚至无法用某种终极目标来解释。在这样的世界里，友谊比正义更加重要。在一个充满苦难的世界里，我们最需要的美德是能够用故事激励我们活下去、能够弥补意外造成的伤害的美德。如果没有人支持我们、在我们失败时接受我们，我们就很难保持这种救赎的能力，甚至连理解都做不到。

古希腊悲剧已经印证的反天命论也可以说是强调人的一种能动性——不是深谋远虑、未雨绸缪的能动性，而是发挥创造力的能动性。只有在一个人生目标尚未实现的世界，才可能出现真正的创造力，只有真正的创造力才能创造新事物，让人脱胎换骨，如若新生。这种意义上的创造不是从头开始把人生拼凑起来——如果要拼凑，难免要找一个样板照着来拼——而是采取创造性的方式**应对**人生的苦难，**应对**种种不期而至的人生际遇。希腊悲剧告诉我们，我们在生活中、在奋斗中所做的一切，不是简单地朝着已经在望的目标努力，而是思考任何一个可能的目标本身的意义。不受目标束缚会带来一种令人生机勃勃的快乐，正是这种快乐促使我们去寻找朋友，寻找能够接受和理解我们的创造力，而且能够持续参加创造活动的人。

悲剧包含生机勃勃、欢欣鼓舞的一面，对此没有哪位哲学家比尼采更加敏锐。《悲剧的诞生》（*The Birth of Tragedy*）是尼采的第一本著作，他在书中提出，他那个时代的学者所说的“希腊的快活”，源于对悲剧的深刻认识以及对救赎“原始痛苦”的需要。从美丽的神庙和由大理石雕凿而成的神像中可以看出来，古希腊人是享受生命的快乐的，也明显是乐观的。尼采的看法来自他的困惑：这个如此重视雕塑和神像的秩序、比例和对称性的民族，怎么会创造出像《俄狄浦斯王》这么可怕的神话故事，几乎打破了所有的稳定与和谐？对此，尼采的结论是，这两种倾向是相关的：古希腊人的“塑造力”之所以诞生，是因为需要给混乱的、永远汹涌澎湃的“酒神”之力塑造形状。“塑造力”在建筑中的体现堪称典范，尼采以日神阿波罗的名字将其称为“日神的力量”。尼采认为，古希腊人塑造酒神之力的最终方式是直接描述酒神之力，也就是在悲剧诗歌中塑造酒神的形象，在故事中加入合唱团吟唱（代表不成熟的酒神），使之与故事完美结合，达到和谐一致（代表日神精神）。古希腊人以这种方式将混乱和秩序统一起来，产生了一种能够救赎苦难、激发更多创造的艺术形式。

根据古希腊悲剧性神话的例子，尼采得出了一个更宏大的结论：痛苦与使生活有价值的创造密不可分。因为痛苦让我们摆脱自负，引导我们去创造；不仅如此，无论任何时候，我们每次产生创造的冲动都离不开内心的冲突和矛盾——既是一种痛苦，也是对生命的肯定。正如尼采所说："人必须在自身中留有混沌，才能生出舞动的星星。"[21] 从本质上说，这个可能生出的舞动的星星是献给潜在的朋友的，受到星星的光芒激励，朋友们也将会"生出"星星来。尼采说到初升的太阳："你伟大的星辰啊，倘若你没有你所照耀的一切，你的幸福何在呢？"[22] 在第 5 章探讨时间话题时，我们也将会看到，尼采深谙存在具有创造性、悲剧性的一面，他将馈赠者美德（the gift-giving virtue）视为最高美德不是没有原因的。这其实也说明他跟亚里士多德达成了一致意见，因为亚里士多德也赋予了友谊同样的地位。

## 通过友谊获得救赎：电影《双重赔偿》的故事

当事态每况愈下、不可收拾的时候，当我们不断尝试却屡屡碰壁的时候，当我们绝望堕落、迷失自我的时候，是友谊拯救了我们，让我们觉得生活并没有那么糟糕，仍然值得我们活下去。这就是经典黑色电影《双重赔偿》（*Double Indemnity*）的寓意。这部由比利·怀尔德（Billy Wilder）执导的电影肯定了友谊的价值，为我们目标导向的幸福生活观找到了一份振奋人心的"解毒剂"。

《双重赔偿》讲述了沃尔特·内夫（弗莱德·麦克莫瑞饰演）的故事。内夫三十多岁，衣冠楚楚，英俊潇洒，是一位保险推销员，在太平洋全险公司（Pacific All Risk Insurance）工作。这家公司位于美国洛杉矶，规模庞大，但没什么人情味。在工作中，内夫必须遵循公司的行为守则，每天机械地重复着一样的言辞推销保险，他早已厌倦了这种生活。有一次，他例行上门拜访一位傲慢的老客户，遇到了客户年轻的妻子菲莉丝·迪特里克松（芭芭拉·斯坦威克饰演），对她一见钟情。

菲莉丝实际上是一个典型的“红颜祸水”(femme fatale)。她对操纵诱惑之事驾轻就熟，内夫很快落入了她的圈套，加入了一个邪恶的计划：向她的丈夫出售一份带有意外死亡双倍赔付条款的人寿保险，然后把他撞死，再伪装成从火车上坠落身亡。内夫被菲莉丝迷得神魂颠倒，又想从太平洋全险公司“骗一笔钱”，于是便帮助她实施了这个精心策划的计划。

最后，菲莉丝背叛了内夫。她想携款潜逃，而且策划谋杀他。在与内夫的最后一次对峙中，她从椅垫下抽出一把手枪，朝他的胸部开了一枪。这一枪是致命的，但是在中枪那一刻，内夫并没有倒下，他冷静地走向菲莉丝，逼近她的脸（“你最好再开一枪，宝贝”），但菲莉丝无法再开一枪。内夫从她手中夺过枪，把枪对准她，开枪打死了她（“再见，宝贝！”）。此时，这个无比残酷的故事似乎结束了。

但是，电影真正的戏剧性和深度并不在于内夫和菲莉丝之间的肮脏勾当和相互毁灭，而在于内夫和同事巴顿·凯斯（爱德华·罗宾逊饰演）之间奇怪的友谊。凯斯是太平洋全险公司的一位索赔专员，专门负责调查虚假索赔案件，熟知各种事故统计数据。

在电影一开始，我们看到内夫深夜来到办公室，独自对着录音机从头到尾讲述他与菲莉丝互相勾结的整个故事。这是内夫的招供，他要将一切经过向凯斯和盘托出。“你想知道谁杀了老迪特里克松？拿好你的廉价雪茄……是我杀了他。”就这样，他开始讲述这一段欺骗以及谋杀的曲折故事。

在故事的开始，我们看到内夫和凯斯在办公室里打趣逗乐，两人展示出一种不同寻常的友情。内夫和凯斯是截然相反的两个人，内夫身材高大，年轻帅气，口才极好，甜言蜜语随口就来。凯斯是一个中年男子，身材矮胖，聪明绝顶，十分擅长解决虚假索赔案件。他分析案件时总是滔滔不绝，将复杂的逻辑链分析得头头是道，很快就能识别出骗保的人。正因为截然不同，他们俩才成了朋友。他们的对话坦诚率真，对彼此嬉笑怒骂，谁也不愿甘拜下风，总要耍个伎俩赢下口舌之争，但他们是懂得彼此的。他们俩走得近并不是同事之间的虚情假意或战略联盟。凯斯甚至跟内夫开玩笑，骂他这个保险推销员怎么老给他找麻烦："怎么会有推销员蠢到向一个跟四条响尾蛇一起睡觉的人卖人寿保险！我受够了给你们这帮人收拾烂摊子了！"

内夫也会嘲笑凯斯对破案的狂热痴迷："你喜欢破案，你只是想太多了……你太认真负责了，你会把自己逼疯的。你什么都要查一查，连今天是星期二都要查一查，你要看一下日历，然后查一下是今年的日历还是去年的日历，你还要查一查是谁印刷的日历。"

然而，他们都欣赏对方独特的生活方式。他们经过长久相处，形成了一个特别的习惯，从中可以看到他们对彼此的认可：凯斯思考案子的时候喜欢抽雪茄，他从口袋里掏出一支廉价雪茄时，内夫总是会帮他点燃。内夫给凯斯点雪茄是一个体现纯粹友谊的时刻，此时的他们都是真实的自己，没有任何其他动机。内夫可以冷静地、稳稳地伸出手，只是为了给朋友点雪茄，不需要推销任何东西。而凯斯可以展示他的推理逻辑，只是作为自身的一种能力，而不是破案的一种手段。他们彼此欣赏是因为对方的生活方式，而不是因为对方的成就。

如果没有内夫，凯斯只需要给出结果（抓到骗子）就好，而他精彩的推理过程无人知晓。如果没有凯斯，内夫就只能向客户讨价还价，全力促成客户的订单，而他的魅力却无人欣赏。

然而，直到电影的最后，意外发生时，内夫和凯斯才完全认识到他们对彼此的意义。在那之前，凯斯一直对杀害老迪特里克松的神秘人穷追不舍，一定要将其绳之以法，所以内夫一心只想着欺骗凯斯。凯斯已发现老迪特里克松的死并非意外，他甚至推断老迪特里克松一定是在上火车前被杀的，而且不是独狼犯案，而是两个人合谋。不过，虽然那份保险是内夫卖给老迪特里克松的，但是凯斯并没有想到，他多年的朋友会牵涉其中。

被菲莉丝背叛后，内夫做出了一个不符合任何理性计算的举动，正是这个举动使他最终被抓住。在深夜里，他已经中了枪，伤口流着血，但他坚持开车来到办公室，用录音机录下了自己向凯斯的忏悔。他做出忏悔举动，这意味着在迷失自我、招致灾难之后，他又重新找回了自我掌控。同时，这也表明，他已经明白什么才是对他重要的，但由于迷恋菲莉丝，他却把这重要的东西丢了：他和凯斯之间的友谊。

内夫对着录音机向凯斯讲述他经历的一连串事件，这明显是一种角色反转：以前都是凯斯向内夫介绍案件的曲折离奇，现在却换内夫向凯斯讲述了。

内夫的讲述即将结束时，凯斯出现在办公室门口。他已经听得够多了，所以他马上就明白了整个故事。站在他面前的就是那位神出鬼没的罪犯——他一直苦苦寻找的杀人犯；令他震惊的是，那竟然是他最好的朋友。凯斯这一次没能靠自己的聪明才智抓获罪犯。虽然他失败了，但是他也有了更深刻的认识：在友谊面前，世界上所有的保险精算和法医鉴定都有其局限性。凯斯之所以无法破案，是因为罪犯是他信任的人。凯斯知道，内夫来向他忏悔是有原因的——他想挽回他们的友谊，同时他也承认，凯斯确实独具慧眼，除了最后的峰回路转，凯斯已经准确地解开了案件的所有谜团。

内夫在最后终于向凯斯表明了目的，他艰难地喘息着说："你知道你为什么没能破这个案子吗，凯斯？让我告诉你吧。你要找的人离你太近了，他就坐在你对面的工位。"凯斯回答说："比那还近，沃尔特。"两个人的目光相遇，内夫与被他欺骗的朋友达成和解。“我也爱你，凯斯。”内夫的回答是一如既往的真诚和深刻，这一点凯斯是知道的。内夫以一个无声的手势完成了角色的转换：他因失血过多倒在地上，挣扎着掏出香烟，凯斯蹲下来，为他点燃了香烟。这种角色转换让我们更清楚地看到他们对彼此的真诚欣赏。

最后，内夫和凯斯都没有从自己所做的事情中得到成功的满足感。内夫在忏悔开始时便说：“我杀了老迪特里克松，我杀人是为了钱和女人。但我没有得到钱……也没有得到那个女人。”凯斯则未能破案，在内夫的惊天坦白中，他才发现谁是那位神秘的凶手。从目标导向的角度来看，《双重赔偿》的确是一部典型的黑色电影，但电影传达了一个更深层次的内涵——在生活中，成功或失败并不是真正重要的；真正重要的是虽然没有结果但体现自我掌控和友谊的活动。

《双重赔偿》实际上在提醒我们，不要执着，不要痴迷，至于执着和痴迷的恶习是否会让人走上谋杀、欺骗或为非作歹的道路，那并不是重点。在某种程度上，我们都有可能成为内夫，而且永远无法完全摆脱他的困境。也许我们不会爱上菲莉丝，但只要我们活着，只要我们有所追求，我们就会被迷人的目标诱惑，比如电影里的“得到钱和女人”。迷人的目标有很多表现形式，可以是解开谜团，找到梦想中的工作，或者是达成阶段性目标。内夫和凯斯的命运告诉我们，我们要避开产生迷恋的根源，但我们不知道谁与我们亲近，也不知道什么才是对我们最重要的，就算知道我们也不懂得珍惜，所以我们要经常提醒自己。

## 友谊与竞争的关系

从内夫和凯斯的友谊中，我们还可以得到另一个启示：真正的朋友之间的平等，不是单纯的相同，而是一种差异，甚至是一种对立，这种差异或者对立能够赋予彼此力量，使彼此变得更加强大。在日常相处中，内夫和凯斯会互相讥讽，但这种讥讽是善意的，体现了他们各不相同的风格和性情。在此过程中，他们开始互相欣赏，同时认识了自我。在体育运动中，我在思考相互尊重的竞争对手之间的关系时，也开始领会到友谊的对立层面。

乍一看，友谊与竞争似乎是截然相反的。我们认为，竞争的目的是胜利和支配，而友谊的目的却是相互支持。我们经常认为，竞争充其量就是一种合理的不友好，是攻击本能的一个有所克制的宣泄口，要是不加以克制，这些攻击本能最终将表现为暴力和战争。西格蒙德·弗洛伊德（Sigmund Freud）说，“死亡本能”是人格的基本构成，“死亡本能”具有破坏性，而体育是升华“死亡本能”的一种方式。根据这种对竞争的看法，人类真正的欲望是支配他人。体育让我们有机会释放支配的欲望，但同时有所克制，不至于走向极端。

这种说法听起来似乎言之有理，尤其是考虑到拳击和美式橄榄球等接触性运动，或者目睹过棒球场上的打架冲突后，就更加合理了。但我已经意识到，这只是一种肤浅的解释。竞争的最高形式不是相互破坏，而是共同培养。

所有体育竞技都存在一对矛盾：一方面是取胜的欲望——摧毁或阻止对手，这是“战争”的当务之急；另一方面是激发最佳竞技状态的欲望。关于这种矛盾，穆罕默德·阿里著名的战斗口号就是一个令人难忘的例子：“跳跃似蝴蝶，出拳如蜂螫。咆哮吧，年轻人，咆哮吧！哇——啊！”“咆哮”声和吼叫声，表示重拳出击，击倒对手，取得胜利，而“跳跃似蝴蝶”则说明动作优雅、轻快和美丽——就像在双人齐舞中，彼此都试图在艺术上超越对方。“出拳如蜂螫”似乎介于两者之间，这句话让人想起阿里快速而精确的刺拳，即使在他后退时，也能奇迹般地击中对手。

在很多人心目中，阿里以“杀手本能”而闻名。在重量级拳王争夺战中，阿里在第一回合便将桑尼·利斯顿击倒在地，充分体现了他的“杀手本能”。他站在那里俯视着倒在地上的桑尼·利斯顿，留下了经典的一幕。但是，阿里坚持认为，摧毁对手并不是他的首要目标。他真正想要的是进行一场精彩的比赛：与最厉害的拳击手对战，这样可以倒逼自己创造新的拳击技艺，激发出更高水平的反应能力、技术精度和耐力：

> 我第一次参加拳击比赛时……拳击手被认为不该有人情味或者有想法。拳击手只是野兽，只是为了娱乐大众、满足观众嗜血的渴望而存在。两只动物互相撕扯皮肤，打断彼此的鼻子……我想改变拳击手在世人眼中的形象……我讨厌在电视上看到两个高大、笨拙的重量级选手步履蹒跚，像两个弗兰肯斯坦怪人一样纠缠扭打，近身激战，难分难解。我知道我可以做得更好。我可以像轻量级选手一样快，迂回、跳跃、滑步、出击、移动，嘶嘶啪啪，一击即中，迅速回位，继续跳跃，让拳击变成一种艺术。[23]

阿里的态度表明，即使在最残酷、最像战争的运动里，真正的运动员追求的也不是破坏性的胜利（击倒对方），而是一场最高水平的比赛，使双方的竞技水平被推至极限，共同展示这项运动的魅力。在最理想的情况下，竞技体育是互相赋予力量，使彼此变得更强大，而不是互相破坏的。从这个意义上来说，竞技体育是友谊的舞台。关键不在于谁将被击败，而在于谁能够展示这项运动的最高水平，揭示其前所未见、出乎预料的微妙细节和优雅之处。

对一个严肃的运动员来说，对一个真正热爱这项运动的人来说，易如反掌的胜利是最令人失望的。当然，溃败同样令人失望，弃权就更加糟糕了。最令人满意的胜利是在加时赛中夺得的胜利，双方都已经拼尽全力，都试图在竞技水平上胜人一筹。

矛盾的是，体现这种胜利的不是比赛的结果，而是比赛的过程。在竞争正酣之时，选手们往往希望继续比赛。在比赛结束的那一刻，不管输赢，除了感到解脱和满足，他们还充满了对继续比赛的渴望。经过一番鏖战，网球巨星罗杰·费德勒（Roger Federer）终于战胜宿敌拉菲尔·纳达尔（Rafael Nadal）。在赛后采访中，费德勒表示，他希望比赛不要结束。真正的运动员都希望对方发挥得更加出色，这样双方才能打出最精彩的比赛。在比赛中，费德勒和纳达尔的正手击球都快如闪电，纳达尔特有的上旋球，力道浑重，费德勒的直线反击，平直精确。双方每一次击球都比对方更有力，角度更刁钻，如此你来我往，两人进行了一场势均力敌的战斗。两人都拥有自己的风格，技术也互有长短。他们奋力应对彼此的挑战，发挥出自己最好的水平。

尼采也注意到友谊的这种独特的对立性。在谈到古希腊建筑时，他写道："这里的拱顶和拱门是怎样神圣地进行角力；它们是怎样用光与影互相对抗，这些神圣的努力向上者！我的朋友们，让我们也如此坚定而出色地对敌吧！我们也神圣地互相对着干吧！"[24] 尼采由此得出结论，所有的美和友谊都存在"战争"。显然，他知道"战争"的本质是互相赋予力量，而不是零和竞争。

我们可能会问，尼采在此使用"战争"一词是否过于宽泛和夸张。毕竟，即使友谊确实涉及某种强度的竞争，在战场上发生的敌对和自我毁灭的对立——我们往往将其视为"真正的"战争——似乎是距离友谊最遥远的东西。但考虑到友谊与竞争的关系，我们可能会以一种新的视角来理解"真正的"战争。也许尼采想让我们明白，仔细探究起来，其实"真正的"战争就是一种为了得到认可而做出的原始的、不充分的努力，但是在摔跤场或网球场上，彼此友好相待的竞争者却很容易就能得到这种认可。我们熟悉的观点认为，竞技体育是现代的另一种战争。但也许应该反过来才对，战争的攻击本能隐含着对体育的友好竞争的向往。

黑格尔是尼采的哲学前辈，他在分析古代世界奴隶制的起源时指出，在以单纯摧毁或否定对手为目的的生活中，有一些东西是难以满足也无法满足的。黑格尔指出，即使是最无情的征服者，为了保留一个能够承认其优越性的现实，最终也不得不赦免被征服者，因此便产生了奴役的做法。征服者允许被征服者活下来，逼他们承认他的无上权威，以此来打破毁灭和空虚的恶性循环："我打败了你！现在你必须效忠于我，承认我的优越性，你才能继续活下去！"征服者没有摧毁被征服者，而是让他们成为奴隶。但问题是，对一个处于劣势的人实施胁迫而得到的承认，根本就不是承认。把别人变成奴隶，使他们服从你的欲望，让他们沦为单纯的物品或供你支配的工具，也就剥去了他们的人格。既然他们已经不再有人格，那他们给你的任何尊重都不再有价值。而且，站在主人的角度，无论奴隶表现出怎样的尊重都是可疑的，因为主人无法确定这样的尊重是否只是为了生存而做出来的伪装。主人试图通过支配另一个人来肯定自己，在此过程中反而失去了自己的人格和对自我的肯定。

黑格尔告诉我们，真正的承认只来自一种情况：平等相待，取长补短，充分发挥各自的优势，互相支持，互相激励。黑格尔认为，在一个社会里，如果每个成员都从事各自的职业，所有职业都有同等的尊严，构成一个相互依存的社会系统，那这种承认是普遍存在的。

即便是最不友善的反派，对友谊也依然渴望。我们可以在科恩兄弟监制的电视连续剧《冰血暴》(*Fargo*)中找到一个明显的案例。剧中的大反派叫洛恩·马尔沃（比利·鲍勃·松顿饰演），他是一个"没有朋友"的职业杀手，陶醉于在明尼苏达州郊区的一个衰败的中产社区制造混乱。这一次他刚刚击退了两个试图杀死他的职业杀手。在枪战中，他伏击了其中一个杀手，用刀把他刺死；另一个杀手中了枪，被警察逮捕，送到医院治疗。后来，马尔沃潜入医院，悄悄来到那个杀手的病房，掐死了看守的警察。马尔沃走到病床旁边坐下来，不怀好意地看着已经被他打败的对手。我们以为马尔沃将要对这个杀手做出最后一击，但他却拿出从守卫警察那里偷来的一把钥匙——将对手铐在病床上的手铐钥匙。马尔沃把钥匙扔给了他，还生硬地说了几句话，对他表示认可。他说："你们差一点杀了我，比其他任何人都要接近成功。我不知道动手的是你还是你的搭档，那不重要；如果你痊愈后还觉得不甘心，尽管来找我。"说完之后，他就离开了病房。

马尔沃鄙视人类，以操纵和谋杀为乐，但即便是他这样的人也无法忍受只有毁灭的生活——他想得到承认。他无法完全压制友谊的诱惑，他生活的痛苦在于渴望得到承认但无法得到，因为他总是试图支配他人，所以他这种渴望将会永远落空。

与马尔沃形成鲜明对比的是《冰血暴》的正派人物索福森（艾莉森·托尔曼饰演）。她并非观众想象中的那种主角，但是她代表了拥有自我掌控美德之人，因为她拥有马尔沃求而不得的真正的友谊。索福森是一名年轻的女警，一直坚持不懈地追捕马尔沃。虽然他们二人一个是正派，一个是反派，但他们之间的关系并不仅仅是对立的。他们都看到，所谓良好公民只是看上去彬彬有礼、温文尔雅，其实他们的内心也有贪婪残暴、蠢蠢欲动的一面。（这部反映美国中西部小镇生活的电视剧，有很多别有深意的琐碎情节，表现人物之间的卑鄙、敌意和冷漠，戳破了他们正常生活的外衣。）他们二人都与环境格格不入，但是都努力坚持自我。只是马尔沃认为，在这个社会里，不是唯唯诺诺、随波逐流，就是弱肉强食、强权统治，没有其他选项。而索福森相信，创造真正的美好社区是完全可能的。她有信念，因为在她身边还有一片忠诚的乐土，其中最重要的是她父亲给她的爱和教导。她的父亲是一位经验丰富的警察，现在开了一家餐馆，既当厨师，又当服务员。一位德卢斯警局的警察也带着他活泼可爱的女儿前来相助。在警局管辖的社区里，索福森觉得自己从未完全适应，也几乎找不到和自己一样的人，但是，在她的父亲、德卢斯警局的警察及其十几岁女儿的陪伴下，她终于找到保护社区的动力。在她身边的人看来，她能够把目光投向外面的世界，希望其他人的生活里也可能够拥有同样的忠诚和友谊。索福森的希望是她身边的人带给她的，正因为有了这种希望，她才变得更加强大，拥有超越马尔沃的力量。马尔沃以一声响亮的“不！”来反对他所鄙视的世界，通过操纵和谋杀行为寻求自主性，却陷入了自我毁灭和空虚的恶性循环之中。索福森则在令人失望的世界中找到一丝美好生活的希望，她保护这种希望，并在此过程中实现了自我掌控。

## 对立相吸，还是同类相聚

在比赛中，对战选手你来我往，全力以赴打出最精彩的比赛，可见相似和对立在友谊中是相辅相成的。费德勒和纳达尔是相似的，他们都致力于激发网球运动的魅力，而且都非常看重这一点，甚至比胜负更重要。他们也是对立的，他们的不同之处在于他们独特的打法，他们在赛场上如何优雅击球、如何实施战术。无论是否存在明显的竞争，所有的友谊似乎都包含这种统一和对立、相似和差异。

亚里士多德和柏拉图都强调，朋友必须是相似的。苏格拉底曾引用荷马的《奥德赛》（*Odyssey*）中的话，并解释为“好人喜爱好人，好人喜欢与好人交朋友”。[25] 至于对立相吸的观点，亚里士多德区分了三种友谊：基于功利的友谊、基于快乐的友谊和基于美德的友谊。如果我们追求的是功利或快乐，“对立相吸”就会很有说服力：在寻找盟友和商业伙伴时，你希望找到的人能给你带来不一样的东西，弥补你的不足；如果你是害羞拘谨的人，那你可能会喜欢与爱开玩笑的人相处。但是，如果是基于美德的友谊，“对立相吸”就失去了作用。如果你想变得大度，你就要找一个大度之人做朋友，你不会被相反的美德吸引，找一个谦卑、懦弱、容易心生怨恨或者动不动就发脾气的人做朋友。如果这样的人是你的学生，接受你的指导，你可能会尝试帮助他们，但你不会主动去认识他们。你会希望自己周围都是同样追求美德的人，而且品格高尚，没有什么不良记录。

但是，即使是基于美德的友谊，也隐含着一种对立或者说差异，在某种意义上类似费德勒和纳达尔之间的差异。我们之所以追求这种友谊，不是为了让我们的美德得到他人赞美——“动作太漂亮了”“你表现得很好”——而是为了强调美德的意义和重要性。朋友是这样的人：他们比我们更能用语言表达和欣赏我们的美德；因此，在我们变得软弱、困惑、短视或痴迷的时候，他们能激励我们继续坚持自我；最重要的是，在我们迷失方向的时候，他们仍然相信我们的品格，帮助我们找回自己、重回正道。当然，“对立相吸”的观点也有一定道理。在讨论友谊的性质时，亚里士多德引用了赫拉克利特（Heraclitus）的话：“最优美的和谐来自不一致。”[26] 如果朋友们都追求善，而且人格独立，互相鼓励，互相学习，让彼此都变得更加强大，那他们就如赫拉克利特所说的一样，从不一致中找到了和谐。

Happiness
in
Action

A Philosopher's
Guide to the Good Life

第 4 章

# 与自然接触

研究生毕业时，我决定告别竞技性力量举重运动，原因有二：首先，我多年来练习深蹲和卧推，臀部和胸部肌肉已不堪重负；其次，我十分怀念在户外运动的日子。这两个原因可以说是自然分别向我发出的一个警告和一个邀请。身体的长期疼痛，促使我开始考虑选择一项更适合我身体状况的运动。而蓝天、夏日微风和田径场上新修剪的草坪，也在召唤我走出健身房。

当然，我也可以拒绝自然的提示。在人该如何生活的问题上，自然从来都没有最终决定权。它可以敦促，可以恳求，但从来都不会强迫。有一次，我的一位队友在比赛中发生了意外，但是他无视身体状况坚持比赛。看着他不服输的态度，我又一次想到了这一点。在第一次硬拉（将非常重的杠铃举离地面，直至身体直立）试举时，他用反手抓握，手臂上的肱二头肌肌腱突然断裂，肱二头肌从骨头上脱落，缩到上臂处形成一个紧绷的球状体，伴随着魔术贴被撕开一般的可怕声音。这种触目惊心的情景，恐怕在场的所有人都不会轻易忘记。这难道不是自然给他的提示，让他停止比赛，去医院治疗吗？如果这么严重的受伤都不是自然的提示，那我不知道什么情况才是。但是，为了这次比赛，这位队友已经付出了一切，甚至暂停了学位课程的学习，全身心地投入到力量举重运动中。他以极大的决心，用绷带将受伤的手臂包扎起来，包得紧到不能再紧，在第二次试举时换成正手抓握，完成了试举并最终赢得了比赛。

我不是说这位队友的做法是可取的，或者是我所提出的与自然接触的典范。我讲述这个故事只是为了说明我们在多大程度上可以对抗自然，即便对抗的结果对我们不利。我在前面提到自然没有最终决定权，就是这个意思。（我们往往认为，死亡是自然给我们的最终障碍，但即便是面对死亡，我们也并非无能为力；死亡是什么，这个问题的答案取决于我们解释死亡的方式。这些话题我们将在第 5 章进行探讨。）

归根结底，如果我们想要活得好、发现我们真正热爱的东西，我们就必须倾听自然，与自然谈判。即使是我那位不服气的队友也不得不向自然让步，要包扎受伤的肱二头肌，改变抓握的方式。我自己的伤病虽然令人头疼，但相对来说还算轻微，我也可以使劲地与自然讨价还价，每天加倍训练，一定要完成令人羡慕的405磅[㊀]深蹲、315磅卧推。为了达到这种训练强度，我必须在每次训练前和训练后进行额外的灵活性和拉伸练习。这一切都是我完全可以想象的，但我确定这并不是我想要的。我相信，自然正在引导我走向另一个更有希望的方向：走向一个新的挑战，将力量、耐力和户外运动挑战结合起来。

所以，我决定在我的运动旅途中来一次新的尝试：我要继续训练力量举重，但重量要减少，重复次数要增加，还要到户外跑步。我给自己设定了新的目标，把一英里跑步用时降低到5分钟以内，深蹲、卧推和高翻（power clean）训练每组做到20次。与此同时，我要通过跑步增强体质，风雨无阻。

没过多久，我便学会了忍受在跑道上艰苦训练带来的极度疲劳，也开始适应在较长时间内承受相对较重的重量。一开始，我并没有意识到，其实我正在培养一种能力，而这种能力很快便让我的人生进入了一个全新的领域：竞技性引体向上和健美操。更重要的是，我对户外运动也有了新的认识。在一英里跑步中，一般跑到第三圈和第四圈时是最难熬的。但正是在这种煎熬中，我不断地学习应对和利用风，学会在确保跑步姿势不变形的前提下借风使力。我开始注意到大自然的一些特征，要是在以前，我每天匆匆赶去上班，根本就不会留意自然世界，或者只会把一些自然现象当作麻烦。以前，我觉得下午突然下雨非常糟糕，但现在我期望下雨。在长跑十英里之后来一场大雨是我最感激的事情。尤其是在炎热的夏天，那会带来多么难得的夏日清凉。

经过多年的力量举重训练，我开始接受自己身体的极限。这些年的

---

㊀ 1磅≈0.4536千克。

训练经历让我懂得一个关于人类努力和自然力量很重要的道理：虽然我们经常认为两者永远都在互相斗争，但我们应该把它们视为共同活动中的伙伴。自然不应该只是我们的对手，自然应该是我们对话中的朋友，或者至少是我们可以与之谈判并试图说服的对手。我决定从竞技性力量举重训练转向力量和耐力训练，在此过程中，我与自然进行了某种对话。我身上难以摆脱的伤病并不是自然对我的羞辱或者给我设置的障碍。在柏拉图的《对话录》中，经常有一些讨厌的角色粗暴地提出反对意见，引起苏格拉底的沉思。同样，我的伤病也让我开始反思自己的能力和目标。它们是我进行自我探索，提高自我认识的机会。

## “自然”的概念

在继续探索“与自然接触”之前，我们可能要先思考一个难题：“自然”（nature）到底是什么意思？在讲述我放弃力量举重转而从事其他运动的经历时，我对“自然”一词的使用并不是那么严谨，它涵盖了多个含义：身体的局限性，先天性的优势和劣势，以及自然现象，比如太阳、风和雨。除了这些常见的内涵之外，我们对“自然”一词还可以有很多理解。例如，我们在“自然科学”一词中提到的自然，不仅是指自然现象或地球和天空之类的事物，而且在某种意义上，指所有“存在”（is）的、可以被认识的事物。物理学家既要研究树木和岩石，也要研究收音机和飞机。这种对“自然”非常宽泛的理解可以追溯到古希腊人所说的phusis——如今我们所说的“物理学”（physics）一词就来源于此。根据我们在柏拉图和亚里士多德著作中找到的一种常见用法，phusis 的意思很简单，就是“一切存在”。在这个意义上，“自然”几乎可以与“存在”(being)替代使用，即希腊语中的“toon”。

除了指物理学的研究对象之外，我们还会用 nature（自然）一词表示

“性质”之意，比如“这个或那个事物的性质”——正义的性质、法律的性质、物理学作为一个研究领域的性质。在这个意义上，“性质”（nature）类似“特性”或“本质”，可以用于思想，也可以用于物质。

因此，我们在此要讨论的“自然”，其含义如此丰富，以致任何试图把握“自然”**本身**的努力似乎都是徒劳的。然而，我们对“自然”一词的许多用法都存在一些共同点。在以上所有提到的用法中，“自然”在某种意义上都是降临到我们身边或向我们袭来的东西，无论我们是否愿意。“自然”指的是**被给予**的东西。

这一点在我们将自然理解为太阳的轨迹和天气的变化时尤为明显。我们可以尝试预测自然现象，以各种方式适应自然，但是自然现象并不是我们创造出来的。自然现象不会屈服于我们的意志。非物质的东西，如正义或法律，我们经常将其看作人工的产物，而不是自然的产品。即便是对非物质的东西，当我们要理解它们**是什么**的时候（“正义是什么？”“法律是什么？”），我们也会感到困惑，并**由此**开始对它们进行探究。因此，我们仍然会说要研究这些东西的本质。

以上意义上的“自然”所对应的状态都是有限的，或者说是限定的，而不是全知全能的。“自然”所体现的意思是我们永远处于事物之中，我们不得不寻找自己的道路。与“自然”相对应的是“人工”，即通过意志行为而产生的东西。要成为一个彻底的艺术性或创造性的存在，就是要从零开始创造自己的环境，从而不面对自然。

我在本章中想要研究的问题可以表述如下：我们如何理解所予之物？如何与之发生联系？所予之物是否完全外在于我们，是一种作用于我们的力量，构成一种“事物本来的样子”，游离在我们的生活之外？或者说，在某种矛盾的意义上，所予之物是不是**自我给予**的——既是我们“解释能力”的来源，也是我们“解释能力”的产物？

换言之，除了我们所理解和解释的自然，是否还存在一种自然？这个问题也可以反过来表达：除了我们通过应对自然的提示逐渐形成的自我，我们是否可以设想出一个自我？

自然对我们来说是外在的，其运行规律与我们的行为或想法无关，这是一个我们都很熟悉的观点。想一想日出日落、斗转星移、四季更替，我们已经习惯将这些现象视为自然规律，不管我们是否愿意，不管我们是否留心，这些现象都会发生。这正是斯多葛学派理解自然的方式：自然是一种我们可以理解的秩序，我们可以适应这种秩序，但它绝不会以我们的意志为转移。不管我们以何种方式与“自然”发生联系，“自然”都在那里。“顺应自然”（Live according to nature）是斯多葛学派的著名座右铭，言下之意是我们应该接受自然的支配。我们不应该顽固地、徒劳地抵制事物的必然秩序——生长和腐烂、出生和死亡——我们应该关注万事万物分分合合的意义，认识到自然是一个无限的循环，我们和万事万物都会被卷入其中。

自然是独立于我们的自立存在，这是明显的常识性观点。但与此同时，人类确实在塑造自然秩序方面发挥了作用。我们意识到，工业领域的碳排放会导致全球变暖和季节改变，这表明看似自立存在的力量在某种意义上会受到我们行为的影响。再往深一层讲，我们有一种技术论认为，万事万物作为所予之物本来就是**给我们**使用的，只要我们觉得合适，无论怎么使用都可以。也就是说，自然是无限可塑的。从技术论的角度来看，四季更替也是我们可以改变的，只要我们能找到方法，开启大气变暖或者变冷的连锁反应链，就可以做到。如此说来，自然并不是一种固定的或不可逾越的秩序。我们可以为了一个目的溶解物质，也可以为了另一个目的重组物质。就算我们愚昧无知，自然也只是暂时地、临时地外在于我们。对“得到启蒙”的意识来说，一切外在于我们的事物最终也会被赋予形式，受到制约。表面上看起来无法控制的事物，原则上也是我们可以支配的。

从技术论的角度来看，自然是我们意志的对象。斯多葛学派自然观的人类立场归根到底还是被动的，而技术论的人类立场则是操纵性的、以目标为导向的——我们对待自然不是要理解，而是要征服。

看起来，技术论的自然观和斯多葛学派的自然观是截然相反的，但两者之间却有着微妙的联系。按照斯多葛学派的观点，将自然视为主人，我们就已经拥有了摆脱自然的愿望，只是我们做不到而已。斯多葛学派的座右铭“顺应自然”只有在对抗自然的背景下才有意义——比如治愈疾病和战胜死亡。否则，说“顺应自然”就是多此一举，只是让我们按照自己现已决定的方式继续生活下去而已。斯多葛学派的被动立场隐含着一种不成熟的能动论，要是我们内心产生强烈的渴望，就像普罗米修斯一样，想要掌控环境并取得成功，我们就会产生行动的冲动。

但是，当我们沉迷于征服自然的前景时，我们看到的整个世界就会呈现出一种异质的、非人的面貌；世界变成了一个纯粹的物质世界，等着我们施加意志，“变成”任何东西。一旦我们在事物上留下我们的印记，它们就会再次成为潜在的重建对象。我们砍伐森林，将其改造成农田；我们推平农田，在上面建造机场。每一个创造行为产生的结果，其本身就是下一个全新项目的潜在材料。我们从来都没有注意到，我们面前的自然事物其实是我们生活意义的来源，是它们使我们的人生保持连续性，理应得到尊重、保护或培育。结果，由于我们的技术立场，我们将自己的意志强加于自然，与自然的关系变得异化，越是强加意志，异化就越严重，陷入恶性循环。我们将生存和意志继续施加在一个我们视为毫无价值的外部现实上。但是，这种依赖于外物的生活恰恰失去了我们要施加的能动性。技术立场似乎可以让我们摆脱斯多葛学派对自然的屈从，却使我们陷入另一种形式的奴役。自然作为我们意志的对象出现时，它仍然是外在的，就像奴隶仍然外在于主人一样。

在探讨友谊的章节，我们提到了黑格尔对支配和奴役的批评，在此我们可以稍加回顾：通过对他人颐指气使来肯定自己，会使人陷入一种自己都无法不鄙视的现实，从而导致一种自我施加的奴役形式。真正的能动性需要以相互欣赏、互相学习的方式与“他者”接触。

越强加意志，异化越严重的恶性循环，是采取技术立场必然会产生的结果。要打破这种循环，似乎只有一个办法：在追求自我掌控的过程中，我们要让自然成为我们潜在的对话者。这种与自然的关系就是我接下来要阐述的。

我在此讨论自然的概念，目的在于说明“所予之物”并不是外在的，而是**自我给予**的。自然既没有超越我们的解释和塑造能力，也并非完全受我们控制。只要自然来到我们面前，它就会给我们带来很多不同的意义。对于这些意义，我们要站在人生旅途的角度进行解释和运用。有时候，自然看似一股异己的力量，与我们的愿望相抵触，对我们的命运漠不关心。但是，经过更仔细的审视，我们会发现，在我们追求自我掌控的过程中，自然其实是我们潜在的对话者。我们可能会将自然视为我们意志的对象，利用它实现我们的一切目的。但是，这种将自然客体化的观点只能说明目标导向型活动已经忘记了活动自身的意义。我们将看到，技术论的自然观不过是对世界的一种非常有限的解释。这种解释并不比其他无数种理解世界的方式更合理或更真实。以预测和控制为导向的技术立场，不但没有解决自然的奥秘，反而使自然更加难以理解。

## 针对与自然对立的现代立场的批评

在今天的技术时代，我们对自然的态度主要是对立的。我们将自然视为一种异己的力量，要么将其制服，使之适应我们的需要，要么暂时接受，等到我们的技术有了足够的提升之后，再将其制服。当我们的身体受伤时，我们服用各种最新的药物，采用各种最新的疗法，好让身体尽快恢复，回归原来的生活。但是，我们的身体之所以会受伤，很多时候正是因为我们原来的生活方式。虽然天气预报应用程序已经预告会有暴雨，但当暴雨真正来临时，我们仍然会措手不及，一边咒骂预报不够准确，一边抓起雨伞匆忙寻找避雨的地方，很少会停下来欣赏风云变幻的美景，感受山雨欲来的氛围。如果我们觉得自己“太高”，或者“太矮”，我们会认为这是一种需要打破的障碍，需要想办法增强基因，改变这种“令人遗憾”的命运，完全忘记了这种看似缺陷的命运在某些方面其实可能是一件好事。因此，我们把自然视为阻碍我们维持现有生活、实现既定目标的障碍。我们没有考虑到，自然可能会对我们追求的目标提出**批评**——受伤、疾病、暴风雨和身体的局限性，可能是自然在提醒我们要改变生活方式。在我们努力实现自我掌控的过程中，自然可能是激发我们思考的伙伴。

在现代哲学中，我们与自然的对立关系早已根深蒂固，可以追溯到17世纪哲学家约翰·洛克（John Locke）。他认为，除非经过人类劳动将其转化为有用之物，否则自然存在的东西完全没有价值。根据洛克的观点，与经过开垦可以有所产出的农田相比，一大片荒野是毫无价值的。他教导说，劳动使一切东西都有了价值。正是从这一基本前提出发，洛克提出，人对财产的权利是一种自然权利，这是第一位的，在此基础之上才能建立政府机构，才能通过法律来区分“我的和你的”。我们理应拥有“混合了我们的劳动”的东西，这是我们“天然”的权利。正是我们的劳动，而且只有我们的劳动，才使事物具有价值，自然本身是没有价值的。[1]

在一些我们似乎无法掌控的事情上，比如自然灾害、神秘疾病、死亡等，科技已经达到了极限。不仅如此，如果认为自然完全顺从我们的意志，我们就会看不到自然给**我们**的提示和建议，这才是真正的问题。如果调用自然资源仅仅只是为了实现自己的目标，我们就会对自然的美丽和崇高视而不见，但只有在自然的美丽和崇高面前，我们才能找回当初追求某些目标的初心，重新构想自己的生活方式。

我所说的自然的提示并不是不言而喻的真理，因为自然并不是一个语义明确的文本。相反，在我们追求自我掌控的过程中，自然的提示需要我们思考、解释和检验。我建议对自然的方方面面都采取一种探究、解释的立场，我们可以称之为"苏格拉底立场"，而不是对立立场。对于任何一种见解，不管多么狭隘或富有争议，苏格拉底都希望从中得到启发。我们也可以借鉴苏格拉底的方式来对待自然。

古代人经常持有这种立场，即认为自然是一座无穷无尽的宝库，藏有无数的符号和路标，为人生旅途提供启迪、指明方向。读一读荷马的《奥德赛》，你就会发现，自然既是拥有自身生命力的存在，又是人类在地球上活动的伙伴："当太阳渐渐升起，离开绚丽的海面，腾向紫铜色天空，照耀不死的天神和有死的凡人，高悬于丰饶的天野之上。"[2]后来，卡吕普索（Calypso）同意释放奥德修斯，他终于可以回家了："他在女神的引导下，来到了海岛之上最高大的树林，那里有杨树、桤木和耸入天际的松柏。这些高大的树木早已枯干，正适合用来制作漂在水面上的木筏。"[3]在荷马的诗句中，树林为航行提供"枯干的木材"，这似乎也是一种古朴的对自然的占有，但经过仔细分析可以发现，荷马的说法其实另有一番意味。对于树林的高度，荷马用"高大"来形容，还有"耸入天际"的松柏，这就说明树林存在本身有其特定的目标，并不只是为了傲慢的凡人对其强加的目的。耸入天际的松柏，即松柏**渴望**自己的伙伴——天空——松柏是属于天空的，这样的松柏注定要成为撑起风帆的桅杆，而风帆又会迎着风，帮助奥德修斯返回家园。以此，荷马展示了一个以多种形式与凡人和众神的奋斗紧密联系在一起的自然。

苏格拉底对待自然的方式与他对待对话者的方式是一样的。他通常以大地和天空做类比，来阐明美德和善的意义。例如，柏拉图的《理想国》有一个著名的段落，其中苏格拉底用太阳做比喻，阐明“善的理念”。太阳使一切可见的事物被看见，善使一切可得的知识被获知。[4] 只有我们在生活中追求善，我们才能获得真正的幸福。太阳的比喻让我们想到，善的理念不能独立于我们日常对善的理解而存在，也离不开我们称之为“善”和“恶”的行为；作为一种最高理念，善以某种方式体现在许多“理念”（意见、概念、行为）中，这些“理念”并未能完全体现善，但正是善使得这些“理念”成为可能。只有通过照耀世界，让世界表现出无限的多样色彩，太阳才能获得光的威严和辉煌。在我们评论太阳的美时，我们看到的不仅仅是头顶上明亮的球体，还有它照亮的整个世界。太阳本身**存在**的意义，部分就在于其与善的关系。太阳就是我们自己，只要我们利用太阳来理解我们自己，那我们也就是太阳。

通过隐喻的方式来理解自然，并从中获得关于如何生活的启迪，对现代人来说可能有点天真和异想天开。我们往往认为，自然本身是中性的，意义只是人类思维的产物。我们觉得太阳“到底是什么”，这是一个有待物理学回答的经验问题；我们如何看待太阳，却是一个主观问题，与太阳本身无关。任何在自然中找到的意义，我们都将其视为人类的主观价值——投射在一个无关道德的世界上。

但是，任何科学，无论多么先进，都不能否定为自然的美丽或崇高而感到震撼，以及因此引发的对美丽或崇高的思考。在我们用现代物理学的术语对物质世界进行理论描述之前，我们早就遇到过各种形状和形式的自然。如果认为物质世界毫无意义，面对自然的美丽或崇高而产生的震撼和思考也只是纯粹的主观反应，那就是忽视了自然向我们这些观察者提出的挑战——我们必须以**某种**方式解释自然，而不是随心所欲地进行解释。如果看不到这种挑战，我们就不会努力解释激发我们好奇心和敬畏感的事物，因此就不可能学习或者形成**新的**价值观。

也许最能表达清楚这一点的是我自己的亲身经历：我在位于巴西和

阿根廷边界的伊瓜苏大瀑布，体验了一次与自然的相遇。站在瀑布面前，看着层层流水从不同角度倾泻而下，这幅壮观的景象让我深感震撼，我无比渴望能够准确地描述眼前的壮丽景观。在那一刻，我忍不住问自己：是什么让瀑布如此令人震撼？

我在瀑布周边踱步，开始思考应该如何理解我所看到的一切：悬崖上平静的水面突然咆哮起来，狂暴地坠入下面的巨大盆地，然后宁静地离开盆地顺流而下，向远方滑去，仿佛毫发无损，没有经过瀑布一样。碰巧的是，当时我正在大量地阅读希腊悲剧。我看着瀑布，忽然想到了俄狄浦斯的命运，我发现大自然以这种惊人的形式传达着智慧：安稳的日常生活，就像悬崖上平静的水面一样。但在平静之下，隐藏着即将到来的灾难，犹如水流的突然坠落。然后水面恢复平静，顺流而下，这就告诉我们，要学会应对命运的打击，命运转折随时都有可能发生，当它真正发生时，我们要泰然自若地面对。因此，在我们细数自己的成就，以为自己事业有成，从此飞黄腾达的时候，瀑布会告诉我们，不要沾沾自喜。我们身处的水面看似平静，实际上会不会已经到了悬崖边上？在一次突然坠落之后，我们能否像瀑布落下的水流一样，重新恢复平静？

可能有人会说，我只是受到《俄狄浦斯王》的影响，把自己的想法投射到瀑布上，而瀑布本身只是一个价值中立的自然现象。但是，这种说法忘记了一点：瀑布的大小、声音和运动是独特的，因此对瀑布的解释也只能局限在一定范围之内，很多假设性的理解方式都被排除在外。描述性的语言无穷无尽，但是有很多文字不适合用来描述瀑布，我们甚至连考虑都不会考虑。（“简单宁静”便是一个例子，它显然无法反映瀑布的狂暴。）瀑布以它**自己的**方式，渴望像俄狄浦斯的故事一样被“阅读”；同时，俄狄浦斯的故事也预设了一种理解瀑布的特殊方式。也就是说，无论我们从《俄狄浦斯王》中得到了怎样的感悟，在遇见瀑布时我们都会产生新的共鸣。水流从悬崖边上倾泻而下，然后又奇迹般恢复平静，索福克勒斯（Sophocles）的《俄狄浦斯王》并没有这个情景。因此，在我阅读《俄狄浦斯王》期间，遇见瀑布让我对俄狄浦斯的故事有了更深刻的理解，反过来，俄狄浦斯的故事也让瀑布有了更丰富的意义。归根结底，对自然的解释与对我们自己的解释是不可分割的。

但是，我们可能依然会觉得，这种接触自然、理解自然的方式，体现的还是一种古朴的、"仅仅是隐喻层面上"的世界观，与科学提供的"真实的"或"客观的"描述相差甚远。我们可能会认为，"真正的"瀑布是地质过程和重力作用的产物。然而，我们应该考虑到，"地质过程""重力"等概念以及其他"所谓客观的"认识世界的方式，其背后是我们尚未加以思索的自我理解。

在哥白尼革命后的几个世纪里，我们仍然不假思索地说太阳升起、太阳落下，没有用一种更精确的方式描述太阳的移动，仍然保留这种看似天真的说法。这一事实表明，人类对事物的最初认识是根深蒂固的，在一定程度上，任何试图克服事物初始状态的努力都是徒劳的，也是愚蠢的，除非我们能够学会站在不同的角度，或者不再只是从"人类"的角度认识世界。日出日落对一天的安排和节奏具有重要意义，而且能够教我们认识人生旅途的每一个时刻——在某种意义上，人生就是一次次的出发和归途——那么，太阳升起、太阳落下的说法所表达的真理，是任何一种"新"科学都无法反驳的。真正全面的视角要通盘考虑每一个可能的视角，并且比较每一个视角下的自我理解。

## 现代自然科学的道德基础

认为世界"价值中立"的理解方式，其背后的自我理解是值得怀疑的。对于这一点，我们可以看看牛顿对月亮围绕地球运转的路径的解释：一个质量较小的物体，即月球，如果失去向心力作用，会沿着当前这一点的切线方向继续运动。但实际上，月球被拉向一个质量较大的物体，即地球。这是因为，一方面，月球原有的直线运动速度足以使它不至于直接落到地球上；另一方面，在万有引力的作用下，月球的直线路径向地球发生了弯曲，围绕地球进入轨道。我们习惯于认为，与亚里士多德的解释相比，牛顿的解释相对来说是合理的、科学的。亚里士多德提出，在圆周路径上运动的物体是自动的，因为物体有自己的原动力，不寻求自身以外的力量，会不断回到原点。但是，经过仔细分析，我们发现，这两种解释背后的假设都是值得怀疑的，其根源可以追溯到对如何生活的不同理解。两者都不比对方更客观或更忠实于“事物**本来**的样子”。[5]

牛顿的解释基于一个著名的公理，常见于高中物理教科书，被称为惯性定律：在不受外力作用的时候，原来静止的物体总保持静止状态，原来运动的物体将永远保持匀速直线运动，直到有外力改变它为止。该公理有两个重要的假设：物体“不受外力作用”，即与任何其他物体没有明确的关系，以及所有运动以直线运动为参照系。以这种方式理解物体，是很难通过任何观察来证明或确立的。公理本身决定了如何看待物体，也为任何可能的观察或实验奠定了基础。[6]“公理”（axiom）一词来自古希腊语 axio，意思是“规定”或“立法”。牛顿提出的公理可以被看作一种立法行为。该公理规定了什么是一个被观察的物体，实验将如何进行。但是，只有在物体“不受外力作用”的前提下，实验才有意义。例如，把一个台球和一根羽毛这两种明显不同的东西，拿到一个真空的房间里，让它们同时下落，可以观察到它们下落的速度是一样的。只有认为这些物体与外在一切毫无联系，而且物体本身具有完全同质性，实验才能在理论上成为可能。

我们还可以从这个角度看待这个实验：一旦我们以这种方式把台球和羽毛**放在一起**，我们对它们的理解就已经发生了改变。无论我们是否意识到，我们已经把它们当作“不受外力作用的物体”，这是只有通过抽象化才能得出的理解。我们在认识事物时，需要尽可能地**靠近**事物，而抽象化的理解需要我们尽可能地**远离**它们。羽毛不再是可以制作羽毛笔的羽毛，台球也不再是用于桌面游戏的台球。现在，我们不再把它们理解为某个具体语境下的羽毛和台球，所以我们不看它们本身的品质，比如重量、质地等，因为它们的品质与具体使用方式有关，并将它们与任何可以在三维空间中占据位置的东西联系起来。

我们以为真实反映世界的、独立于我们意志的万有引力定律，其构建的基础是一种对物体的解释，而这种解释是由我们自己决定的。我们可以说，这是一种富有诗意的解释，因为它是以生活的某种性质为基础对事物进行的想象性建构，而我们作为观察者，正处于这样的生活之中。

如果把牛顿的公理与其他合理的解释进行比较，我们就可以明显看到牛顿的公理所蕴含的“诗意”。在牛顿之前，人们对自然的观察之认真和细致，并不亚于牛顿。但是，他们基于不同的公理和物体概念，用完全不同的术语来解释运动。我们可以再看看亚里士多德的运动观：所有物体都向其自然位置移动。进行圆周运动的物体，比如天体，只属于自身。天体不断地回到原点，而不是飞向其他方向，去寻找其他东西。天体的运动证明了某种自给自足的概念。做圆周运动的物体不依赖于自身以外的任何力量，它们象征着自我定夺的生活，每当仰望星空时，我们都会想起这一点。偏离圆周运动的物体，例如做直线运动的物体，并不是只属于自身，而是要移动到其他位置。火往上燃烧，要与太阳同在；石头向下坠落，要与大地重逢。

如果认为，任何实证研究都可以推翻亚里士多德的运动观，那就忽略了一点：所有观察都是从一个基本视角出发的。如果我们的基本视角受到牛顿的影响，我们就可能会反驳亚里士多德的运动观，指出石头在月球上并不会坠落。但是，亚里士多德并不会因此而改变基于自然位置的运动理论。他可能只会修改对**石头的**自然位置的理解，或者他可能得出结论：经过仔细思考，月球上的石头与地球上的石头是不同的存在（因此也相应地有不同的运动路径）。这个例子有点勉强，毕竟从亚里士多德的角度来看，去月球上观察物体的运动情况，这件事情本身就是没有意义的。按照亚里士多德的理解，月球不是人类要去的地方，而是人类在地球上努力实现自我掌控时需要理解的符号。关键是，亚里士多德的理论可以找到无穷无尽的证据。只要坚持赋予这个理论以活力的精神追求，证明理论的经验就不存在上限。

我们也可能认为，亚里士多德的运动观已经落伍，但我们必须承认，它跟牛顿的运动定律一样忠于"事实"。万物要回到自己的自然位置，往大处说是要构建和谐秩序，以此为基础，我们可以提出一种关于事物运动的解释，跟牛顿的理论一样合乎逻辑。我们甚至可以说，亚里士多德对物体和运动的解释是直接体现在我们日常生活中的直观认识，而不是教科书教给我们的抽象假设：开往目的地的火车毫不费力地穿过起伏的山丘，火车的运动与目的一致：把旅客舒适愉快地送到另一个城市。狂风呼啸，要将树木掀倒在地，但是树木灵活地随风摆动，在暴风雨冲击之下仍然挺立不倒。一旦火车突然停止或偏离轨道，或者如果树木被暴风雨掀翻，我们会马上看到这种变化，因为事物明显偏离了自身目的或自然位置。

要使牛顿的运动定律成为可能，我们理解自己的方式必须有所转变。对于事物要回到其自然位置和圆周运动体现完美的观点，我们也必须质疑。也就是说，道德观点上的转变必须与科学上的转变同时发生。

如果我们重新审视牛顿的公理，我们可以尝试辨别这种转变。一个不受外力作用的物体可以在任何时候占据三维空间的任何位置，一个与其他物体具有完全同质性但与它们没有联系的物体——这种对物体的解释回应并肯定了启蒙运动的典型观点，即人与人之间不再有任何明确的关系，人天生就是自由和平等的。线性运动的优越象征着现代的进步理想：对自然和社会的无限征服。圆周运动现在代表着自满，它需要被理解为落后的、离经叛道的东西。因此，月球的圆形轨迹被理解为偏离了方向的线性运动。牛顿的理论显然是不证自明的，但它所确认和深化的道德观点与亚里士多德的运动观蕴含的道德观点一样可以质疑。作为一个描述世界的理论，它的有效性完全取决于其依赖的道德前提。

归根结底，牛顿的运动定律与亚里士多德的运动定律一样富有诗意，或者说充满了人类的渴望。两者的构建都基于各自对人类幸福的设想，而这些设想都是可以质疑的。任何一种关于世界的理论，只要你仔细研究其背后的基本概念，你都会发现这样或那样的道德观点。也就是说，所有观察世界、解释世界的方式都从属于认识自我，认识自我是统领性的、全方位的追求。

我们以懒惰的态度，默认“事物本来的样子”，但是只要稍作审视，我们就会发现，这种不假思索的默认是值得怀疑的。认识到科学的道德基础应该可以让我们从中解放出来，重新找回人类从探索天地中寻找意义的光荣，同时会鼓励我们对地球负起责任，照顾好地球——这不仅仅是为了我们自己的健康和安全。我们应该保护自然，使自然成为我们的伙伴，帮助我们实现自我掌控。

## 重力与人类的奋斗

引力是一种可计算的作用力，在引力的作用下，质量大的物体吸引质量小的物体。质量不是重量，而是一个权重值。但从世俗的角度来看，引力以沉重和不可抗拒的姿态出现在我们面前——重力让万物坠落。尼采笔下的哲学家查拉图斯特拉（Zarathustra）说，他要爬到“最高峰”，一路上“默默地踏过发出嘲笑的轧轧之声的小石子，踩住使我滑脚的石头，我的脚就如此强行向上。向上——不管那拖我后腿、把我的脚拖往下边、拖往深渊的魔神，那个重力之魔，我的魔鬼和大敌……他（我的大敌）低声吐出一个个嘲笑的字眼，‘你这贤者之石！你把你自己抛得很高，可是每一块被抛上去的石头都得——掉下来！’”。[7]

重力之魔低声地一个字一个字地嘲讽查拉图斯特拉，这说明重力具有非人类的、机械的特性。在一开始，重力对于查拉图斯特拉而言是一股无法控制的力量。但查拉图斯特拉说的不只是重力，还是**重力之魔**，这说明他感受的沉重，既是身体上的，也是心灵上的。重力被理解为一种精神力量，将查拉图斯特拉往下拖，不仅要拖到地上，而且要“拖往深渊”。受到重力作用的石头并不只是我们用力抛起来就会往下掉的石头，还是“贤者之石”。传说中，贤者之石能够将无价值的金属变成金子，代表我们让普通事物焕发光彩、让偶然际遇变得有意义的能力。

尼采认为，重力是一种自然力量，有时似乎是我们必须服从的一种外来的必然性，实际上是我们在绝望时对自然的一种解释——在人生终结时、在遭遇失败和灾难时或者在成功已是明日黄花时产生的自然观。

接下来，尼采明确指出了这一点。在快要精疲力竭之时，查拉图斯特拉与重力之魔对峙：“我是两人中的较强者，你不懂得我深渊似的思想！**这个思想**——你承受不了。”[8]按照查拉图斯特拉后来的描述，这种深渊似的思想与精神萎靡有关，与面对痛苦时的屈服有关。带着这种“深渊似的思想”，查拉图斯特拉竭力对抗妨碍他向上攀登的物理的、身体的重力。他表示，“地球的重力”只不过是一种象征，是深渊似的思想的物理表现。

如此理解的重力，从来都不只是让我们无能为力的自然力量。在人生的一次次奋斗和放弃中，是我们自己把重力仅仅理解为从外部作用于我们的力量。但是，只要我们在自己的**内心**，或者在应对痛苦时感受到沉重，我们就可以重新认识重力，将其理解为一种激发生命力的阻力。

尼采对重力的理解以及他在尘世生活寻找精神力量的宏大计划，都让我有所启发。我对生活中一些看似无关哲学的事情有了新的认识，比如我最近参加的一次运动测试：Tabata[㊀]引体向上“重力挑战”。一次Tabata训练包括20秒的强度训练，紧接着休息10秒，一共循环4分钟。我的训练项目是引体向上，因此我要在4分钟内完成尽可能多的引体向上。

从所追求的**结果**的角度来看，这个挑战本身就是一场**对抗**重力的残酷斗争。训练到最后，你的上肢从肩部到指尖仿佛都在尖叫。你的背部肌肉紧绷，好像在奋力挣扎，要从全身汲取再做一次引体向上的能量。此时此刻，重力就是你的死敌——这股无情的力量，最终会将你击倒。然而，从另一个角度来看，在挑战的**过程**中，当你身体的摆动适应了引体向上的节奏时，重力就会变成你的伙伴，而不仅仅是对手。你把手掌压在坚固的金属表面，奋力向上挺身时，是重力给予了你重力势能，而摆动时由此转化为的向上动能让你能够跃升至横杆上方；同时，也是因为重力的存在，你的身体才能迅速、轻松地降落，让你能够顺势进入下一次重复。就这样，重力和你身体的力量协同工作，相互促进，使两种力量都能充分发挥出自身的作用。没有重力，你就没有办法向上挺身。没有你的拉力，重力就没有反作用力，没有反作用力，就无法让人感受到重力。在训练快结束时，你要拼命再完成一次引体向上，你会发现，最后一次是最为沉重的，重力在最后时刻的作用最冷酷无情。即便在这种情况下，重力这种看似从外部施加于你的力量也需要有你施加的反作用力，才会对你产生作用。只要你松开双手，放开横杆，向重力妥协，重力的作用也就消失了。

---

㊀ Tabata是日本东京体训大学教授田畑泉（Izumi Tabata）开发的训练方法，属于高强度间歇训练（high-intensity interval training，HIIT）的一种。——译者注

## 对斯多葛学派自然观的批判

我提出以苏格拉底立场对待自然，在我们追求自我掌控的道路上，自然作为来自外部的力量，也可以变成与我们对话的伙伴。与苏格拉底立场形成对比的有两种立场，一种是如今占主导地位的对立立场，另一种是历史更为悠久、近年来再度流行起来的斯多葛学派立场。在对待自然的态度上，斯多葛学派自然观主张顺应自然，而不是对抗自然。

根据斯多葛学派的观点，我们的生活应该“顺应自然”。也就是说，天道有命，自行其是，我们有什么希望，有什么愿望，都不能影响其分毫，自然给予我们的一切，我们只管接受便是。我们观察周围的世界，找到世界运转的规律，例如季节的到来和离去，生灵的生长和腐烂。我们逐渐明白，自然是一个永恒的循环，自然中的一切在循环中被保存下来，包括我们自己，都由同一种物质构成，同一种物质又生成万事万物。

斯多葛学派告诉我们，世界存在一个必要的、可理解的秩序，而且这种秩序本身永远不会消失，一些令人感到恐惧的事情，比如伤害、疾病，甚至死亡，都只是这种秩序的运作机制。只要认识到这一点，我们就不会感到害怕。正如斯多葛学派哲学家塞涅卡（Seneca）所说：

> 只要看看宇宙的循环如何回归本初，你就会明白，宇宙中没有任何东西会彻底消失，一切都在起伏轮回之中。夏季离开了，但明年会有另一个夏季；冬季消失了，但到了冬天的月份，冬季又会再来。黑夜阻挡了太阳，但白昼很快就会把黑夜赶走。天体的任何运动都会重复；天空总是一部分在上升，另一部分在下沉，直到地平线之下。[9]

无论在什么时候，如果我们担心某些自然现象会阻碍我们的努力，我们就应该提醒自己，一切事物都会经历衰败和更新，这是一个永恒的过程，我们遇到的自然现象只是其中的组成部分。塞涅卡给刚刚丧子的朋友马西娅（Marcia）写信，他在信中提出，在这个永恒的过程中，人类遭受的一切苦难，甚至影响整个地球的最严重的灾难事件，都是必要的："在世界兴衰轮回中，到了该毁灭的时刻，一切苦难自己也会自行毁灭，宇宙中恒星相撞，现在井然有序、熠熠生辉的一切，都会烧成一团熊熊烈火，全部物质都被大火吞噬……当所有事物都毁灭殆尽时，我们便重新回到最初的构成。"[10]

有些斯多葛学派哲学家以天命或宿命来解释自然的过程，比如罗马皇帝马可·奥勒留：

> 宇宙是由所有物体构成的单一物体，同样，命运也是由所有目的构成的单一目的……从这个角度看自然谋划的成就……并接受每一件发生的事情（即使看起来很难接受）。因为每一件发生的事情都会带来宇宙的健康……[11]

马可·奥勒留的天命自然观和塞涅卡的唯物主义自然观有一个共同之处：无论我们对自然有什么想法或行动，自然都依然自行其是。所有控制、改变或影响自然的努力都是徒劳的。相反，我们应该理解自然，只需了解自然的运行规律并满足于此。命运的概念将斯多葛学派对自然的不同理解统一起来。用马可·奥勒留的话来说，"有些事情发生在你身上。很好，那是自然从一开始就为你准备好的"。[12]

这种宿命论的思想具有不可否认的吸引力。目标导向型的努力注定是要失败的，宿命论的思想对此提供了一种不一样的理解。宿命论的思想把这种失败解释为必要的，是一个宏大计划的组成部分。难怪斯多葛学派对一些身处政治动荡、掌管国家事务的达官显贵而言有如此巨大的吸引力。在喧嚣混乱的政治生活中，斯多葛学派成为他们找回内心宁静的岛屿。对马可·奥勒留来说，斯多葛学派是一种自助哲学，这位罗马帝国的管理者可以在需要的时候拿来参考。他要应付周围的奉承和欺骗，处理诸多问题重重的事务，但问题的原因他却无法控制。这一切都让他感到精疲力尽，他渴望一种能够将他从人类生活的妄想与纷争中解放出来的哲学。他写下来的文字都是他用来激励自己的片言只语，显然没有公之于世的打算，但现在却被冠以《沉思录》的名字流传于世。在《沉思录》中，他对虚荣、痴迷和热衷成就提出的批评，无论在当时还是今天，都一样具有现实意义。

例如，马可·奥勒留谈到总是“太忙”而无法给朋友回信或与朋友见面的问题。他给自己写下几句话，以提醒自己：“不要经常跟别人说（或写信说）我太忙了，除非我真的很忙。同样，也不要总以‘要紧之事’为借口推卸自己对身边之人的义务。”[13]

马可·奥勒留也敏锐地意识到，热衷名声很容易就会变得虚荣，最终将导致自我毁灭。他希望正确地认识人的外表和受欢迎程度：“或者说，让你担心的是你的名声吗？看看我们多快就会被所有人遗忘吧。无限时间的深渊将吞噬一切，掌声之后只留下无尽空虚……你的存在只占据一段很短的时间。”[14]

但是，尽管斯多葛学派有力地揭示了目标导向型活动的不足之处，但它从未真正脱离目标导向的观点。斯多葛学派的自然观依然是目标导向的，只是换成别的形式而已，如宇宙的“健康”和“更新”。它无法想象出另一种活动的概念，以满足我们对能动性的渴望，也无法妥善处理赋予我们人生意义的承诺和事务。成功易逝，世事无常，为了获得持久的幸福，斯多葛学派彻底放弃了人类的能动性，将能动性完全交给了自然。如此一来，斯多葛学派看不到另一种活动的可能，这种活动就是自身导向型活动，它不需要等待未来去证明其合理性，因此不会随着时间的流逝而出现衰败。我们应该从自我掌控和友谊两种美德的角度来看待自然，致力于自身导向型活动，将自然视为我们追求自我掌控的伙伴。然而，斯多葛学派所理解的自然，恰好与人类能动性形成对立：自然是一种永恒的、全能的力量，自然要么对我们的行为或想法毫不关心，要么利用我们达到其自身目的。我们唯一可能得到的永恒只有对这种秩序的纯粹理论思考。由此可见，斯多葛学派仍然深陷于目标导向的思维框架之中，将我们从推动者变成了只为一个宏伟蓝图而存在的工具。

斯多葛学派对“人类事务”（human affairs）一词的使用就很能说明问题。在斯多葛学派看来，“人类事务”的覆盖范围相当广泛，无论发表公众演讲，制定战斗战略，焦虑于自己的名声，还是照顾自己的孩子，一切可以理解为需要努力完成或维持的事务，都属于“人类事务”。因此，“人类事务”的存在状态看上去都是转瞬即逝、反复无常的。塞涅卡写道：“所有人类事务都是短暂的、瞬息万变的。”而且时间“会消解人类的团结和伙伴关系”。[15] 由于对“人类事务”的理解过于宽泛，塞涅卡便看不到这种以制造、生产、维持为导向的事务与亚里士多德所说的以自身为导向的事务之间的区别。塞涅卡也没有区分联盟的伙伴关系和友谊的伙伴关系。忽略了这些至关重要的区别，斯多葛学派就无法思考不同的活动与时间的关系。实现自我掌控和建立友谊都需要经历时间的磨炼。那么，追求自我掌控或者友谊的人生是否有意义，或者这样的人生是否具有完全不同的时间意义？斯多葛学派从未提出这样的问题。

斯多葛学派未能从实践智慧和人生整体性的角度来设想人类的活动，所以也无法领会自然关于这一类活动的暗示。无论自然表达了什么意义，我们都没有任何解释的责任，“自然的循环”只需要被理解和接受。在讨论自然时，塞涅卡㊀在一开始就让读者“看看”（look）自然，然后“就会明白”（you will see）。在整个讨论过程中，他反复使用“看看”和“明白”这两个词，由此可见，斯多葛学派对待自然的态度归根到底还是消极的。

㊀ 原文此处是马可·奥勒留，本句所说的用词来自塞涅卡研究专家詹姆斯·罗姆的《如何死亡》（*How to die*）。——译者注

我们与自然的关系终究是被动接受，而不是积极对话。在仰望星空时，我们看到浩瀚无垠的广阔宇宙，地球只不过是其中的一粒灰尘。用塞涅卡的话说，“我们认为整个地球，包括上面的城市、人类和河流，以及陆地周围的海洋，只是宇宙中的一个小点”。[16] 恒星——距离地球无限遥远的光源——则不断地提醒我们，地球上的生命是何其渺小。以此，塞涅卡建议我们减少对生命的热情。

我们想要的与自然的关系，是一种既不能辜负自然，也不能辜负我们自己的关系。但经过以上分析，我们发现，斯多葛学派并不能让我们获得这样的关系。我们致敬星辰，将其视为浩瀚宇宙存在的证明，而宇宙却高高在上，支配和贬低我们的世界，那我们对星辰的致敬又算什么呢？为什么不换一个角度，把星辰视为我们在夜间航行的指引，或者我们在探索远方时的灵感源泉？如果我们这样做，那些闪耀的星辰将会让我们在追求自我掌控和友谊的旅途中到达新的高度。尼采对斯多葛学派的批评可谓不遗余力，他对天空的看法与塞涅卡形成了鲜明的对比。在尼采看来，我们头顶上的天空是不断努力超越我们的伙伴，是让我们感到骄傲的朋友：

> 哦，我头上的天空，你，纯净的天空！深深的天空！你，光的深渊！我望着你，由于神圣的欲望而战栗……我们共同学习一切；我们共同学习超越自我而向自我攀登，拨开浮云地微笑——用明亮的眼睛，从迢迢的远处，拨开浮云往下瞧，当我们下方有强制、目的和罪过像蒙蒙细雨一样弥漫之时……我的一切彷徨和登山：只是迫不得已，无可奈何的权宜之计——我的全部意志只想**飞**，飞进**你**的里面……只要你环绕着我，我就是祝福者和肯定者……
>
> 我成了祝福者和肯定者：我已为此拼搏了很久而成为拼搏

> 者，总有一天我可以放手去祝福……高悬在万物之上，犹如它的天空，犹如它的圆屋顶，它的天蓝色钟形罩和永久的安定。[17]

在这里，尼采借查拉图斯特拉之口描述了一种人与自然接触的模式。在其他作品里，尼采将这种人与自然的接触，看作自然“为了它的自我认识”而做出的解释：

> 对自然来说，它的一切尝试有多大效果，全要看艺术家能不能猜出了它结结巴巴的话语，在半路上截住它，替它表达出了它种种尝试的真正意图……最后，自然也同样需要圣徒，在圣徒身上，自我已经完全融化，他的受苦生涯不再或几乎不再被感受为个人的东西，而是对一切生灵的至深的共感、同感和通感；在圣徒身上出现了奇迹般的变化……那种终极的、最高的人性变化，大自然的一切都在为了获得自我拯救而朝着这一变化前进。[18]

在此，尼采颠覆了斯多葛学派的“顺应自然”理念，但他并没有走向反面——认为可以“利用自然达到任何目的”。自然结结巴巴的话语和种种尝试，需要艺术家和圣徒来解读其意图。然而，这种解读是自然本身催促和推动的，任何人想成功解读自然的意图，都必须与自然相向而行，在半路上截住它。归根结底，自然的意义和我们自己生活的意义是不可分割的。自然只有“成为人类的”自然，才能获得最高的尊严；而人类则只有将自我解体，变得“与一切生灵”同感，才能实现自身的价值。

## 少年棒球联盟球队训练时遭遇极端天气

我为数不多的有性命之虞的情况发生在少年棒球联盟训练中。有一次，我正在指导镇上水平最高的精英球队参加少年棒球联盟的训练。当时，我感到惊慌失措，但原因并不是家长对我不满，找我麻烦——虽然这也是一个很可能的理由。真正的原因是天气突变：在七月的一个下午，上一秒还万里无云，下一秒一场雷暴突然从天空西边席卷而来。做了那么多年棒球教练，我已经算得上一个观察天气变化的行家里手了。我会看多普勒天气雷达数据，对一次雷暴是否严重，我能判断得八九不离十。气象学家预报天气时使用的计算机模型，我也学会了如何解读。但我最引以为傲的是，我还会通过观察天空来预测天气。通常，雷暴还在一英里以外，我就能观察出来——甚至能判断二三十英里以外的雷暴。如果厚重的卷云层层叠叠，气势磅礴，从波浪形积雨云顶部向外扩散——毫无疑问，雷暴即将来临，要是蔚蓝的天空还呈现一条锋利的线条，那就更是错不了啦。

但是，那天下午，我全神贯注地投入到棒球训练之中。球场周围的树林遮挡了地平线，而这场风暴以不同寻常的速度猛烈袭来。我刚抬头看了看渐渐暗下来的天空，就听到隆隆的雷声，几乎隔 20 秒就响一声雷，接着雷声变得更密，隔 10 秒就响一次，雷声越来越清脆，但此时一部分天空仍然是湛蓝的。

我赶紧开始收拾装备，把孩子们赶进汽车。我应该也到车上躲避的，但是我想尽量把球都收起来，别被雨淋湿。在我意识到之前，乌云已经到达我头上的天空，从云层底部不断发射的闪电将我重重包围。在两道闪电闪过的瞬间，震耳欲聋的雷声也同时炸响。

在那一刻，我心中充满了恐惧和敬畏，突然间觉得，就算球湿了、袋子湿了，那又如何？我前一天晚上精心制订的训练计划，已经无法执行，但一切都已经不重要了。甚至连输赢都显得那么微不足道——虽然我也希望能够保持球队的良好纪录。当闪电向四面八方划过天空时，我脑海里闪过一个想法：“没有必要……没有必要在今天进行棒球训练，甚至我明天能不能活着指导棒球训练都说不好。”至少有一瞬间，我对每一个目标的重要性都打了个问号。这种感觉在令人恐惧的同时又让人充满力量。“那是一种更大的力量。”我心里想：不是巨大的风暴，而是你的力量——你的人生在此时此刻是圆满的。

突然间，本能和一些记忆深处的知识开始发挥作用：距我几步之遥的击球笼，就是一个完整的封闭屏障，在雷电交加的暴风雨中，那是最安全的地方。这是我学过的知识，在我小的时候，父母经常带我去科学馆。电流只会沿着金属外壳的最外层流动，然后导入地下，不会对壳内的东西产生任何伤害。在金属外壳导电的时候，我们甚至可以从里面触摸壳体，完全不会受到电流攻击。我马上朝着击球笼冲过去。在那一刻，我脑海里的画面是科学馆的工作人员在操作范德格拉夫起电机——这是用于模拟静电产生闪电的巨大机器——在可怕的闪电攻击笼子外面时，他就站在笼子里，用手指触摸里面的金属。在电光石火的一瞬间，我想起了这一切，我迅速冲进击球笼的铁链围栏，还顺手关上了身后的小门。

有了安全的躲避之处后，我重新想起刚才暴风雨带给我的思考：更大的力量。这更大的力量，不是风暴，而是人在遇到危难时脑海里闪现的人生。闪现的是什么样的人生？不是我所有的成功和失败，也不是我要追求的目标。暴风雨让我想到了死亡，因此超越了这一切。不是成就，而是自我——突然认识到，此时此刻我的人生是圆满的——这是很难得的时刻。在这样的时刻，我不会带着希望和不确定性说“以后我要成为……”，我会斩钉截铁地说“我是！”。完成两个小时的训练，打败对手，取得好成绩——我想从这些事情中得到什么呢？我对它们的期望是什么？它们会让我更快乐，更完整吗？不，这些东西最多能给我一个拼搏的机会——通过拼搏，我获得了更多**自我**——更懂得现在的我是谁（以及成为什么样的人）。

在思考我从那次短暂的恐怖时刻有何收获时，我想到了尼采的一段话：“还会让我碰到偶然的时期已经过去了，自我回来了，终于回来了，我自己的自我，长久漂泊在异乡、散落在一切事物和偶然之间的自我，终于回来了。”[19]

那天的经历——一次被打断的练习，一次“偶然”——不也是让我回归了自我吗？暴风雨让我回到了过去——在科学馆，我看着站在金属笼子里的工作人员，害怕得忍不住紧紧抓住妈妈的手。在大多数情况下，笼子里的人只是我脑海里的记忆——那是当时发生的事情，不是现在。但在闪电雷鸣之中，这段记忆在我自己的行动中重现了。突然间，我自己变成了笼中人；只是现在是为了躲避一场真正的雷暴。事件中唯一缺少的是一道闪电击中我的临时屏障。

回想起这件往事，我学会了另一个关于自然、户外和人生旅途的更普遍的教训——一个我经常告诉自己但没能做到的事。那就是，天地间发生的事情，就在你的窗外，到处都是冒险的机会，到处都会有精彩的故事，其意义不亚于你在工作中或在报纸上可能遇到的故事——只要你多关注一点！

室内与户外是有区别的，虽然这个区别可能被夸大，但户外确实有一个优势：总的来说，至少在我们这个时代，户外比室内更狂野、更混乱、更难预测，因此更有利于冒险。办公楼或家庭的环境是高度可控的——按下按钮就能设置温度，按下开关就能得到光明。室内的一切都可以预测，任由我们处置。要在室内冒险，通常必须等到一些东西被打破，并扰乱我们的日常生活。修复的过程当然可以塑造性格，可以创造精彩的故事。但是，我们有些人动手能力并不强，室内出现问题只能请专业人士维修，所以我们最好还是把目光转向外面——走出去，面对大自然。

户外运动，如棒球和田径，不可避免要与自然接触。就算只是在傍晚打开门，迎接宁静的日落，也是与自然接触。与自然接触会让我们意识到，人生还有比成就和目标更崇高的意义。看着火红的光球缓缓降落到地平线下，镶了金的云彩静静地向我们移动，我们可能会领悟到一种生命的光辉，最后喷薄而出的余晖，是为了让我们仍然活着的人继承和延续生命。或者在一天的旅途结束之时，白天最后的光芒随着飘动的云彩洒向我们的脚下，无声地提醒我们："明天开始新的篇章！"

想到这种时刻，我提醒自己：冒险的机会，创造新生活的机会，就在你的面前！珍惜触手可及的一切，努力让自己有所收获。去跑步，去散步，登上镇上最高的山峰，眺望地平线。如果这还不够，就尽快动起来。你可以做俯卧撑，一直做到手臂酸痛；你可以到海里游泳，游得越远越好，直到你不敢再往前；或者只是躺在草地上，仰望星空。没有人可以阻止你。"有千万条道路从未有人踏过——有千百座……生命的秘密岛屿从未被发现。即使是现在，人类和人类社会仍然无穷无尽，有待发掘。"[20] 每天，幸福的生活都在你的掌握之中——只要你愿意走出去，离开生活的日常，让世界在你面前绽放。但最大的问题是，我们缺乏走出去的意愿，意愿来自你自己的野心，哪怕是一丁点野心。你服从工作日的要求，所以你才早上 6 点起床，匆匆赶去上班，而外面那璀璨的日出，你甚至连看都不看一眼。

与自然接触并不需要我们付出太多。花 10 分钟时间走到外面，到花园整理一下花草，或者在早晨喝咖啡时，透过窗外看看云彩。把你的所见所闻告诉自己，就当是你晚上要跟朋友汇报一样。要找到吸引你的东西，让你离开平淡乏味的日常生活，这些东西让你觉得接下来的一天将是美好的日子。也许你之前耗费几个小时甚至几天都想不透的问题，忽然就豁然开朗了。恍然大悟可能就发生在须臾之间。

## 寻找珍奇贝壳：路径和目的地如何合二为一

在大自然创造的东西中，很少有哪一个比一种叫女神涡螺（junonia）

的贝壳更美丽了。女神涡螺属于涡螺科贝壳，主要栖息于墨西哥湾和加勒比海的深海之中，是很受欢迎的收藏品。只有在极少数情况下，特别是在猛烈的风暴之后，女神涡螺才会被海水冲上佛罗里达州南部的海岸。从我六岁、我哥哥八岁起，我们就一起寻找女神涡螺和其他贝壳。直到我读高中的时候，我们第一次找到女神涡螺，在那之后又找到了5个。算起来，我们在24年里找到了6个女神涡螺——这是相当高的成功率，我们也为此感到非常自豪。

在过去的这个冬天，我仔细检查了一遍我们收藏的贝壳。以往每找到一枚女神涡螺，我们都会忍不住疑问：女神涡螺为什么如此美丽？这次我又开始思考这个问题了。对此，一个常见的说法是因为社会惯例：因为别人觉得美，所以我们也觉得美。女神涡螺在收藏界备受追捧，我们当然也无法免俗，觉得它魅力十足。但是这个答案显得有点肤浅与其他没那么珍贵的贝壳相比，女神涡螺的外观并没有超出很多。亚当·斯密在分析为什么某些服装风格特别流行时，他提出了这种解释。他说，我们觉得某些服饰搭配特别有吸引力，比如长裤配腰带，只是因为我们见得多，习惯了而已。我们觉得，没有腰带就显得很凌乱，一点也不漂亮，那是因为我们受到习惯和风俗的影响，认为应该如此。

从社会惯例角度来对美进行解释，也有一定的道理。但是，按惯例来理解美，对应的是一种对美的主观性理解，这会让我们忘记了这样一种可能性：我们自己喜欢的东西，或“根据我们自己的品位”选择的东西，其本身就拥有一种**内在的**美，这种美向**我们**提出要求，渴望得到我们的解释。如果把对美的判断仅仅理解为主观品位，我们就会产生一种不利于自我成长的懈怠：什么东西让我们觉得美，并不需要我们费工夫去解释、去说明；既然如此，努力解释美的过程可能激发的感悟和自我认识也将与我们失之交臂。

传统意义上的美其实也可以证明，大自然中的事物，其本身就具有

**真正的**价值。对于这一点，尼采对金子的讨论就是一个典型的例子："请告诉我，金子是如何实现最高的价值的？因为它非同寻常而无用，发光而光泽柔和，它始终拿自己来做出馈赠。只有作为最高美德的写照，金子才有最高价值。馈赠者的目光像金子一样闪亮。金子的光辉锁定了日月间的和平。最高的美德非同寻常而无用；发光而光泽柔和：馈赠者美德就是最高的美德。"[21]从尼采的叙述中，我们在了解金子的同时，也认识了美德。金子的"价值"在于它"奉献自己"的方式——就像太阳把自己的光辉送给月亮一样。这种奉献是一种分享，在分享的过程中，馈赠者得到了保留，不会因为馈赠而耗尽。通过把自己的光辉送给月亮，使月亮照亮夜空，太阳在日落之后也能继续闪耀。因此，尼采发现，金子是一个形象，一个隐喻，象征着生命可能渴望的那种给予：在给予的过程中，馈赠者和接受者都得到了力量。只要金子的闪耀能唤醒和丰富我们对自我的理解，我们就不再认为金子只有传统意义上的价值。金子特有的光辉在馈赠的美德中得到体现。

就女神涡螺而言，我知道它的美与它异乎寻常的形状和图案有关。女神涡螺长三到五英寸㊀，壳体有优雅的螺旋尖顶，长度是宽度的三倍，颜色是非常纯正的米白色，装饰着深色斑点。与字母芋螺对比一下，就可以明白女神涡螺的特别之处。字母芋螺是很多收藏者喜欢的另一种贝壳，外观与女神涡螺类似，但比女神涡螺更为常见。字母芋螺的壳体呈倒圆锥形，壳体顶部或"鼻子"是一个细小的尖顶，从锥体的底部突出来。壳面布满橙褐色斑点，看上去像是象形文字，因此得名"字母芋螺"。在自然界，我见到过许多无生命的事物，字母芋螺是其中最直观的一种，只要你看到它，你就立刻能够明白它为什么叫这个名字了。其壳面上的斑点就像一封从遥远国度寄来的信，神秘的符号仿佛在邀请我们去解读。可以说，字母芋螺体现了一种"元意义"，它告诉我们，自然是需要解读

㊀ 1英寸≈0.0254米。

的。即使自然没有发出明显的暗示，只要我们多留心，多关注，我们也可以解释，可以得到感悟。这就是我们从字母芋螺身上学到的一个道理。

可以说，女神涡螺与字母芋螺比较相似，但是女神涡螺外观更为精致，其尖顶更柔和、更细长，与整个壳体连在一起，形成一个扁长的菱形体，通体光滑，中间最宽，两端渐渐变细。而且，女神涡螺的对称性更好（如果横向从中间切开，上下两边大致是对称的，这与圆锥体不同）。这代表了一种全局视野，也就是说，要在所有方面均衡发展。女神涡螺的斑点比字母芋螺更清晰、更明显，也更需要得到解读。字母芋螺已经足够特别，自然似乎又向前更进一步，创造出了女神涡螺。我相信，女神涡螺之所以如此神秘，很大程度上也是出于这个原因。

我在家里的门厅安装了一个展示柜，把这些神奇的贝壳摆放在里面。每当我看着它们，端详壳面上的图案，那些充满暗示的斑点总会让我产生新的感悟。当然，要真正理解它们的意义，我必须回到找到第一枚贝壳的情景。那是在凌晨五点钟左右，在海边一个随潮汐涨落的水坑里，就在大约水面一英尺[㊀]之下，我们发现了那枚女神涡螺。

我打着LED手电筒，看着海浪冲过沙洲，轻轻拍打着海滩的边缘，在水坑泛起阵阵波浪，一个白色带棕色斑点的贝壳在波光中闪烁着光芒，那是我们梦寐以求的图案！可是突然间，强劲的西北风把水面吹得涟漪阵阵，高功率手电筒的光线也无法穿透水底。让我心跳加速的图案消失在视野里，只剩下一片模糊的水影。棕白相间的图案一次次随风出现，又一次次随风消失。这一阵阵海风让我意识到，正是昨天的狂风掀起了白浪，深海的贝壳才得以被卷上海岸，在清晨退潮时露出了踪影。

我再次等着阵风消退，等着贝壳重新出现，我的心跳越来越快，就好像我已经握住引体向上的横杆，即将打破世界纪录一样。我在海水里已经走了超过一英里，时不时弯腰停下来，仔细察看捡到的各种贝壳，

㊀ 1英尺≈0.3048米。

双腿和后腰已经隐隐作痛。然而，在那一刻，我完全忘记了身体的酸痛。我们能否找到找寻已久的女神涡螺，成败就在这一刻。如果那真是女神涡螺，剩下的唯一问题是贝壳的状况——在海浪中翻滚数年后，它是依然完整无缺，还是已经磨出了疤痕。我深深吸了一口气，再用力呼出来，把手伸到水里，毫不费力地把贝壳挖了出来。

与其他值得收藏的贝壳不同，女神涡螺通常直接从深海中来，没有污垢、海藻或藤壶附着，不需要擦洗。唯一要做的清洗就是将其放入水中快速摇晃，把沙子洗掉。我已经不再需要手电筒的光线，此时满月当空，足以让我看清贝壳光滑无瑕的表面。但我还是忍不住打开手电筒，把贝壳仔细检查了一遍，以防万一。贝壳确实完好无缺，我感到十分满足。这是我苦苦找寻得来的奖品，我把它放进口袋里，抬头看看一望无际的海滩，让自己清醒一下头脑，然后重整旗鼓，继续寻找女神涡螺。(你已经找到一枚女神涡螺，但你不可能“见好就收”。就像所有美丽的事物一样，女神涡螺既能激发灵感，又能让人心满意足。所以，你一定会继续寻找下去，而且下一枚女神涡螺也一定有自己的光彩和故事。) 站在大海中扭头望向岸边时，我才注意到，椰子树和澳大利亚松树落下的长长的影子已经逼近我站立的位置。它们的树枝在风中摇曳，发出嘶嘶的声音。如果不是树林后面还有低矮的公寓，可以看到柔和的夜光，周围的环境可能会令人感到相当不安。

我和哥哥一直往前走着，偶尔在路边摘一朵条纹郁金香，或者捡一个闪电螺，直到远处开始出现黎明的微光。很快，炒蛋和咖啡的香气从前方海滩低处的一家酒店向我们飘来，很是诱人。酒店外有热水浴池，浴池冒着的水蒸气在召唤着我们，我们忍不住进去躺在按摩浴缸里好好休息了一阵子，一边温暖冰冷的脚趾，一边观看日出。黎明之前，海滩是我们进行伟大探索的地方。日出之后，海滩呈现出一幅悠然的画面：早起的海滩常客沿着海岸漫步，棕榈树叶随着微风轻轻晃动，在阳光中熠熠生辉。

今天，这枚女神涡螺与其他贝壳一起，静静地躺在展示柜里，看上去一如既往的遗世独立。我低头端详着它，看着它意味深长的图案，心里浮想联翩。我意识到，这个贝壳之所以对我如此重要，是因为我在寻找的过程中，很多力量都被汇集在一起，也正是这些力量的作用，我才找到了它。它就在那水坑里闪闪发光，而在我靠近它、触摸到它之前，我和我哥哥一起，要看透波浪起伏，要等待阵阵狂风吹过，要懂得前一天风暴的暗示。在我经过如此艰辛的旅途之后，它终于静静地躺在我的手中，散发着神秘的光芒。可以说，它就是一次艰难求索的体现，代表了一次冒险的历程，甚至象征着一种生活方式——只有过这样的生活，人才会想去冒险。我们拿到的奖杯、取得的排名，以及任何形式的成就，都可以从这个角度来理解。它们之所以重要，是因为我们经历过争取它们的旅途。拼搏的人生才是完整的，只有在拼搏中，我们的人生才能充分绽放。而奖杯、排名、成就的真正意义，在于提醒我们拼搏的历程。只有如此，它们才会继续闪耀，才能继续激励我们不断前行。否则，它们只能待在角落里吃灰，变得陈旧乏味，或者成为我们吹嘘的资本，但这样的吹嘘，人们很快就会不胜其烦。

在为目标奋斗的道路上，我们要牢牢记住：**旅途本身就是我们的追求**。如果急于宣告胜利，急于争取荣誉，我们很快就会变得不耐烦，失去沉浸在过程中的喜悦。每到这种时候，我总会停下来，回想那些年寻找女神涡螺的历程，其中的每一天，每一小时，每一次弯腰，都充满了生命的活力。有时候，我们眯着疲惫的眼睛，透过浑浊的海水，以为自己看到了女神涡螺，捡起来一看，却是一种斑纹与女神涡螺有点相似的蛤蜊。但即便结果令人心碎，经历的过程也充满意义。挫折和成功的喜悦是分不开的。正因为遭遇了挫折，当我们找到真正的女神涡螺时，我们才感到更加开心。路径和目的地是可以合二为一的。

## 幸福与幸运

哲学，至少是哲学的开端，是无处不在的。在我们每天的忙碌和思考之中，哲学已经给我们的思想留下了印记。因此，我们在书中读到哲学也不足为奇。即使某些人生道理“最初”出现在书上，其深意也不是我们一读到就能理解，或在经历之前就能懂的。相反，人生道理蕴含在日常生活的点点滴滴之中，是我们在最不经意之间忽然得到的感悟。

幸福是什么？幸福与旅途是什么样的关系？这些是我在本书中要探讨的问题，也是我在多年的阅读中不断思考的问题。在仲夏的一个傍晚，我刚刚结束了一次极其艰苦的跑步训练，这些问题忽然又在我的脑海里冒出来，仿佛是初次出现一样。在训练中，我已经全力以赴（至少我觉得如此）。但是，我也不知道为什么，那天下午我感到双腿特别疲惫，加上仲夏的炎热，我的训练表现并不尽如人意，跑出了“正分割”（positive splits）的结果，也就是后半段跑得比前半段慢。到达终点后，我仰面倒在地上，胸口剧烈起伏。我感到精疲力尽，躺在那里一动也不动，等着反胃的感觉慢慢退去。在那一瞬间，我莫名感到无比接近幸福。走出训练馆，我沿着每天走过的街道慢跑回家，我什么都不期待，什么也没想，心里只有一股混杂着一丝失望的自豪感，自豪是因为我拼尽了全力，失望是因为没有跑进预计的时间。忽然之间，幸福与我相遇了。沿着道路向前，我看到了一棵很大的树桩，树刚锯掉不久，截面很齐整。树桩的年轮有许多层，表明它是一棵很老的树，年轮的外层处已经长出了明亮的绿芽，叶子向着太阳伸展。显然，这棵古树的底部和根部依然强健，能够继续滋养新的生命——就好像它**自己主动**舍弃自己，为新的枝芽让路，迎接新的篇章。

古树是人类砍倒的，可能是镇政府找工人来干的。工人只是在完成自己的工作，并不会对砍倒古树这件事情本身多加思考，既然要铺一条新的自行车道，那就得把挡路的古树锯倒。但是，这棵古树仍然充满了生命力，无论在过去还是未来，都是如此。它曾经遭受灾难，但并没有被灾难击倒，而且重新成为**自己**的主宰，激励一切遭受如此灾难的同类。那天下午，我在训练中没有达到目标，希望的破灭让我内心平静下来，脑子暂时放空，没有期待，没有目标，放慢生活节奏。正因为这样，我在回家的路上才注意到这棵树桩。否则，按照我以前的节奏，我一定会匆匆走过，根本不会留意路边的事物。但是那天，我停下来了，站在路边看着古老的树桩，心中充满了敬佩，觉得自己也变得朝气蓬勃起来。

突然间，这一幕让我想起了我在希腊雅典的经历。一天傍晚，我想去健身房运动，但到了地方才发现健身房没有开门，原来老板要出去度假，健身房要停开两周，我感到非常沮丧。然而，正是因为这次的机缘巧合，我才开始喜欢上户外运动。那天傍晚，我真的很想运动，而健身的计划受挫让我倍感郁闷，一时冲动之下，我决定出去跑步，我要一直跑到城郊的一个陡峭的山顶上。在那之前，我从来没有连续跑步那么长时间，就算在跑步机上跑步，我也从来没有超过 20 分钟。我一直跑了半个多小时，终于到达了山顶。这一路下来，我一刻都没有停歇，除了偶尔躲避几只吠叫着朝我扑来的流浪狗（也许那是它们想跟我玩耍的意思，但我无法确定）。从山顶眺望雅典城，脚下是一片片白色的屋顶，远处是波光粼粼的爱琴海，景色十分美丽。我朝四周看了看，挑了两块最大的石头，每块都跟带壳的椰子那么大，然后做了一组训练肱二头肌的弯举动作，把每块石头举到肩膀的位置，再慢慢放下来，同时保持肌肉紧张。每一次重复都让我感到无比快乐，这种快乐堪比篮球运动员半场三分球命中或者 50 投连续得分的喜悦——在命中的那一刻，他们无比激动地庆祝胜利，握紧拳头大吼一声“来吧！”，更加跃跃欲试，只想再来一次投篮。多年以后，站在路边的树桩面前，我又一次感受到了同样的喜悦。我没有什么可庆祝的，但内心的感觉就像那天在山顶上怒吼一样。

那一刻，我一下子就明白过来了：那次不顺利的健身，回家这一路的慢跑，还有路边巨大的树桩——这一切都在告诉我一个人生道理：这些意料之外的快乐，以及困难和挫折带来的幸福，都是无法计划的，是突如其来的，所以幸福与偶然情况、与运气紧密相连，无法分离。古希腊人依照“有一个好的神灵伴你左右”来解释 eudaimonia（幸福）一词，其实是想传达一个我们早已忘记的真理：幸福就是一种幸运，幸运就是旅途的伙伴。

Happiness in Action

A Philosopher's Guide to the Good Life

# 第 5 章

# 与时间抗衡

目标导向型活动和自身导向型活动是两个截然不同的概念，这两种概念代表了两种不同的生活方式，与之对应的是两种对时间的不同理解。我们已经说过，以目标为导向的生活总是充满对未来的焦虑，要不断地往前看，要取得成就，要达成目标，而忘记了人生是一段旅途，应珍惜此时此刻，努力追求自我掌控、友谊和与自然接触三种美德。

对于这两种生活方式，我们可能会简单地以为，一种是狭隘地盯着永远不可能完全实现的未来，另一种则是开开心心地“活在当下”。在某种意义上，这种理解当然也是正确的，但它并没有完全抓住两者差异的核心。我们已经知道，在人生旅途中，要活在当下，就要直面不期而至的人生际遇，在历练中使自己得到成长，成为最好的自己。因此，旅途中的“当下”是一个**活动着的**当下，可以理解为未来与过去的碰撞，同时是未来与过去的相互构建。

未来是一个开放的世界，人生的各种际遇将不期而至。未来要表明的是，人生不是闭环，人不是在闭环中寻找意义；人永远在路上，不断地丰富对人生的理解。过去只是暂时的封闭，它已经融入人生旅途之中，推动人生走向开放和未知的世界。如果没有过去，没有由此启程并拼命抵达的“伊萨卡”，人生将会没有方向——人生只是零零碎碎的片段，因为已经支离破碎，所以就算发生再多不可预见之事，也不会有任何意义，这样的人生也就不属于任何人。如果没有未来，人的过去就只是冻结的生命，没有爱，没有渴望，没有活力。因此，在人生旅途的当下，未来和过去总要发生碰撞。

但是，人只有用心观察，决心坚定，才能让未来和过去互相作用。只有坚守承诺，使人生连成一个整体，才能在面对“下一个当下”时拥有开阔的视野，不断地发现自我。在回家的路上，奥德修斯遭遇重重磨难，要不是因为他对妻子、儿子和祖国的坚定承诺——以他的过去为动力——那他就无法通过开放世界的考验，克服航行中凶险叵测的新挑战。

如果没有面对挑战的机会，他也不会成为一个如此坚定的人。启程是一回事，抵达却是另一回事：为了回家，为了回到自己所爱的人身边，奥德修斯启程了；但为了抵达目的地，他必须抵挡住塞壬的诱惑，避开斯库拉和卡律布狄斯的攻击。

真正的“活在当下”使我们的生活有意义，让我们摆脱对未来的焦虑，不再纠结什么可能发生或者不可能发生。这种“活在当下”，绝非单纯地只看现在、不想未来，也不是被动地接受周围环境——就像冥想要达到的状态那样，目的是暂时把未来和过去都抛诸脑后。而旅途的“当下”既是启程，也是抵达，在抵达的那一刻，启程也有了全新的意义。

## 目标导向的时间：总是不够用

旅途的时间概念有一种独特的循环性（circularity）。通过与目标导向型活动的时间概念进行对比，我们可以更深入地理解这一点。目标导向的未来就是一种已经在望但尚未实现的状态——要实现的改革、要留下的印象、要拥有的经验、要维持的状态。在任何一种情况下，目标导向的未来都是一个尚未到来的现在。目标导向的人总是热切地期待未来，期待未来变成现在，但这样做本身就已经把自己与真正的未来隔绝开来了，因为真正的未来是一个开放的世界，各种人生际遇都可能不期而至，让人生经受重重考验。目标导向的人生只承认一种不确定性：设想的计划是否会实现。即便只有一种不确定性，我们仍然希望通过掌握达到目的的手段来将其消除。

目标导向的过去就是昨天的成就、收获、成功或失败，一个当时可能会这样或那样却已成定局的时刻——无论好坏，都已经渐渐远去。“忘记过去，继续前进”是目标导向型人生奉行的准则，用来提醒自己，只需要几天或几周，过去将不会再让人分神。在任何一种情况下，目标导向的过去都是一个已经到来的现在。在忧虑渐渐远去的过去，然后寄望于即将到来的未来时，目标导向型人生便失去了真正的过去，因为真正的过去会构成整个人生的一部分，为人生指引方向。

因此，无论是面向未来，还是面向过去，目标导向的时间始终都是**现在**。每一个时刻都是现在，或者是即将到来的现在，或者是已经到来的现在，或者是渐渐远去的现在。时间就像一列由无数个“现在”车厢组成的列车，每一节车厢都呼啸而过，驶向远方。这样的生活既是疾驰的，又是静止的。如此矛盾，怎么能带来幸福？一方面，我们等待的、希望的、争取的一切，在一瞬间到来，又在一瞬间消失，没有任何东西可以抓得住。另一方面，即将到来的一切都千篇一律，似曾相识，空洞无味。这样的生活既没有连贯性，也没有冒险性。

为了目标疲于奔命的生活是一种从期待到空虚不断循环的生活。如果陷入其中，形成了习惯，长此以往，时间就会变成一种对立力量，人也会变成时间的傀儡。我们总说“时间流逝”，就好像时间自己会移动一样，而且会带着我们一起移动。有人正紧张地准备完成某个项目，但由于晚餐时间到了或者某些任务干扰，工作被打断了，他无奈地说：“时间不等人啊，一天的时间根本不够用。”其实，时间之所以不够用，正是因为他的人生以目标为导向，因为他总想加快进度，希望项目提前完成，却不得不为其他事情分心。

但是，如果忘记了人生是一段旅途，忘记了在目标导向的生活方式之外还有另外一种生活方式的话，我们就不会明白，时间不够用的原因其实在于我们自己。时间似乎是一种分配好的份额，是一种稀缺资源，要好好管理和计算，以免耗尽。

钟表被视为所谓的客观的时间衡量标准，它的出现也是目标导向型活动的自然产物，完全符合目标导向的“手段–目的”思维。衡量时间，或者说，把时间理解为可衡量的东西，只有从一个目的在自身之外的活动的角度来看才有意义。如果一个人是为了活动自身而参与活动，把参与活动视为一次探索和发现自我的机会，那已经过去多少时间的问题甚至不会出现。

无论在何时，如果我们发现自己因为时间不够用而焦虑不安，那我们一定已经迷失在目标导向型活动中，忘记了旅途本身的意义。即便是我们对衰老的理解也完全出自一种目标导向的思路。我们往往认为，人都会老去，这是不可避免的。但是，我们都想逃避衰老，因为我们觉得自己老去之后，某些目标就无法再实现。我正在衰老，对此我是知道的，比起以前，如今我在锻炼之前必须做更多热身和拉伸动作。假以时日，我将会变得“太老”而无法参加体育比赛、无法生孩子，无法达成一些里程碑似的目标。

无论在何时，只要我们觉得自己正在衰老，我们就已经将自我的意义局限于完成某一个或某几个任务的能力，而能否完成那些任务就变成了判断我们年龄的标准。如此一来，我们就忘记了真正的自我，那个能够坚持立场、建立友谊、通过解释自然并实现自我掌控的自我。对于这些活动，我们永远都不会太老。只有当我们只知道追求目标，一心只想着目标，无暇顾及自身导向的生活方式时，我们才会相信，衰老是一种不可避免的状态。

## 找回自己的过去：成熟之后变得更年轻

只要我们记住人生是一段旅途，把每一次人生际遇都视为一次巩固内在承诺的机会，使我们的人生连成一个整体，那么时间就永远不会仅仅是一连串的时刻，生命也永远不会仅仅是从青年走向老年的进程。无论未来带来什么，对我们来说都是一个机会，让我们重新理解我们已经走过的生活。

我们再看一看奥德修斯的人生轨迹吧。回到伊萨卡岛时，他是不是比出发去特洛伊时更老？我们依据常识会回答说：当然更老，他的胡子更白了，脸上的皱纹更多了。但是，如果我们设身处地想一想，想象自己和他一起航行，我们这个看似明显的判断就不再是自明之理。奥德修斯是一名忠诚的丈夫、父亲和统治者，他历尽千辛万苦，终于回到了伊萨卡岛。在某种吊诡的意义上，他反而在旅途中变得**更加年轻**。他遇到了种种磨难，而在克服磨难的那一刻，就是他变得相对年轻的时刻——相对于他的过去或者启程的时刻更加年轻。在奥德修斯与巨浪搏斗、与海妖周旋的时候，他身上的一切都是确定的，因此属于他的过去，但这并不是说，他的过去只是一个曾经的时刻，然后被一个从未来呼啸而至的现在取而代之。他的过去是一股促使他踏上旅途的力量，是一种自我形象，正是因为这个自我形象，他才有了坚定的决心，才能避开斯库拉和卡律布狄斯的攻击，抵御海妖的召唤，逃离卡吕普索的欲望魔掌。当奥德修斯勇敢地面对未来的冲击时，他的过去也在不断更新迭代，而且每一次更新都会融入下一次更新。

从这个意义上说，过去的位置是矛盾的。奥德修斯的过去既在他身后，又在他身前。对于身后的过去，他保持忠贞、坚守承诺，他身后的过去也推动他继续前进。而他身前的过去是一个尚待决定的时刻，取决于他如何与未来发生的一切事物对抗。最后（所谓的最后），奥德修斯热爱的故土并不是简单的故土，而是他抵住难以想象的考验和诱惑、历经千辛万苦才能抵达的故土——也是他当初离开的那个故土，但因为他在海上漂泊十年的磨难，故土对他的意义已经远非当初离开的故土所能及。

纵观奥德修斯这段人生历程，我们可以说他更老了，因为他变得更成熟，更睿智，更懂得自我掌控；也可以说他更加年轻，因为他终于懂得了他过去所经历的一切的意义，而过去的意义是要等到抵达未来时才会昭示的。无论从哪个角度来看，我们都会发现，旅途的时间与单向的时间概念背道而驰。单向的时间概念对应的是目标导向的人生观，在履历表、时间表里十分常见。而在旅途的时间概念里，时间不是单向流动的，而是循环回归的，这种回归并不是回到最初的原点，而是到达一个从未到过的地方。

## 不存在“没有我”的过去和未来

我们要深刻地认识旅途的时间概念，不仅可以通过对照目标导向型活动的时间概念，而且可以将其与斯多葛学派的循环概念进行对比。我们记得，斯多葛学派敏锐地意识到，人类是脆弱的，成就转瞬即逝。它建议，我们应该沉思自然，在沉思中得到慰藉。它所理解的自然就是四季更替，是原子的组合和消散，融入永恒的宇宙循环，世上万物都是由原子构成的。斯多葛学派认为，从这样的角度来看，我们就会发现，时间总是回到同一个原点。既然如此，我们就能够理解，这个世界在某种意义上是永恒存在的。虽然我们可以生活、奋斗的人生十分短暂，但我们可以从另一个角度来看待自己，把自己当作永恒的宇宙循环的一部分。

现在，我们把斯多葛学派的时间概念与旅途的时间概念放在一起来看。相比之下，旅途的时间概念更能体现对生命的肯定。我们要追求的永恒并不存在于客观自然的无限循环之中，而是存在于某种生活方式。在这种生活方式里，人在奋斗中认识生命的意义，生命就是不断启程、不断回归自我的旅途，每一次回归都从一个全新的视角去审视自我。这样理解的永恒既不是一个重复自转的圆，也不是一条无限延伸的线，而是一个向上的螺旋，意味着我们不断地在每一次冒险中重新认识自我。

我现在过着的这段人生就是一段旅途，我的人生包括我的每一个“以前”，而且每一个“以前”都在我的身前，无论我考虑的时间范围有多广，都是如此。我甚至可以说，“以前”是远在我出生之前的“以前”，例如荷马时代的古希腊或者古雅典时期。要说古希腊、古雅典时期已经远在我身后，那只是一种肤浅的认识。只要奥德修斯的故事或者苏格拉底的生活仍然是一个值得探索的议题——在我的人生遇到挑战的时候，我仍然从他们的人生故事里得到启迪和感悟——那就毫无疑问，他们的生活既在我身前，也在我身后。我甚至可以说，在我身前的他们离我如此遥远，就算我以最大的努力，做出最好的解读，我也难以触及他们。

如果我们把时间的范围扩大到人类尚无文字记载的"史前"时代，或者形成原始海洋和陆地的那次火山爆发所处的时代，或者恐龙时代，或者任何一个远古时代，我们都会得出同样的结论。这些时间既在我们身前，也在我们身后。如果我们要将这些过去概念化，让它们进入我们的理解范围，我们也只能通过将自己置于其中来理解它们，想象我们会如何应对，想象那时的生活是否会在某些方面比现在更好或者更容易。因此，要理解过去，只能通过思考过去与现在的关系，甚至思考过去与未来的潜在关系。

即使我们并非像电影《侏罗纪公园》(*Jurassic Park*) 的精彩刻画一样，有意识地将自己置于以前的时间，在我们"客观地"描述"那时"的情况时，我们使用的术语、总结的特征，也在无形中将自己置身其中了。因此，有些进化理论总会假设人类出现之前的时间——无论是回到新石器时代，还是回到宇宙大爆炸时刻——这样的理论终归是有点目光短浅。它们都将人类客体化为与其他物种的关系，或者将人类置于可以通过产生和生长来观察的物理秩序之中。这样的理论忽略了生命的力量（living force)，首先面对一个客体，然后用"大爆炸"和"人类物种"这样的术语来描述这个客体。但是，只有以研究者专注投入的人生为承载，这些术语才有意义，才能被理解，而研究者的人生是一段同时具有封闭和开放特征的旅途。归根结底，所有以前的时间都是过去和未来的统一，而过去和未来的统一，则就是我们要投身的现在。

所有未来的时间也同样如此。一切的过去都需要我来解释，留下我的印记，未来也是一样。没有我的解释，没有我留下的印记，那就没有任何未来。我想象遥远的未来会发生什么事情，在我离开人世很久之后，世界会变成什么样子，在我想象的那一刻，我已经到达未来，我作为解释者在未来时刻的存在，就像我此时此刻的存在一样。我向别人描述一个没有我的世界，通过对话向他们解释，让他们理解那个世界——我的描述和解释都带有我自己的想法和观念的痕迹，隐含着我对如何生活的理解。因此，未来属于我，我也属于未来，即使我没有刻意想象未来，我和未来的关系也是如此。

斯多葛学派为了证明人类在地球上的生活是徒劳的，设想出一种非常可怕的情况，我们可以想象一下那是什么样的状态。正如塞涅卡所说，那是一个“恒星相撞”的大灾难时刻，或者我们可以说，到了那一刻，太阳的氦闪将把地球吞没在火焰中。如果发生这种情况，就是世界末日了吧。但是，我们之所以会觉得那是世界末日，只是因为我们有一种先入为主的观念，即世界是一个成形物质的产物或者实例，在分崩离析之前，其形状能够维持一段时间。这是以工匠的目光看待世界，是一种超然的、目标导向的视角，就像工匠看着自己业已完成的作品，希望作品一直维持原样。面对这种可怕的情况，工匠视角只能看到末日或者终点。但是，如果我们把人生视为一个整体，把生活的每一个时刻都视为人生的组成部分，而且人生必须在灾难面前不断地自我救赎，那我们就会给出截然不同的解释。从这个角度来看，所谓的世界末日根本就不是一个末日，而是一种混乱的状态，需要再次形成统一，只是一切还有待确定，就像俄狄浦斯的人生一样，就算分崩离析，也依然存在救赎的可能。因此，我们**现在**投身其中的生活，我们对存在的意义所采取的立场，都会汲取和融合我们前方的一切，无论在我们前方的是过去，还是未来。

## 每一次连续事件都与旅途的时间概念一致

旅途的时间概念具有看似矛盾的循环性，所以我们仍然可能觉得这种时间概念只是一种主观感知，与“真实”或“客观”的时间并不一致。为了避免这种误解，我们可以看看这种循环如何使最显而易见的连续事件成为可能，并构成我们对世界的实证经验的基础。比如，我们看到一道闪电，在片刻之后听到雷声。我们说雷声紧随着闪电，因此我们得出结论：第一个时刻的闪电是因，第二个时刻的雷声是果。但是，连续事件以及由此得出的因果关系，并不是实际情况和我们体验的全貌。两件事件之所以看上去连续发生，只是因为第一个事件发生的那一刻就预示着第二个事件的到来，而第二个事件又反过来兑现了第一个事件。一旦我们看到闪电，我们就会听到随之而来的雷声，即使雷声还暂时无法听得见，甚至我们还没有刻意想到雷声会随闪电而来。一旦我们听到雷声，我们就认为它是属于闪电的，是同一个现象的延续和展开。在我们的经验里，闪电是一个独特的事件，闪电总是以令人生畏的可怕方式突然登场，除此之外，我们对闪电的经验还有一个不可或缺的组成部分：对雷声将随闪电而来的预期。但是，这也意味着雷声并不是随闪电而来的，而是始终与闪电在一起，以伙伴的角色登场的。只有与闪电合作，成为闪电的同谋，雷声才能成为真正的雷声。因此，第二个时刻不是紧跟在第一个时刻之后，而是从一开始就已经属于第一个时刻的范围之内了。第一个时刻不是发生在第二个时刻之前，而是第二个时刻的一直存在的伙伴，因为第一个时刻的预期，第二个时刻才得以存在和展现。但这“两个”时刻从来不是简单的两个时刻——先来一个时刻，然后来另一个时刻——而是一个单一时刻，其内部包含两个迥然不同但相辅相成的事件。

如果没有这种互相构成的关系，连续将毫无意义，我们也无法进行抽象化理解，将一个事件视为原因，将另一个事件视为结果。如果我们看到闪电的那一刻，没有产生“雷声是闪电的补充，闪电同时响起雷声”的预期，或者在闪电之后没有哪个事件是与闪电一样庄严肃穆、令人生畏的，我们也许已经被淹没在无数种事件中——毕竟很多事件都可以说是在闪光之后发生的。因为存在无穷无尽的其他事件，我们就没有任何依据将雷声与我们先前感知到的闪电联系起来。闪电之后将会发生什么事件，在某种程度上是确定的，但也存在“这次可能是别的东西”的可能性，只有如此，我们才能发现或者确认，闪电之后发生的事件确实是雷声。而且，正是因为闪电的闪光在雷声中得到保留和重新解释，我们在回想时才能意识到，雷声之前发生的事件确实是闪电。

一个人此刻听到雷声，他一定要把雷声与刚才看到的闪电联系起来。从这个人的视角出发，我们也可以得出同样的结论。我们此刻听到了雷声，如果光靠记忆去回想雷声之前发生的所有事件，从中找到一个可以跟雷声联系起来的事件，那我们就可能完全不知道我们的记忆要抓住哪一个事件。就算我们的记忆偶然发现了闪电这一事件，重现了感知闪电的经历，试图将闪电与我们此刻听到的雷声联系起来，我们也会面临这样的风险：我们的记忆越生动，我们就越会将自己的心理重现与实际发生的事件混淆起来，因此失去了确认闪电是在雷声之前还是之后发生的任何依据。光靠记忆来恢复发生在过去时刻的事件，然后将其与我们刚刚感知到的事件联系起来，这种做法忘记了一点：**所谓过去，就是曾经存在，但如今已经不存在了**。在回忆过去时，我们应该将过去理解为**未来的预兆**，未来到达我们的身边，便成了现在，现在反过来给过去打上不可磨灭的烙印，因此不可能再回到原来的过去。只有从这个角度来理解，过去的时刻才可能给人一种历史感，过去的时刻是不再存在的，而且是独一无二、不可替代的。

因此，我们在日常生活中看到的很多看似不言而喻的连续事件，它们之所以成为连续事件，是因为时刻之间存在相互关系。旅途的时间概念具有封闭性和开放性，从旅途角度感知的时间更能体现时间的本质。没有这种时间感知为基础，我们就无法真正理解连续事件，也就无法理解以连续事件为基本构成的因果关系。如果无法理解因果关系，我们对世界最基本的科学认识就会进退失据。

在人生旅途中，活动着的自我也同样具有开放和封闭两种特征，可以贯穿任何时代，无论是对于过去还是未来，活动着的自我都可以触及和解释，从中汲取养分，获得感悟。这一点对于我们如何理解生命和死亡具有重大影响。我们已经开始明白，死亡不能简单地理解为生命的终结或者对生命的否定。如果我们把死亡视为生命的终结，那就说明我们有一种先入为主的看法，即把生命理解为意识的存在，而意识终有一天会离开这个世界。这种对死亡的理解忽略了一点：世界是意识的基础，因为世界能够激发人的解释力，也渴望通过人的解释得到表达和体现。意识总是以关注和回应的方式与世界交融在一起。

认为人的意识从一出生就进入世界，在世界上停留一段时间，然后离开这个世界，那就是把人的自我局限在由一连串时刻构成的列车中，在不停地追逐一个又一个目标的过程中逐渐迷失自我。但是，如果生命在本质上是自我和世界相互作用的结果，相互作用的形式同时具有开放和封闭两种特征，那就不会出现生命停止存在的时间。死亡不可能是终结，原因很简单：以旅途为导向的生命在其自身之外没有终点。不过，我们还是需要重新探索意识与自我、自我与世界、活动与时间的关系。接下来，我们将从“终结”的概念和死亡的意义入手。

## 重新思考死亡的意义

人们通常不假思索地相信，死亡是生命的终结，是一个人作为在地球上的存在结束的那一刻。由此便产生了“死后可能会如何”的问题——

自我或灵魂是被消灭，还是继续存在于其他地方，如果存在的话，自我或灵魂可能遭受什么命运。这些都只是可能性，是我们无法确定的，而不确定性总令人不安，所以我们害怕死亡，而且我们无比留恋正在过着的生活，因此我们总想找到防止生命“终结”的方法，竭尽所能地推迟生命的“终结”。我们觉得，如果晚死或者老死，我们的生命就可以活得更充分，比起在生命成熟之前过早地死去，晚死或者老死总是更好一些。但自始至终，我们都没有仔细探究所谓“终结”到底有何含义。我们讨论着一个早晚都会到来的终点，无论在生命成熟之前还是在之后，生命的终结都不可避免。但是，我们没有意识到，在这样的讨论中，我们已经用目标导向的术语预设了一种对生命的理解：生命是某种状态的延续，即意识在世界中持续存在，意识存在是获得体验的必要条件，生命因获得的体验而逐渐变得充实。这种目标导向的生命观和死亡观都没有考虑到自身导向型活动的重要作用。

从自身导向型活动的角度来理解，生命在到达巅峰和极限时就终结了：到达巅峰的那一刻是终点——巅峰是生命追求的目标；到达极限的那一刻也是终点——极限是可预期的、可知的终点。这就是“终点”的两重意义，难道不也是死亡的意义吗？

我们说，死亡终有一天会降临在我们身上，那是最后一次不期而至，我们整个自我身份都将岌岌可危。到了那一刻，还有什么比直面终极更有意义的呢？“死亡”只不过意味着一个开放的世界，处处是莫测高深的谜题。可是，我们正在过着的生活周围也是一个开放的世界，处处也是莫测高深的谜题。

由此可见，死亡并不是生命的对立面或对生命的否定。死亡也不是从外面降临的，我们有时候会把死亡刻画为死神的形象，身披黑色斗篷，手持镰刀，阴森森地向我们逼近。这种对死亡的病态人格化形象实际上会让我们更熟悉死亡，把死亡理解为一个可怕的存在，在我们生活的世界就可能遇到。我们将死亡置于这个世界，说明我们忽略了一点：死亡本身就属于这个世界——世界的意义与死亡相关，而我们通过解释世界，才成为真正的自我，因此我们存在的意义也跟死亡相关。

同样，把死亡视为“意识的消亡”也会让我们更熟悉死亡。“意识的消亡”这种概念可以通过我们可见、可触摸、可直接体验的事物来理解，比如火的余烬熄灭了，或者一口寒气、一缕青烟，它们在空气中停留了一会儿，然后就消散了。这些现象进入我们的意识，我们就会产生联想，觉得意识本身也可能遭遇类似的命运。我们进一步把这种命运理解为对虚无（nothing）的“体验”。在我们的想象中，这种“虚无”就是我们眼前的实体不断减少，直到所有事物全部消失，我们便进入空洞的黑暗之中——所谓“虚无”只是我们熟知的事物不再存在，也没什么神秘可言。

这种死亡观有诸多欠缺：在某种程度上，我们熟知的一切事物的意义都与死亡密不可分；死亡不是从一个我们本身以某种形式存在的世界离开，而是我能看到的、触摸到的、考虑到的一切的意义和重要性的转变；因为死亡的破坏，我们自己的身份和世界本身都处于悬而未决的状态。只有这种意义上的死亡观才符合我们对死亡的种种断言，比如死亡是“不可避免的”，是“不可逆转的”，是“彻底的”，是“神秘的”。而且，这种死亡观只能从旅途的角度出发才能真正得到理解，即人生是一段无限的旅途，我们要积极投入其中，生命并不是静止的“存在”，而是动态的“生成”，除了自身之外，“生成”就再无其他目的。

在思考死亡问题、理解死亡概念的过程中，我们有时候会承认，死亡会影响我们的整个自我身份，而且在某种意义上，死亡会破坏事物的**意义**（不只是破坏事物的物理结构）。如此一来，我们退回到以时间为基础的“意义”的理解：所谓意义，就是事物随着时间的推移而兴衰盛亡。比如我们看到的物理实体只是暂时存在，最终还是归于分崩离析。同时，我们又把破坏理解为某种现存事物的瓦解，比如玻璃落在地上裂成了碎片。从这个角度来理解死亡只会让我们对死亡的讨论彻底陷入混乱。

我所说的这种混乱的例子并不难找。在一部专门讨论死亡的意义的作品中，作者为了说明死亡与生命意义的关系，描述了以下的思想实验：

> 我曾经给一群高年级的本科生上过一门关于死亡的讨论课。第一天上课，我让学生把书都放到一边，拿出一张纸、一支笔。然后我要求他们在纸上写下四五种他们生命中最重要的东西，写完后把纸折叠起来。我向他们保证，没有人会看到他们写了什么。他们写完后，我让他们把纸折好再递给我，这样我就看不到纸上写的内容了。我告诉他们，我对他们写的东西并不感兴趣，让他们大可放心。重要的是他们每个人都知道自己在纸上写了什么，每个人都把自己写了什么放在心上。全部交齐之后，我把所有纸张整理成一小叠。我让他们把注意力集中在纸上，集中在他们所写的内容上。然后我拿起那一小叠纸，慢慢地撕成了碎片。我告诉他们，这就是他们每个人——我们每个人——需要面对的事情，这就是我们必须竭尽所能去理解的东西。[1]

这段对死亡的描述最突出的不是这样一种虚无的观点——死亡是对意义的毁灭，死亡本身没有意义，而是它极其庸俗。死亡要否定的所谓的“重要的东西”，就只是摆在我们面前的物理实体——那一叠纸；所谓否定，就是纸张被撕毁，这一刻纸张还在，下一刻就消失了。因此，死亡的神秘性和彻底性被简化为一种完全已知的可能性，可能降临在任何可见、可触摸的事物之上。就其本身而言，意义或“重要的东西”，其基础是一个目标或一种存在状态，是从这一刻到下一刻要获得、保持或维护的东西，但随着时间的推移一定会毁灭。这位教授完全忽略了意义与活动、解释、对话的关系，以及这种活动所蕴含的特殊时间概念。

他对学生所写的东西不感兴趣正是这种疏忽的表现。他只要求学生把自己写的东西“放在心上”——这个要求体现了一种我们熟悉的偏见，即意义可以充分表现为一种心理状态。但是，如果学生写下的东西并不是教授以为的事物，比如“我的家庭”“我的朋友”“我的宠物狗”等，而是从**活动**的角度来看才有意义，但从实体的角度去看却很容易误解的议题——自己最喜欢的诗句，或者是一个问题，或者只是“哲学”一词，或者是苏格拉底的论断“未经审视的人生不值得一过”——如果是这样的话，那又该如何解释呢？在本章接下来的讨论中，我们将继续探讨这些议题与时间的关系，分析解释和自我理解等问题的时间特征。不过，根据我们前面已经讨论的内容，我们应该清楚，这些议题与时间的关系完全不同于目标、制成品以及持续或消失的世界状态与时间的关系。我们如此轻易地、不假思索地将意义与目标导向型活动等同起来，说明我们已经深陷于某一种世界观，这种世界观让我们忘记了人生是一段无限的旅途，忘记了旅途和时间的特殊关系。

死亡是最终会降临的事件，但不是现在，而是以后（希望是很久以后）——这种死亡的概念既不能体现死亡的神秘，也无法反映生命的无限。理解终将到来的生命终点有很多种常见的方式，比如将死亡视为肉体的毁灭、意识的消亡。对这些理解方式进行分析之后，我们发现，这些我们熟悉的对死亡的理解无法容纳或涵盖生命本身具有的一种活跃的解释力。在人生路途中，我们度过的每一个时刻、坚持的每一个立场、提出的每一种解释都在告诉我们，生命的意义**远远不止**一个人的身体“在”这个世界的存在，**也不仅仅是**感知事物的主观意识的存在。这“远远不止”的东西不仅在肉体的毁灭中幸存下来，而且在面对死亡时还能重新申明自身的意义。在深究这“远远不止”到底是什么之前，我们先来看看，从意识的角度来认识自我有哪些不足之处。

## 意识是已发生的人生旅途的产物

如果死亡就是意识的消亡，那定义生命的一定是意识。但我们越研究意识，就越发现意识只是生命的一种可能性，而且往往是一种肤浅的可能性。

我们可能会注意到，我们越是真正地活着，越是热情地、彻底地投身于体现自我身份的活动之中，我们就越少意识到自身的存在与我们所从事的活动是互相分离的。有时候我们也会有所意识，但与我们**正在做**的事情本身就隐含的自我理解相比，意识的内容往往是微不足道的。比如说一个棒球运动员在比赛中站在中外野准备接球，他有意识的注意力可能会放在一些毫无意义的东西上面，例如某些空洞的流行歌词，或者他午餐吃了些什么。他巧妙的接球动作并不属于有意识的注意力，这说明他拥有一种已经融入身体的实践知识——既是关于世界某个方面（棒球运动）的知识，也是一种自我认识——他对棒球比赛该怎么打已经“了如指掌”，因为他的职业是棒球运动员，同时他也投身于一种生活方式，投身于他的人生旅途，棒球在这个旅途中占有一席之地。

再比如网球名将拉斐尔·纳达尔，即使他在重大赛事的决赛中惨败，在走下球场时，他还是会停下来给球迷签名。我们很容易就能想象这样的情景：他的忠实球迷在场边等着他，急切地把黄色网球递给他，他在球上签下自己的名字，但心思已经飘到别处，也许在反思刚才那场令人心碎的失败，也许只是期望能在更衣室里静静地休息片刻再去面对媒体的采访。但是，在这种情况下，他仍然给球迷签名，他的行动可能已经完全脱离了他的意识，说明他确实具备独有的美德和智慧。他展现出自己的美德和智慧，现场的所有人都可以对此给出自己的理解和解释，并且将这种美德和智慧也运用到自己的生活中。

无论是参与棒球比赛还是做其他事情，我们总是认为，投以明确的、集中的关注是最好、最周全的做事方式，我们甚至认为这就是理性的精髓。但是，我们要想到，真实情况恰恰相反：我们理解事物的方式首先是与它们打交道、与它们接触，而不是思考它们。而且，我们对于自己沉浸其中的事物的思考，也就是我们对它们的有意识的认识，很少能够真正地反映它们的意义。

我们生活方式的一些重要特征，对我们的自我身份起到决定性作用，但它们往往不在我们明确关注的范围之内，虽然我们可以通过刻意的思考让它们进入我们的意识。有时候，我们的脑海里总是回响着某一首可笑的歌曲挥之不去，我们觉得这就是意识。但是，这种对意识的简单化理解对意识是不公平的，因为明确的关注和自我反思可以帮助我们更好地进行自我掌控。通过明确的、刻意的思考，把事情想透彻，在阐述我们从事的活动和自我身份时，我们就可以更加挥洒自如，阐述的内容也可以更加精彩，更能打动人心。要是有人问我们为什么以某种方式而不是其他方式行事，或者有人赞扬或者批评我们某一个无意间做出的举动时，我们可能会有意识地反思自己的行为。但是，如果我们用语言把自己的行动表达出来，那跟我们在一起的所有人都可以对此进行解释和拓展。换句话说，在阐述我们的行动时，我们并不是将自己内心的想法首次展现给所有人看，而是表达我们对生活的某种看法，这种生活是显而易见的，可以从许多角度进行解释。因此，无论意识多么有启发性，它都是我们解释生命意义的产物。

决定我们人生的是我们的行动、叙事和解释，尼采用一个鲜明的对比说明了这一点：我们对自身意义的**意识**，并不比画布上的士兵对他们正在进行的战斗的意识更强烈。[2] 他们并没有意识，然而，他们在画布上的行动体现了一种意义，无论谁看到这幅画，都可以对这种意义进行解释。尼采认为，定义人的是活动和叙事，而不是意识。

更确切地说，意识本身就是一种活动的形式——与你意识到的事物接触——比如某个观点吸引你的关注、引发你的思考，或者你遇到了困境，不得不开始思考。但这也说明，在“我的而不是你的”的意义上，意识从来不是只属于“自己的”。意识总是共同意识，因为激发我思考的观点和困难，所谓的他者也同样会遇到，也同样在思考。只要我们在任何一个方面意识到我们自己、意识到我们的世界，我们就会意识到，我们是某种意义的解释者，而这种意义并不仅限于“我们自己的”主观表述。

有人说，共同经验也有局限性，无法解释某些完全主观的意识，比如疼痛。我的脚趾戳伤了，那种疼痛除了我自己，没有其他人能感受得到。但是，说我脚趾痛或者我头痛，这种谈论疼痛的方式忽略了共同活动的重要意义——我感觉到的是**哪一种痛**，我对此应该如何反应，这些都是共同活动决定的。主观主义的疼痛概念或任何感觉的概念，都默认是一种被动体验的本能知觉，而不是一种需要言明、处理并采取行动的提示。这种疼痛概念不能解释我们的疼痛感知有时并不符合实情，直到我们知道这种疼痛与某种活动有关，认识这种疼痛的表现，我们才真正明白自己的疼痛实际上是属于什么性质的疼痛。例如，在激烈的一英里赛跑中，人感受到的疼痛——肺如火烧，腿如灌铅，极度疲乏——可能是一种激励，让我们克服身体不适，奋力奔跑，继续前进，也可能是一个信号，让我们稍稍省点力气，为比赛最后阶段的“冲刺”保存能量。这种情况下的疼痛是一种可以预料的、需要克服的阻力，与意味着受伤的疼痛不仅强度不同，而且特征不一样。受伤的疼痛是突如其来的、失衡的。在许多情况下，受伤的疼痛可能没有疲劳带来的疼痛那么强烈，但受伤的疼痛不会激人奋进，只会让人感到麻木。受伤的疼痛促使人停下来，以便身体恢复正常，避免进一步受损。可见，疼痛的性质是由疼痛产生的情况决定的。

这也说明，疼痛不是私人的、主观的——只有我这个体验疼痛的人才可以感觉到——因为疼痛产生的情况涉及共同理解的问题。我们很有可能会误解疼痛产生的情况，因此也误解了自己的疼痛。这经常发生在初入门的运动员身上，他们把竭尽全力的正常感觉误认为是很严重的疼痛，在应该奋力坚持的时候却退缩放弃，或者把受伤引起的疼痛当作“没什么大不了的”事情，在应该停止训练的时候却硬撑着坚持。只有听了教练的解释，了解不同情况下的疼痛感，运动员才能开始认识到疼痛的本质。说到底，疼痛在本质上也是一种共同活动。

意识的根源是共同活动，不是自主现象，这一点也深刻地影响着我们对生命和死亡的理解。如果生命只是一个独特的主体或意识中心在一段时间内经历各种体验（快乐、痛苦、胜利和失败），那我们把死亡理解为生命结束的时刻也是有道理的。我们也可以想象一种单纯的存在状态——一个认识事物并积累“体验”的意识的存在——突然被扰乱或切断。但是，如果生命的意义在于努力追求连贯性，那么死亡就不可能是一个终结点。一个故事无论是写在纸上，还是通过某种生活方式展示出来，无论故事的主人公是否真的活在地球上或者意识到故事的意义，这个故事本身都拥有完整性和力量。

如果我们认为，死亡就是肉体的毁灭或者意识的消亡，那我们就必须同意，一个人的生命在死亡时结束跟一个故事随着书写故事的纸张被毁灭而宣告结束没什么两样。而生命和故事都会继续给参与故事的人带来启迪和感悟，有些人是直接参与者，比如故事中尚在世的人；有些人是间接参与者，比如虽素未谋面但被其故事打动的解释者。

也许没有人记得故事中具体人物的名字，在几代人过去之后，这种情况几乎是不可避免的。即使在这种情况下，故事本身——对于人生的意义所坚持的立场——也会重新出现在后来人的行动之中，后来人也会在自己的时代，以自己的方式坚持类似的立场。要是柏拉图没有写下苏格拉底的故事，我们无法直接得知苏格拉底在追求哲学时展现美德的确切情况，但我们仍然可以在很多人身上看到类似苏格拉底的人生立场——活动决定人生的意义，包括电影《美丽人生》中的那位既达观，又坚守承诺的主人公。他们完全不知道这个名为苏格拉底的人，但是他们在生活中却展现出苏格拉底式的美德。选择过一种以美德和自我完整为方向的生活就是参与一项超越意识界限的追求，其意义不是肉体的来来去去所能及的。

肉体毁灭的死亡甚至也可以成为作为叙事的生命的组成部分，苏格拉底和《美丽人生》主人公的故事已经证明这一点。如果死亡能够昭示一个人所坚持的立场，如果死亡能够表现一种自我掌控的生命活力，那死亡就是生命的巅峰，而不是生命的终结。在希腊语中，表示“死亡”的词是 teleutein，意思是“达到目的”，带有“巅峰”的含义。我们说起苏格拉底的为人，说起他在我们生活中的榜样作用，我们一定会说到他甘愿为哲学赴死的精神。他的审判和处决是他的故事里至关重要的一部分。

并非每个人的死亡都能引起如此强烈的共鸣和个人感受。即使是苏格拉底的死亡也可能是被柏拉图高度风格化了。许多平凡或意外的死亡事例提醒我们，我们的自我身份能够超越我们在地球上的物质存在。一旦人们像我们说的那样“离开”，不再直接体现在我们曾经称之为“人”的身体上，我们就会意识到，我们想念他们，不但想念他们在我们身边，而且想念他们特有的举手投足——迷人的眨眼、动人的微笑、独特的步态、抚慰人心的声音，可是这一切再也不会出现在我们面前了。但是，这些举手投足是有意义的，我们要对它们进行解释。只有理解它们的意义，我们才会懂得它们对我们有多重要，甚至会让我们难过得闭上眼睛。虽然举手投足是通过身体表现出来的，但它们传达的意义远远超越了身体本身。

人故去之后，我们向他们致以悼念时，可能会赞颂他们特有的言行举止。其实，在他们活着的时候，我们就已经在这样赞颂了。也许在我们讲故事、向听者描述他们的时候，或者在我们自己想起他们、欣赏他们的时候，我们会叙述、讲述、解释他们的言行举止。我们所讲述的，表面上是他们在特定时间和地点的样子，但实际上是一种超越时空的生活方式。

## 疯狂地延长生命有何不妥

活动自我可以超越人在任何时刻的表现，认识到这一点，我们应该可以放下执念，不再疯狂地追求延长物理和生物意义上的生命。人活着的意义或感觉与活着的时间长短无关。人可以活得无限长，但自始至终都是自我分裂的，生命的每一刻都是零碎的、意外的，这一刻的新奇有趣尚不明所以，下一刻的意外惊喜又接踵而至。在这样的生活里，每时每刻都有东西从生命里流走，所以总是需要更多的时间才能弥补回来。相反，人也可以活得很短，但生命的每一刻都与整个人生融为一体，而且能够抓住每一刻的意义，整个生命都为此产生共振。在这样的生活里，每时每刻都既是终点，也是起点，因此并不需要更多的时间。

长寿的生命也可以是连贯的生命，长寿和连贯性并不矛盾。但是过于注重长寿可能会牺牲连贯性。总会有各种各样的情况迫使我们必须做出选择，是过一种只是存活于世的生活还是过一种我们自己肯定的生活，是安稳地缩在一个角落里还是站出来坚持一种立场，对此我们都需要做出取舍。

我们之所以如此轻易地舍弃人生叙事的连贯性，选择一种只是存活于世的生活，原因可以追溯到霍布斯。他认为，人类的生存本能是与生俱来的，也是符合道德的。霍布斯的影响力极大，很多当代思想家在不知不觉中就接受了他的观点，比如平克。平克认为，在一个充满道德冲突的世界里，只有生存的善才是我们都能认同的一个“客观”价值。但是，苏格拉底等道德典范提醒我们，这种看似公认的道德主张其实根本站不住脚。有一次，一位年轻的演说家让苏格拉底放弃哲学，去研究修辞学，因为只要掌握了修辞学这门技艺，日后若是在法庭上落在指控者之手，也能保住性命。对此，苏格拉底回答说：“真正的人应当漠视能活多久这个问题，他不应当如此迷恋活命……他应当去考虑其他问题，比如一个人应当以什么方式度过他的一生才是最好的。”[3]他接着说，他不会出卖自己的灵魂，像演说家那样迎合雅典人。

跟古代哲学家一样，尼采也对追求长寿的努力提出了批判，与霍布斯及其现代追随者形成了鲜明对比。与我们当代人的直觉相反，尼采认为，很少人死得太早，而“许多人死得太晚”。[4]在其重要作品《查拉图斯特拉如是说》中，尼采借主人公查拉图斯特拉之口详细阐述了这一反直觉的主张。(像柏拉图一样，尼采在书中虚构了一位哲学家主人公，他的大部分思想都是通过哲学家主人公的探索和教诲表达出来的。)查拉图斯特拉教导说，与其追求长寿，不如在恰当的时候死去：“有一个目标和一个后继者的人，愿意为了目标和后继者在恰当的时候死亡。出于对目标和后继者的尊敬，他不会再把萎谢的花环挂在生命的圣殿里。”[5]

查拉图斯特拉说要为目标而死。乍一看，他所说的意思似乎正是我们已经质疑的目标导向观点。但他非常清楚地指出，目标的意义不在于目标本身，而在于目标所创造的旅途。查拉图斯特拉说：“人之所以伟大，乃在于他是桥梁而不是目的。”[6]查拉图斯特拉说“恰当的时候”，他的意思不仅仅是已经达到一个不论大小、不论善恶的预期结果之后的时候。在说明什么是一个人的“目标和后继者”时，他用一个比喻将我们从目标导向的思维框架中抽离出来，指出“目标和后继者”是一种与朋友合作的持续活动，死亡不是加快实现某种预期结果的手段：“确实，查拉图斯特拉有一个目标，他抛掷他的球：现在你们这些朋友做我的目标的后继者吧，我把金球[㊀]抛给你们。我的朋友们，我最高兴的是看到你们抛金球！因此我还要在地球上稍事勾留：请原谅我！”[7]金球象征着一种使命，查拉图斯特拉的生命也因为带着这个使命而充满活力。但是，金球只有不断被抛出，才能成为真正的金球。查拉图斯特拉教导说，目标的意义在于抛掷活动本身，而不在于抛掷到何处。要把金球抛掷到什么目的地，查拉图斯特拉并没有具体说明。抛掷金球的意义不是为了到达某个最终的目的地，而是为了在朋友之间发起一场游戏，让他们可以继续互相抛掷金球。

体育迷读到这段话，一定会联想到篮球比赛最后几分钟的一连串机敏的传球。传球的目标当然是为了上篮得分，但查拉图斯特拉让我们把注意力转移到传球这一行为本身，也就是说，运动员在比赛场上展现的娴熟技巧、和谐协作和勃勃生机，本身就具有超越比赛结果的重要意义。

这种接球游戏也会让人想起苏格拉底，他的“目标”就是持续的对话活动。他以哲学为使命，为了让朋友们继续这个使命，使哲学进一步发扬光大，他甚至愿意放弃自己在地球上的存在。尼采告诉我们：要尊敬你的“目标和后继者”，你就要投身于你所追求的事业和承诺。关键是要尽情投入、全力以赴，而且要激励他人将事业延续下去。只要你坚守对“目标和后继者”的承诺，而且全身心地沉浸其中，你**将会**在恰当的时候为其而死，无论你是否明确想到过死亡、是否想过死亡会在何时到来。对极其关心“后继者”的人来说，何时死亡的问题并不是一个可以根据利益来事先考虑和规划的事情。何时死亡取决于培养后继者的活动，确保后继者能够生活下去并不断成长。例如，《美丽人生》的主人公并没有事先想好“我愿意为了保护妻子和儿子而死”。保护儿子是他在做自己，他是在保护儿子的行动中被杀死的，但死亡并不是他生命的终点。看到电影的最后，曾在开头短暂出现的叙述者告诉我们，他就是片中主人公

㊀ 指超人的理想。

的儿子，现在已经长大成人。他说："这就是我的故事，这就是我父亲做出的牺牲，这就是他送给我的礼物。"

尼采关于抛掷金球的比喻将坚定不移的承诺与无忧无虑的游戏结合起来——作为一种活动，游戏的目的就在于自身。例如小朋友玩的"捉迷藏"游戏，游戏的名字本身就表明行动是最重要的，即要去寻找藏起来的人，而游戏的结果，即发现了藏起来的人，只代表再玩一次的机会。尼采恳求我们认真对待游戏，把自己从自我强加的沉重负担中解放出来，要把注意力转向生命每一刻的丰富多彩和无限可能，不要沉迷于任务清单、截止日期，甚至不要执着于未来创造更美好的世界。在提到体育赛事或者朋友之间的竞争时，我们经常会说那"只是一场游戏"，但像职业发展、政治改革或税务审计这些严肃的事情，则不能被看作"游戏"。从尼采的角度来看，这种态度是完全错误的。游戏的精神是投入、沉浸、快乐、只为自身，在追求所谓严肃的事情时，我们的态度更应该以游戏的精神为标准。在感到沮丧和失落时，我们也必须努力找回游戏的精神，恢复理想的状态。

过一种只追求自身的生活，便脱离了在一段时间内耗尽自身的生活。完全沉浸于自己所做的事情，心里感到快乐和满足，实现与自我合一，达到这种状态就已经为"在恰当的时候死亡"做好了准备。无论死亡何时来临都无关紧要，因为死亡只会确认他的自我身份。

查拉图斯特拉拿金球来做比喻，金球的金色让人联想到太阳。在"自愿的死"(free death) 的结尾，查拉图斯特拉提到了太阳："(在你们死时，) 你们的精神和你们的美德还应当发出灿烂的光辉，像围绕着地球的夕晖……因此我愿自己死去，让你们这些朋友为了我的缘故而更爱大地。"[8] 我们在黄昏时分更加热爱大地，因为影子变长了，绚烂的霞光照亮了天边。如日中天时死去的灵魂，我们很容易会忘记它散发的光辉，因为拥有灵魂的人和其他人一起生活、一起行动，我们将他光辉的存在视为理所当然。尼采暗示，对他的朋友来说，对所有做出承诺、怀抱希望的人来说，他的死亡可能是一种鼓舞和延续时刻。尼采的观点不是我们应该以英勇的死亡为目标，而是我们不应该让肉体死亡的前景扭曲了我们的游戏精神，正是因为有了游戏精神，我们的生命才充满活力。

即便坐在牢房里等待处决时，苏格拉底仍与朋友们交谈，一本正经地开着玩笑，讨论着哲学问题，一如往夕。他的朋友克里托走进牢房，带来一个可怕的消息："从提洛岛（Delos）开来的圣船已经到了。"这代表祭祀阿波罗的节日已经结束，苏格拉底将在日落时分被处决。但是，苏格拉底以他特有的方式回应这个坏消息，他的回答既神秘，又有趣，而且令人感动。他告诉克里托，他刚从一个梦中醒来，一个身穿白袍的美丽女子来到他身边，对他说："苏格拉底，**第三天**你会抵达弗提亚（Pthia）。"[9] 弗提亚是阿喀琉斯的故乡，抵达弗提亚意味着已经到了来世。克里托的消息直接来自目睹圣船归来的信使，但是苏格拉底因为梦中这位神秘丽人的话，对克里托报告的消息毫不在意。在面对即将到来的厄运和无能为力的时刻，苏格拉底仍然机智地表示，他听命于比人类使者更高的权威。我们可以认为，克里托的消息象征着雅典城的传统思想，而那位白衣丽人则象征着哲学。就像抛掷金球的活动一样，生命并没有因为肉体毁灭或意识消亡而停下脚步，抛掷活动将在朋友之间继续进行下去。查拉图斯特拉所指的朋友是"做出承诺、怀抱希望的人"，不仅包括直接见证他死亡或者直接认识他的人，而且包括未来的朋友，所有以自己的方式延续他的事业的人，至于他们是否知道这个事业属于一个叫查拉图斯特拉的人，那并不重要。

我们与苏格拉底的关系，或者我们与任何带给我们启迪的历史人物的关系，都能够证明尼采的观点：我们在苏格拉底身上看到了一个关于如何生活的榜样，我们向他学习，努力过一种经过审视的生活，我们用自己的行动，接过他向我们"抛出"的金球，并且把金球继续传递下去。

## 对以自我为“主体”、以世界为“客体”的批判及其对生死的启示

我们可能会认为，通过我们而活着的苏格拉底只是隐喻意义上的苏格拉底，他已经被我们扭曲，不再能够为自己说话，也无法再质疑我们对他做出的任何解读。我们可能会怀疑，我们向苏格拉底寻求指引时采取的做法，是苏格拉底真正认同的做法，还是说我们只是在利用他来证明我们的做法，要是他“在这里”与我们面对面交谈的话，他其实会拒绝这种做法。但是，这种怀疑错误地以为，我们解读的苏格拉底只是一个固化的雕像，他的自我身份早在公元前 399 年（他被处死的那一年）就已经充分固定，就像已雕刻完成的木雕变成一个自立自足、完全成型的个体一样，从此以后，我们只能通过猜测来理解他的主观意见和立场。但是，“真正的”苏格拉底和被我们解读的那个苏格拉底之间的这种区分，只是现代对自我理解的一种偏见，如果苏格拉底看到了这种区分，也会对此表示拒绝。

苏格拉底认为自己并不是一个有私人想法和感受的孤立个体，而是一个积极探索哲学世界的冒险者，他的自我身份在其与他人的对话中得到体现和定义。苏格拉底一生致力于探讨哲学思想，这些哲学思想并不深奥，任何愿意思考的人都可以理解。在古代雅典，在他活着的时候，他每天与他人讨论，质疑他们的观点，与他们一起挖掘各种观点的内在逻辑，在此过程中，他自己的身份也得以昭示。

苏格拉底在言行中呈现的积极的、对话式的自我概念，很容易被当代占主导地位的主体和客体之间的区分所掩盖。根据这种区分，自我首先是一个私人的意识区域，只能通过主观表征（感知、观念）来接触“外部世界”，而主观表征可能与事物的真实面貌并不一致。要与世界融为一体，需要使我们的主观表征与现实保持一致，从而达到“客观性”或正确感知客体。如果事物可能跟我们的感知不一样，我们就将其解释为一

种“主观妄想”，或者幻觉，不是“世界上真正存在的东西”。这种解释方法就意味着一种主客体的区分，这种关于自我的主客体概念正是《黑客帝国》(*The Matrix*)、《楚门的世界》(*The Truman Show*) 和《盗梦空间》(*Inception*) 等流行电影的戏剧性构思的基础。这些电影都在探讨这样一种可能性：我们对自认为是真实的东西的意识，可能是完全错误的，或者当我们认为自己清醒的时候，我们可能在做梦。也就是说，在克服妄想之前，我们也许与现实是脱节的，而克服妄想是一个漫长的、自我反思的过程。

这种对自我的理解，只有在参与和承诺的基础上才可能成立。这种参与和承诺的关系是通过与事物打交道，照料它们，对它们的提示做出反应，从它们身上吸取如何生活的教训建立起来的。对一个把人生当作自我发现之旅的冒险者来说，没有什么“表象世界”与真实世界之分。在我们追求自我认识的过程中，事物呈现的外观需要得到我们的辨识和解释，因此表象也属于事物本身。一棵在风中弯腰的树是抵抗和自我掌控的典范，一群翱翔的鸟是自由的标志。从这个角度看，树或鸟群是真实的还是虚幻的，这个问题既毫无意义，也无关紧要，甚至根本不会出现。同样无关紧要的是一个人是醒着还是睡着的问题。无论在梦中还是在“现实”生活中，人得到的感悟或灵感都是一样的。尼采说：“梦中经历的事情，若经常经历，最终就完全与‘实际’经历的事情一样，成为我们整个灵魂的一部分。由此，我们就变得更富有或更贫穷，多了一种需要或少了一种需要；最终，在大白天里，甚至在我们最快乐的清醒时刻，我们也被我们在梦中的习惯左右。”[10]

从主客体的角度来看，即使是我们视为幻觉的现象，从追求自我认识的角度来看，其自身也是事物。想一想这样的经历：你在一个炎热的下午开车，看到前方道路中间似乎有一个水坑，当你驱车走近时，发现是眼睛欺骗了你，你以为是水坑的事物，只是人行道的热量上升所致的海市蜃楼（这是科学告诉我们的）。根据我们所学的知识，我们往往将事物视为客体，但是我们对客体的感知可能是不准确的，因为我们可能存在错误的主观倾向（由于我们的位置太远或者角度有误，我们的视力有问题，存在诸如色盲、幻觉等情况）。正因为我们习惯性地将事物视为客体，我们往往不去考虑事物出现的意义和道理，即使在确认它们所谓的不存在之后，我们也没有对此加以思考。我们未能充分思考这样一个事实：水之所以出现，或者之所以出现在路上，只是因为它具有某种意义。在开车的场景下，这意味着道路可能是湿滑的，在湿滑的道路上开车是有风险的，至少急刹车容易导致危险。先看到水坑，然后意识到水坑不存在，对开车的司机来说，这种体验首先不是意味着消除幻觉，而是要采取一种适应道路的方式开车——驾驶时更加小心谨慎，通过这段路之后再加速前进。可以说，幻觉和“真实”情况一样，都属于对道路情况的全面理解，都对驾驶汽车的方式产生影响。或者从一个更有诗意的角度来看，海市蜃楼的体验根本与幻觉无关，海市蜃楼本质上只是水在人们眼前消失和蒸发，表达了人在“徒步穿越沙漠”（打个比方说）时的希望破灭。有一种观点认为，世界上的事物是我们可以“客观地”认识的，不受我们主观偏见的影响。这种观点忽略了自我和世界之间存在密不可分的先验关系，而正是这种关系决定了人生是一段旅途。

但是，即使是现代哲学首屈一指的主客体世界观理论家勒内·笛卡尔（René Descartes），他提出的主体概念也指向某种“苏格拉底式”的意味。笛卡尔有一个著名的观点，认为我们看到的、接触到的一切，都可能只是我们自己头脑中的幻影，由邪恶的魔鬼注入我们的脑海，与真实的世界无关。对笛卡尔来说，思考活动的范式是对几何关系的思考，其指向的自我是一种与他人构成某种共同体的自我，因此超越了纯粹的主体性。我们计算同样的几何关系（例如，一个正方形的面积是已知正方形面积的两倍，求前者的边长），根据自己的思考必定得出同样的结果（求得的边长是已知正方形的对角线的长度）。在计算过程中，我们都会想到一个几何原理，虽然我们每个人（按照笛卡尔的说法）的主观世界各不相同，但是这个原理对我们所有人来说都是一样的。在想到几何问题的时候，我们在思考同一个原理，彼此之间就形成了一个共同体，共同体的核心是一个我们所有人共有的原理，这个原理超越了我们拥有的一切主观观点，具有自身的结构和完整性，能够将我们联系起来，而且不会像物质世界或精神领域的事物一样随着时间的流逝而消亡。

苏格拉底也经常利用几何的例子来说明我们每个人的灵魂共有的东西，将我们与一个超越可见的有形范畴的事物秩序联系起来。然而，与笛卡尔的立场不同的是，苏格拉底对"我们所有人共有的东西"的认识更加宽泛。根据苏格拉底的观点，关于**道德**观念和关系（现在我们称之为"价值观"）的思考也不能简化为单纯的主观意见或传统观念。例如，苏格拉底提醒我们，"确保他们得到应得的东西"的说法，似乎跟"2+2=4"一样确定。虽然我们可能对于正义的确切含义存在分歧，看起来似乎有两个"主观意见"发生冲突，但苏格拉底告诉我们，我们之所以存在分歧，是因为我们只看到了同一事物的不同方面。换句话说，我们的分歧总是建立在一个共同的基础之上——例如，正义是一种美德，正义应与非正义作区分，正义涉及事物的适当分配，等等。只有存在一致性，分歧才成为可能。但是，我们往往只顾着争论分歧的概念，却对压倒一切的一致性视而不见。一些有争议性的是非对错观点，比如"强权即正义"或者正义是"亏欠他人一定要偿还"，我们也往往认为只是主观意见，但实际上只是解释的问题，可以通过对话进行进一步阐述和厘清。通过对话的方式，或者与朋友对话，或者与自己对话，我们就可以参与一项超越意识界限、打破身体存在限制的活动。

苏格拉底将理解共同体扩展到道德领域，还包含另一层面的内涵，即他关于数学真理的批评性思维。今天，我们往往认为，数学就是处理抽象实体（数字、线条、图形）之间的形式关系，而且得出的真理永远不变。而苏格拉底则认为，数学要比我们想象得具体得多，对数学的解释空间也远比我们想象得开阔。苏格拉底向对话者证明，在细致审视之下，数学中所谓的固定的、不言而喻的真理，也是可以质疑的，就像伦理问题一样。苏格拉底总是指出，即使是最基本的算术方程，如“1+1=2”，也隐含着深刻的问题，如果认真追问，这些问题甚至可以用来阐明善的概念。[11] 例如，在“1+1=2”这个等式中，我们应该可以非常清晰地理解等式右边的“2”，但是“2”真的是把两个独立的单位 1 放在一起得出的结果吗？“2”真的可以还原为 1——这里 1 个，那里 1 个，因此得到 2 吗？ 2 是单位的数量吗？还是说“2”有自己特殊的完整性，自身是一个统一体，是一个不能还原为“1+1”的术语。“2”可以是“第一个偶数”和“第一个质数”。但是，构成数字 2 的两个独立的单位 1 既不是偶数也不是质数。我们只有通过在一系列数字中理解“2”，才能掌握“2”的偶数特性和质数特性，这些数字可以用无数种充满创意的方式组合起来。因此，“2”本身可以看作一个整体，不可还原为两个单位 1 之和，但是可以看作数列中更大整体的一部分。只是这个数列有一个神秘的特点：它是一个无限的整体，与数学家的解释力和创造力成正比。

“1+1”是否等于“2”的问题远比最初看上去的要复杂。它之所以看起来非常清楚，只是因为我们排除了其他可能性，已经判定“2”意味着什么——这里 1 个 1，那里 1 个 1，凑在一起得出的一个数量。如果我们从更广泛的角度来理解“2”的内涵，与其他数字放在一起考虑，2 是偶数和质数，我们最终会被引向“一与多”（the one and the many）的问题。只有置于更广阔的生活方式背景下，这样的问题才能得到妥善的解答，而数学只是其中一个研究领域。我们要认识到，事物之间存在联系，构成连贯的整体。这个整体是有限的，因为我们在生活中践行的是某一种对善的理解；这个整体又是无限的，因为我们可以用无数种方式对它进行阐述。只有如此，我们才能理解“以不同规则限定但范围无限的序列”。由此，数学问题和道德问题便融合在一起，成为需要解释的问题，只有通过对话才能得到厘清。正因为如此，它们能够超越主观意识，无论在任何时间、任何地点，我们都可以对其进行思考。

当我们尝试通过对话来厘清这些问题时，我们也形成了一种对自我的理解。自我与自我追求的美德是不可分割的。苏格拉底提出，在人生的每一个时刻，决定人的自我认同的不是主观意识的固定界限，而是问题的开放性和封闭性、对共同活动的取向以及表明立场的力量。

正因为如此，苏格拉底没有著书立说。他认为，把思想写在纸上，就是赋予其某种不可改变性和权威性，思想就无法激发讨论。[12] 在苏格拉底看来，发表自己的思想或意见的目的，不是呈现自我身份的某些方面，并记录下来作为某个特别话题的观点储存起来，也不是表明真理，让他人接受并纳入他们自己的知识库里。相反，发表自己的思想或意见只是敞开自我，欢迎别人的质疑和争论，希望通过质疑和争论找到新的共同点。

苏格拉底认为，生活除了确定自我身份，还要将自己的存在作为一个问题来处理。或者说，所谓确定自我身份，并不是简单地从各种观点、意见、言谈举止和隐喻中构建一个自我形象，而是要培养一个经得起考验的品格。

对于书面文字的缺陷，以及由此必然产生的自我身份的固化，柏拉图的解决办法是撰写对话。他把想法写进别人的话语中，通过对话的形式把它们展现出来，读者就很难将任何一个观点归结于他。我们说，“柏拉图说过什么”或者“柏拉图认为如何”，我们其实说的是，“根据柏拉图笔下的苏格拉底和对话者之间的对话，我们可以**推断出**柏拉图一定认同这个观点或那个观点”。只有我们自己也加入对话，认真思考苏格拉底提出的问题，对正义、美德和美好生活做出最恰当的理解，我们才能做出推断。只有我们认真审视自己，让自己站在柏拉图的立场上思考，我们才能真正理解柏拉图。如果我们把他看作一个独特的主体，他的思想我们可能喜欢，也可能不喜欢。但是，通过对话体这种写作形式，柏拉图做好了预防措施，令自己不是一个主体，而是一种生活方式的代表，能够对我们产生潜移默化的影响。

以此，柏拉图传达了苏格拉底式的真知灼见：在与他人合作的过程中，我们将会不断地找到新的自我身份——他人可能是与我们面对面交谈的朋友，或者是与我们通过图书交谈的古代思想家，或者是某些不具名的声音，在我们面对不同行动方向的关键时刻，在我们内心与我们默默辩论。对专注的解释者来说，生命每一个时刻的价值都在于质疑、运动、转变的可能。因此，对活在地球上的生命和死后的生命进行严格的区分是没有什么意义的。甚至可以说，只有在别人的解释中，人才会成为真正的自己。人（通过语言和行为）向自我表达和说明的东西，可能会在后代的语言和行为中得到新的、无法预料的阐释和表述。

无论解释的对象是生活、小说还是事件，所有解释都可能存在将不恰当的意义强加于解释对象的风险。但是，我们必须考虑到两种情况：一种情况是忠实的朋友或者崇拜者对一个人的生活方式进行解释，并以自己的行动延续这种生活方式；另一种情况是一个人“独自”对自己的生活方式进行解释。这两种情况都可能存在强加解释的风险，但是前者的风险并不比后者更大。即使在无比冷静的沉思时刻，独自解释自己生活方式的个体仍然只是一个有限的意识，只能反映特定时刻、特定情况下的想法。

在我们听到支持意见时，苏格拉底的故事提醒我们不要自满；在我们面对反对意见时，苏格拉底的故事让我们抑制住心中的愤慨，并引发我们的好奇心，以宽容的态度去了解异议——在这些情况下，只要我们仍然想到苏格拉底，苏格拉底的故事就会一直影响我们。我们受到苏格拉底的启发，与自己展开对话，与他人展开对话，在此过程中，我们也为苏格拉底的故事注入了新的生命。在这种相互作用之中，我们的生活和苏格拉底的生活之间的一致性和差异性逐渐显现。即使在我们的解读中，苏格拉底也保持着自己独特的品格，这种保持需要以苏格拉底为榜样，比较他的行为和我们自己的行为，来做进一步的阐释。任何一个对我们的生活产生影响的人都是如此：即使他早已不再活在地球上，我们也可以对他的生活产生更深刻的理解，使我们自己的生活方式与他的生活方式更加接近。

## 拥有馈赠者美德的活动自我是永恒不灭的

在尼采的笔下，查拉图斯特拉讲完“自愿的死”后，紧接着发表了另一个演说，题名为“馈赠者美德”。这两篇演说显然是姊妹篇，主题都是牺牲。为自己的“目标和后继者”自愿死去可以理解为一种牺牲行为，一份终极礼物。但正如尼采所说，牺牲并不是为了他人而做出的自我否定。相反，牺牲是一种分享的方式，在分享中，自我和他人都沉浸在同一个“接球游戏”（前面所说的抛金球）中，就像苏格拉底一样，为了追求哲学，让学生继承哲学，他甘愿赴死。换句话说，牺牲者与他为之牺牲的对象是无法分开的。通过牺牲，自我成为一种超越自身的力量，因此不能等同于此时或彼时的物理存在。我自愿死去，只是让自己沉浸于一项定义自我的活动，我现在沉浸其中，没有分心，没有恐惧。这份赠礼，或者牺牲，不是我失去或放弃的，而是我主动献出的，接受者将使之更加丰富。

在讨论馈赠者美德时，查拉图斯特拉表示，自愿的死的特征——自愿抛出自己的金球，甚至以身体的死亡为代价，使金球可以继续在“朋友之间”抛掷——贯穿**生命的每一个时刻**，而不仅仅属于我们肤浅地称之为生命“最后”一刻的死亡时刻。馈赠者美德告诉我们，我们从来都不只是与我们自己同在，无论在任何时候，我们永远都同时存在于我们“之内”和我们“之外”——我们存在于自我呈现或者自我奉献，而不是自我意识之中。

尼采提出馈赠者美德，不是通过查拉图斯特拉的演讲，而是通过查拉图斯特拉和弟子之间的馈赠行为。当查拉图斯特拉离开他喜爱的市镇时，弟子们送给他一件礼物：一根有金色手柄的拐杖，手柄上面刻着一条盘绕着太阳的蛇。查拉图斯特拉并不是向朋友们道谢然后继续前进，而是回赠了一份礼物，这份回礼比他收到的礼物更有分量：他向馈赠者美德表示敬意。收到拐杖后，他拄着它，打量着手柄上的金色光辉，对朋友们说起金子的价值，我们在第 4 章对此也有过分析：“请告诉我，金子是如何实现最高的价值的？因为它非同寻常而无用，发光而光泽柔和，它始终拿自己来做出馈赠。只有作为最高美德的写照，金子才有最高价值。馈赠者的目光像金子一样闪亮。金子的光辉锁定了日月间的和平。……馈赠者美德就是最高的美德。”[13]

查拉图斯特拉把馈赠者美德比作金子，由此可见，作为馈赠者的自我已经超越了自我在任何特定时空的存在。像金子一样，馈赠者美德是不常见的。我们追求成就和赞誉的努力将会制约和限制馈赠者美德。我们一心只想完成任务、达成目标，沉迷于加官晋爵，我们对待他人越来越吝于付出，认为他们的存在只会让我们分心，或者把他们看作竞争对手。用一句俗话来说，我们膨胀的自我中心让我们失去了慷慨的余地。我们专注于自己，忽视了他人。我们为他人付出，只为了得到同等的回报。但是，这种罪恶用“自我中心”这个词来描述其实并不精确，因为馈赠的自我也是以自己为立足点的，与自己合为一体也是以自我为中心的。问题不在于是为自我服务还是为他人服务，而在于自我本身的意义。馈赠的自我通过馈赠行为成为真正的自我，从而达到自我中心。例如，苏格拉底通过向朋友们提出问题，启发他们回答，从而实现真正的自我。馈赠的反面不是自我关注，也不是自我服务，而是自我丧失：自我的某种客体化，为了抵达一个特定的目的地，被客体化的自我被消耗殆尽，人生不再是一段旅途。但是，只有把人生看作一段旅途，才会出现目的地。因此，如果没有馈赠者美德，我们将不但对他人吝啬，对自己也一样吝啬。我们为了一个即将完成的目标耗尽自己，而不是通过追求目标的努力来充实自己。如此一来，我们自己就失去了游戏精神，但正是这种游戏精神使我们乐于尝试，乐于探索未知，从而看到无限可能的世界。

这种罪恶随处可见，但是它无法吞噬一切。就像金子埋藏在层层土壤和岩石之下一样，馈赠者美德也蛰居在我们目标导向的努力之下。即使我们一心想着完成任务，在内心深处，我们仍然知道，我们最重要、最持久的品质就是馈赠的能力。我们所有的吝啬之举都是远离馈赠者美德的表现，但是馈赠者美德仍然潜藏在“灵魂深处”。正如查拉图斯特拉在另一篇演说中所言，“大地的心是用金子做的”。[14]

馈赠者美德没有实用性，这一点也可以说明馈赠者美德并不常见。很多时候，我们的生活总是围绕着对实现目标有用的事情打转。在目标导向的观念下，任何馈赠都是为了达到某种目的。但是，真正的馈赠需要超越目标导向的观念，赠送的礼物必须具有内在的价值，比如金子。如果只看到金子的外在实用性——可以用来交易，金子就失去了自身的光辉，不再具有内在价值。最伟大的礼物对实现这个或那个目标都没有用处，但它是一个值得效仿的榜样，告诉我们做任何事情都要保持自我。

不仅如此，这样的礼物“发光”，它的光泽“柔和”。出于自我掌控或者友谊而赠送的礼物也同样有着光泽，帮助接受礼物的人展现真正的自我价值，就像金子一样，无论在哪里出现，总是以让其他事物闪耀的方式散发光芒。

馈赠者美德是无用的、发光的、柔和的，馈赠的是**人的自我**，而不是外在的东西——如金钱、物质财富或技术知识。这些外在的东西任何人都可以立即接受和交易，因此只是偶然地、暂时地“属于自己”。如果馈赠的东西是有用的、可交易的，那每一次馈赠都让人手中的资源减少一分，因此必须斤斤计较，小心计算，以免耗尽自己的资源。但是，自我的馈赠是毫无保留的，馈赠者不需要为自己留下一分一毫，就像金子在闪耀时不需要保留任何光芒一样。

馈赠的自我是闪耀的、欣喜若狂的，查拉图斯特拉喜欢将馈赠的自我比作太阳，他说：“金子的光辉锁定了日月间的和平。”听起来月亮和太阳仿佛是对立的：太阳是白天的主宰者，月亮是夜晚的主宰者。但是，查拉图斯特拉提醒我们，太阳是光辉的馈赠者，月亮是光辉的接受者，太阳和月亮和平地结合在一起。太阳把自己的光辉馈赠给月亮，让月亮能够出现在夜空。也只有把自己的光辉馈赠给月亮，太阳才能在落下去后继续闪耀。月亮是光辉的接受者，其实也是馈赠者：月亮让太阳在夜晚也能继续闪耀。因此，把光辉馈赠给月亮之后，太阳自身并没有减弱，反而得到了加强。太阳没有失去任何光芒，到了第二天早上，它的光芒将会再次闪耀。同时，通过与月亮的合作，就算在无法直接展现的时候，太阳也依然是太阳，继续闪耀着光芒。以此，查拉图斯特拉暗示，已经离开人世的生命也是如此：只要接住金球的人继续抛出金球，就算前面那个抛出金球的人已经离开人世，他的生命也仍然存在。

我们要以这种方式活着，要把自己当作礼物。查拉图斯特拉跟朋友们说，“要让自己成为牺牲和赠品”。[15] 在人生迈出的每一步里，我们都要成为“做自己”的榜样。将自己抛掷出去——不仅仅是自己的一部分，不仅仅是这点技能或那点谋略，而是将让你的人生充满活力的全部生活方式，一代代传下去。

有时候，我们轻蔑地说，某些人活得就像“上帝送给地球的礼物”一样。不过，尼采对真正的馈赠者和假装的馈赠者做出了明确的区分。

假装的馈赠者只是希望到处都是自己的复制品，到处都有他们的追随者。或者说，他们希望别人认可他们是独一无二的个体，希望别人记住他们曾经以这种或那种方式造福人类。他们馈赠的自我只是一个静态的、虚假的自我，一个自我满足的人格面具，他们将自我身份定义为他们对世界做出的贡献或者将世界改造的状态。查拉图斯特拉教导说，真正的馈赠者并不希望别人崇拜或者记住他们。因为他们知道，自己的存在既是一个问题，也是一个答案。当查拉图斯特拉的朋友们自称是他的弟子时，查拉图斯特拉怀着沉重的心情宣布与他们决裂："你们说，你们信仰查拉图斯特拉？可是查拉图斯特拉算什么呢？你们是我的信徒——可是一切信徒又算什么呢！你们还没有寻找过你们自己：你们只找到了我……现在我要求你们，丢开我，去寻找你们自己吧；等你们全都不认我，我才愿意再回到你们身边。"[16]

查拉图斯特拉不想要信徒：信徒只会把他的话当作教条四处宣扬，跟人说他们认识一个厉害人物，叫查拉图斯特拉，说过很多明智的话。查拉图斯特拉想要的是真正的朋友：真正的朋友会结合他们自己的承诺和未来，以他们自己的方式，将他的事业延续下去。只有通过真正的朋友，查拉图斯特拉的生命力才能在他死亡之后持续存在。只要查拉图斯特拉活着，他就是在为了自己的未来而活，在每一次流浪中重新发现自己。一旦他的朋友们仅仅把他当作创始者来敬仰，开始模仿他外在的言行举止，查拉图斯特拉就会湮没无闻："你们崇敬我；如果有一天你们的崇敬倒塌了呢？当心，别让一尊倒下的雕像把你们砸死！"[17] 对于自己是否被雕刻成像，或者他的教导是否记录成册，查拉图斯特拉毫不在意。他的生命本身就是一股默默无闻、自我探索的力量，他只希望这股力量在他死后持续存在。

查拉图斯特拉用太阳和月亮作为隐喻，说明白天和黑夜之间、生命和死亡之间存在某种连续性。要阐明这种连续性，我们必须探讨太阳在月亮上的显现。这是一种特殊状态，只属于太阳落下之后的夜晚，还是一种体现太阳本质的状态，无论太阳何时何地发光，这种状态都会出现。简而言之，我们必须要问，无论是在正午还是在一天中的任何时候，太阳是直接显现，还是在某种意义上隐蔽了自己的。

对于这个问题的答案，我们可以从《查拉图斯特拉如是说》的开篇中找到线索。在开篇中，查拉图斯特拉走出山洞，向太阳发出赞美："你这颗伟大的恒星，如果没有你照耀的人，你有何幸福可言？十年来，你朝我的山洞升起，如果没有我，没有我的鹰和我的蛇，你早就厌倦了你的光和旅途吧。可是，我们每天早晨恭候你，接受你充沛的光，并为此向你感恩。"[18] 查拉图斯特拉对太阳的赞美预示着他对馈赠者美德的赞美。虽然在此时他还没有谈到馈赠者美德，但在看到黎明的时候，年轻的查拉图斯特拉（此时是四十岁）暗示了馈赠者美德。但此处的太阳是黎明时分的太阳，太阳本身出现在天空中，而不是反映在月亮上。然而，太阳的"幸福"，在光芒中表现出来的满溢的喜悦，需要有太阳照耀的对象——查拉图斯特拉和他的鹰与蛇。查拉图斯特拉认为，即使是在黎明时分，太阳也不是直接显现的。只有通过接受充沛的光并报以感恩的人，太阳才成为真正的太阳。查拉图斯特拉的感恩不仅是感激，而且是决心。他要下山去，与世人分享他的智慧。"瞧！我对我的智慧感到厌倦，就像蜜蜂采集了太多蜂蜜；我需要有人伸手来接取智慧。"[19] 查拉图斯特拉接受了太阳的礼物，受到太阳的启发，他把分享智慧作为自己的使命。查拉图斯特拉履行了分享智慧的使命，太阳馈赠的光辉使世界重新焕发了活力。

在《查拉图斯特拉如是说》较后面的章节里，查拉图斯特拉阐明了馈赠者美德之后，又提出白天的太阳——现在到了日落时分——是馈赠者的象征："我从太阳那里学到了一点：当它沉落时，这个过于富裕者，从它取之不尽的财富之中取出黄金撒进海里——就这样，即使最贫穷的渔夫也得以使用金色的桨划船。”[20]只有将金色洒向它所照耀的一切，太阳才真正成为能够闪耀的太阳。这也表明，即使在白天，太阳也超越了直接显现的存在。逐渐消失在地平线上的金球并不是太阳本身，而是光辉的一种表现，丝毫不亚于出现在它的光辉中的一切。太阳本身并不能直接被看到。或者说，无论出现在哪里，太阳的光辉都指向超越它自身的地方。

一个发光的存在总是超越其展现的存在，这个悖论是理解“在地球上存在”的自我的关键。只有理解这个自我，我们才能理解“死后”的自我。因此，我们必须仔细解释太阳的悖论。诚然，在某种意义上，我们可以在白天看到太阳的光辉，哪怕只有几秒钟，只要我们抬头看看天空，看向那颗发出强烈光辉的金球，我们就能看到太阳。然而矛盾的是，太阳照射得越耀眼，它自身就越不清晰，甚至不再直接展现，只剩下一片刺眼的光向外倾泻。它的光辉只出现在它使人看见的地方，例如大地、海洋和天空。每当太阳像金球一样出现时，它都是在天空之中、大地之上。这是一个被光照亮的世界，其间各种各样的事物相互关联，太阳也是其中之一。太阳用自己的光辉使自己的外观出现在其他事物之中。因此，太阳超越了一切展现的事物。或者，如果从外观出发，我们必须承认，一切发光的物体，它们的美丽和清晰都来自一个使一切事物变得清晰的源头，这个源头不能呈现出一种具体事物或排列的形式。基于我们可见事物，我们必须推断出一个光亮的区域，事物在其中存在。

那个光亮的区域，即光辉本身，并不能用连续可见的具体显现物拼凑出来，比如这边的粼粼波光，那边地平线上的彩虹。所有这些显现物，不管是波光还是彩虹，就算要一起出现、互相比较，也必须放在光亮之中。从某种意义上说，每一个显现物都可以看作光辉的一个特殊表现，但是这两者的关系不是概念性关系，不能用我们熟悉的种（species）和属（genus）的概念来解释。在概念性关系中，将“多”统一起来的“一”在每一个“多”中都是一样的。例如特定树木与“树”的概念的关系，“有树干和树枝”便是“一”，这个“一”在每一棵树的层面上都是一样的。每一棵树都符合“有树干和树枝”的要求，因此是一棵“树”。相比之下，在光辉与显现物的关系中，**每一次**光辉的展现**都是独立的**。可以说，大海和天空都会发光，但它们不是作为某个更高级的、更普遍的概念“光辉”的实例而一起归类，而是作为互相连贯的整体的组成部分，需要彼此的存在才能体现自身的真正价值。

正如太阳是一切可见之物的背景光，不能将其等同于它使之可见的任何事物，自我——活动的、馈赠的自我——也一样不能等同于自我表达出来的各种感知和思想。

我对自己的一切感知，对世界的一切感知，皆因我有一股活动的力量。这股力量来自意义的封闭性和开放性，体现在我承诺的活动之中，而且永远处于满溢和生成的状态，所以我永远无法直接看清，也无法完全理解和把握。例如，在上场比赛之前或者遇到重大事件的时候，我都会站在镜子面前审视自己。我在镜子里看到的那张脸，在脑海中闪过的那些成功或失败的想法，在喉咙或腹部产生的那种挥之不去的不适感——这一切都不是真正的我或者属于我。如果说属于我，那只是因为我把自己变成了一个可以观察、可以分析的对象，将此时的我与以往状态下的我或者可能与之竞争的其他人进行比较。真正属于我自己的应该是“我如何感知”本身，而不是我感知到的任何事物；而我如何感知则取决于我对人生意义采取的立场，取决于我如何理解我的整个人生。只有我已经认识到在做事情的那个我，并且意识到这些事不只是发生在“此时此刻”的孤立活动，而是一系列关系和承诺时，我才能看到投入到这件事情中的“我自己”，才能把这件事情理解为成功或失败的对象，将其作为评估自己能力的机会。

行动中的人生——超越自己，同时成为自己——是我感知一切事物的前提条件，包括出现在这个世界上但“迟早”会消失的事物。如果将我的生命也看作一种先出现后消失的事物，那就是把感知的条件错误地当成了感知的结果。

## 自身导向型活动的循环轨迹

在《查拉图斯特拉如是说》的前言部分，尼采借查拉图斯特拉之口讲述了一段小插曲。这段小插曲十分简短，但是相当重要，体现了尼采对于时间的理解。那是一个正午，太阳已经升到最高点。查拉图斯特拉突然听到一只老鹰的尖锐叫声，他仰望天上，看到了一幅怪异而神奇的景象：“一只老鹰在空中兜着大圈子盘旋，身上吊着一条蛇，不像是猎获品，却像是一个朋友，因为它缠绕着老鹰的颈部。查拉图斯特拉说：‘这些是我的宠物……太阳之下最高傲的动物和太阳之下最明智的动物……愿我的宠物为我领路！’”[21] 从那时起，老鹰和蛇就陪伴着他一起走过了整个旅途。老鹰带着它的朋友——缠绕在它身上的蛇——在空中兜着大圈子盘旋飞行，通过这一幅画面，尼采勾勒了一种实现自我掌控的人生轨迹：在漫长的人生旅途中，骄傲和智慧一起引导的人生将会一次又一次到达出发点，每一次出发都站在更高的位置，就像一只翱翔的雄鹰不断向上盘旋，朝着正午的太阳飞去。

这种盘旋上升的形象可以说明自身导向型活动本身具有自足性：除了飞翔，鹰和蛇没有其他外在目的；所以它们纯粹地向上盘旋，享受着每一次兜圈的喜悦，它们想要的只有盘旋本身，除此之外，别无他求。

鹰和蛇的盘旋象征着查拉图斯特拉向往的完整性。后来，在孤独的流浪中，查拉图斯特拉表达了对这种完整性的渴望：

当查拉图斯特拉登上山路时，他在途中想到他从少年时

> 走过的许多孤独的旅程，想到他已经攀登过多少群山、山脊和峰顶。他对自己的心说，我是一个流浪者，一个登山者；我不喜欢平地，也似乎不能长时间静坐。无论我遇到什么命运和体验——其中将包括流浪和爬山：到头来，我们体验的只有自己。还会让我碰到偶然的时期已经过去了；现在我能遇到的，还有什么不是已经属于我自己的呢？自我回来了，终于回来了，我自己的自我，长久漂泊在异乡、散落在一切事物和偶然之间的自我，终于回来了。[22]

在读到“只有自己”时，我们千万不要被这个短语暗示的孤独感牵着鼻子走。自我是流浪者，流浪者的人生是由旅途定义的。因此，流浪者本身就不是一个孤立的个体，流浪者永远是一个踏遍“异乡”并“散落在一切事物和偶然之间”的存在。正因为自我理解了在异乡的际遇和种种冒险，认识到它们彼此相互关联，融合成一个统一的命运，自我才成了真正的自我。“只有自己”意味着“没有任何偶然”。在每一次新的际遇中——突然的、意外的、可怕的——查拉图斯特拉都会回归自我，就像鹰和蛇经过盘旋，从一个新的、更高的位置抵达出发点。

当然，这既是一种理想，也是一种现实。鹰和蛇的飞翔毫不费力，却蕴含着一种自然而然又不同寻常的意味。尼采的比喻用得十分巧妙，在我们的理解中，鹰和蛇这两种动物通常是对立的：老鹰从天空俯冲下来，捕食在地上滑行的大蛇；大蛇悄悄地潜入老鹰的巢穴，将鹰蛋全部吞入腹中。如果我们看到鹰和蛇一起出现在天空中，我们往往看到的是鹰抓住了蛇，蛇在鹰的爪子里拼命地蠕动。尼采认为，当骄傲和智慧分道扬镳时，它们就会堕落，骄傲变成轻举妄动的傲慢，智慧变成扼杀生命力的理性。我们的傲慢，带着鹰的锋利爪子，威胁着要刺穿我们的智慧。比如我们有了某种特殊的能力或技能，就以为自己无所不能，明明只是以管窥天，却以为自己看到的就是整个世界；或者我们拒绝将宇宙看作激发我们创造能力的资源，忽略宇宙中已经显现的事物，更不去细想它们的意义，我们的创造也因此迷失了方向。

我们的理性，像蛇一样紧紧缠绕着我们，也会扼杀我们的骄傲，比如我们有意识地拿自己的能力和优势与他人进行比较，用相对于他人的成就来衡量我们自己的价值。我们应该享受事物本身，欣赏它们为我们的生活带来的变化，但是我们却把它们变成了达到目的的手段。

如果我们总是为目标疲于奔命，我们最终怎么都得不到满足。在郁郁寡欢之中，我们可能会忍不住选择另一种理性，一种没有骄傲的理性：逃避与别人的比较和竞争，站在远处用科学的视角审视自己，我们就像显微镜下的变形虫一样，做出的任何动作都只是对周围环境的反应。这种理性确实可以令人感到安慰，因为它似乎将我们从零和竞争中解放出来，使生活不再那么狭隘，并且为我们提供了一个客观的视角，令所有的骄傲毫无意义。托马斯·霍布斯的观点就是这种理性的一个例子。他认为，宇宙不过是运动中的物质，是一个不断地组合和解体的无意义循环。霍布斯宣扬这种观点的目的就是要扼杀我们的骄傲。

就这样，骄傲和智慧分道扬镳，逐渐退化堕落，最终变成相互对立。但归根到底，它们是彼此相连的。它们之间的各种对立只是一种暂时的失和，而不是不可调和的矛盾。即使是最霸道的傲慢，也不能完全否认，无论取得多么伟大的成就，人生中仍然有比成就更有意义的东西。我们已经看到，渴望自己的统治地位得到承认，这本身就代表了一种对友谊的渴望。即使对世界进行最冷酷、最客观的分析，也不能完全抹杀自然的美丽和崇高，因为自然已经闯进了日常生活，引起我们的惊叹和好奇，激励着我们追求自我掌控。

骄傲和智慧是彼此结合、相互促进，还是分道扬镳、退化堕落，这是由我们应对苦难的方式决定的：面对失望或不幸，我们是否会放弃我们的使命和承诺，认为世界只是一个可悲的战场，一切遭遇都是偶然，因此只能听天由命、听之任之？我们是否会成为傲慢的猎物，愤恨地从高处俯视世界，试图主宰下面的芸芸众生？还是说，我们会迎接挑战，重新成为自我，不断地从对立中回归自我，使我们的自我掌控能力达到新的高度？

## 时间的流逝与死亡的深层意义

尼采认为，苦难的终极来源是时间的流逝，但不仅仅是因为时间的流逝将我们和我们所爱的人带向年迈和死亡，即肉体的毁灭或意识的消亡。尼采所理解的时间的流逝，带有一种更深刻、更普遍的意义，与面对过去有关——过去是构成我们“现在”的一部分，但这个部分只是曾经的存在，如今已经不存在了，这一点听起来既矛盾，又让人感到痛苦。尼采认为，时间的流逝让我们明白：一方面，我们的行为不能撤销；另一方面，我们的体验也不能重温。时间已经流逝，我们的错误行为将永远困扰着我们，我们的高光时刻也将逐渐消失。只有直面时间的流逝，我们才能接近死亡的更深层意义。

回想一下你生命中的某个欢呼雀跃的时刻，你克服了一个看似无法逾越的困难，那个时刻是如此鲜活，如此生机勃勃，那是你的人生道路和追求的关键时刻，对你的自我身份和你渴望成为的样子，都会产生决定性的影响。可是现在，那一刻已经躺在过去的某个地方，虽然还没有被遗忘——你还记得，还能讲述给自己听，讲述给朋友听，你可以带着怀旧的微笑来回顾那一刻。但是你不能把那一刻带回来，重新经历一遍——至少不能像当时一样。这就是尼采所说的时间的流逝：事件和时刻“成为过去”。这并不是说它们被抹去痕迹，或者不再是关注的焦点。恰恰相反，它们始终与我们同在，但只是以**曾经存在**、永不再来的方式存在。

时间的流逝恰恰体现了旅途本身的结构：下一个情节不是简单地沿袭上一个情节，而是通过干预来重塑其意义。想象一下，一位艺术家正在画一幅无边无际的壁画，他在努力地创造一幅美丽的、构图精妙的画作。他落下的任何一笔都无法抹去，每一笔都会对下一笔产生影响，而下一笔又会重塑之前已落下的笔墨。想象一下，这个过程没有开始，没有结束，没有目的，只是为了继续画下去，而且忠实于整个画作。每一个错误都会带来后果，可能会产生连锁反应，累及整幅画作，使艺术家灰心丧气，无法继续画下去。每一次落笔成功，在当下那一刻都令人振奋，让人灵感迸发，但随着新的笔触、新的关注点、新的焦点占据舞台中央，成功也逐渐失去了魅力，退到了背景中。生命本身也存在类似的根本性问题——永恒的生成和消亡。

如果我们从这个角度来看待死亡，我们就会知道，当代人疯狂地延长生命的做法是多么愚蠢！斯多葛学派也说，与无限的时间相比，无论我们可以延长多少寿命，都是微不足道的。但问题并不在于此，真正的问题是，热衷于延长生命的人完全忽略了时间和死亡的真正意义。我们必须接受死亡，但我们对死亡的恐惧并不在于可以想办法延迟的肉体或意识的消亡，而在于所有事物的意义和重要性都在悄悄地溜走，我们需要重新找回意义和重要性。但这种意义的丧失是我们每时每刻都要面对的，因为现在总是在变成过去。从时间流逝的角度来理解，我们很难通过医疗干预和生物技术消除死亡。我们千方百计地延长寿命，但越是这样做，我们就越会分散注意力，因此越难处理时间的流逝这一人生根本任务。

查拉图斯特拉将接受时间的流逝作为一项最大的挑战："把这些残缺不全、谜语和可怕的偶然收集起来，合成一体，这就是我努力要做、要创造的一切。如果人不是创作者，不是猜谜语者，也不是偶然之拯救者，那么，要我做人，我怎么受得了呢？……拯救过去，把一切‘过去是如此’变为‘我要它如此’——这个我才称之为拯救。”[23]

我们无法避开时间的流逝，无法重温曾经的体验。然而，正如鹰和蛇在盘旋中上升一样，我们也可以拯救过去。我们可以从一个新的、更高的出发点回到过去。我们可以拯救过去，因为过去已经属于我们自己。让那些时刻退到我们身后的，正是我们的行动、我们的创造力、我们对未来的方向。我们的生活不是无动于衷地从一个时刻移动到下一个时刻；相反，我们一直沿着循环上升的轨迹不断前行。只有如此，我们才能够面对时间流逝的终极困境。生命是一个奇怪的悖论：我们直面挑战，成为自己，但在此过程中，我们也失去了自己。因为我们能承担失去的责任，所以我们也能够拯救失去的一切。

## 拯救过去

要拯救过去，首先要回忆过去、记录过去、讲述过去。但是，我们总是过于关注未来，所以我们往往会忘记这一点。在很多时候，我们的心思都放在思考下一步怎么做，而不是回忆过去的人和事上。我们要问问自己：今天，我的所思所想、言语交谈，有多少是关于如何处理某一个即将发生的事的，有多少是关于如何理解一段时间之前发生的事的？就算我们确实想到过去，往往也只是怀有一种肤浅的、转瞬即逝的怀旧情绪：我们想到过去，想的是缺席或者失去，比如去世的祖母，或者失去的父母，我们再也无法感受他们温暖的怀抱了。但是，有些过去的事件和场合关系到我们人生的特征或本质，对此我们却很少费心思去回忆，去重新创造。我们最关心、最重视的，只有目标导向的未来。由此可见，在为未来的目标努力之前，我们确实需要先花点时间想一想过去。但是，就算我们可以有意识地思考过去，我们最多也只是为一个终极任务做准备：从过去的事件里得到激励和灵感，以便更好地迎接未来。

我有时会想，随着年龄的增长，我已经失去了早年那种无忧无虑的豪情。今天，无论是在哲学实践中，还是在训练活动中，无论是写作时的遣词造句，还是健身时的锻炼计划和动作执行，对于哪些事情“可以做”或“不可以做”的问题，我的处理方式都比以前更加谨慎。当然，谨慎伴随着成熟，但是谨慎也有可能束缚冒险精神，不敢再说“先试着干，细节问题以后再想”。回想起早年读研究生的日子，我感到十分惆怅。那时候，我写文章都是随心所欲，思如泉涌，洋洋洒洒，喷薄而出，完全不关心读者会怎么想。我还记得自己在大学时的训练态度，集中体现在那一次令人难忘的单组高翻训练。直至今天，我仍然认为，那一次高翻成功是我人生中最伟大的胜利之一，虽然除了我的训练伙伴外，并没有其他人目睹我的胜利。那时候是夏季，在漫长的工作日结束后，我的朋友先来到健身房。他要挑战 225 磅高翻，但是每一次都差了那么一点。这个重量他以前已经多次挑战成功，现在却屡屡失败，他感到十分沮丧。我来到健身房，看到他这个样子，便厚颜无耻地走到杠铃前，故作自信地说：“让我来给你演示一遍吧！”我一刻也没有犹豫，双手马上抓住杠铃，爆发性地向上发力，一下子举到肩膀上。我举着杠铃，保持了一会——作为完成举重动作的标志，然后威风凛凛地把杠铃扔到地上。我事先几乎没有想过自己竟然能一举成功，其实我也很可能会失败，但无论如何，我这一举已经达到了预期的效果。在我的鼓励下，我的朋友也摆脱了莫名其妙的魔咒，最终成功完成挑战。那一天，我们俩互相激励，互相扶持，一起经历了那个夏天最难忘的一次训练。

但那是当时，不是现在。尽管我很想重温那个时刻，但它不会再次发生了。这并不是说有什么自然或物理障碍阻止我去重演那一次举重。我可以和朋友回到同一个健身房，在没有热身的情况下用同样的重量再做一次高翻。但是，重做一次的体验是不可能跟当时一样的。即使我这次成功举起了 225 磅，而且以某种方式复制了那次挑战，这次也不会产生那一次挑战的意义，我也完全体会不到那一刻的期待和兴奋。

而且，现在的我是十分谨慎的，要是现在的我回到那一刻，从一开始就不会率性而为，我也就不会有当初的体验。当然，这种谨慎并不是一种损失。我之所以不能回到过去，是因为我不能丢掉我学会的东西——一种更成熟、更可靠的训练方式：训练之前需要热身，甚至可以说，热身是一次训练顺利进行的关键。

同时，我也认识到，成熟是有代价的，至少在某些时候，成年生活的谨慎（无论“成年”意味着什么）阻碍了年轻的脚步，在兴之所至时无法肆意奔放、打破常规。我说的常规是一种对规则的痴迷，比如训练必须严格按计划执行——每次训练重复多少次、跑多少英里，一旦计划定了就不能改变，即使体力已经恢复，或者突然产生新的训练灵感，觉得自己可以再练一组。如果增加额外训练，我可能会取得突破，但是我没有这么做，额外的重复动作、额外的奔跑，都留到下一次吧。我的训练计划是这样安排的，我就得照做。曾经，只要心血来潮、兴之所至，我便会去做事，有时候甚至过于随心所欲。而现在，我却走向另一个极端，总是瞻前顾后、三思而行。现在，我经常焦虑地查看天气预报，就算艳阳高照，我出门也要带一把伞，早就忘记了小时候的我曾经那么快乐地在雨中玩耍。我不停地制订计划，不停地分析情况，仿佛我事先将一切安排妥当，就可以控制我训练的结果或者我话语的意义。“先行动，后思考”的精神已经日渐衰落，但是我仍然渴望这种精神，而且我发现自己可以拯救这种精神——不是让它跟以前完全一样，而是将其融入现在，通过新的感悟、新的活动来抵消一时的痴迷、萎靡和怯懦。

不久前的一天，在一次引体向上训练之后，我感到筋疲力尽，但同时无比自豪，因为我按照当天的训练计划，分毫不差地完成了每一组练习。在我准备走出健身房的时候，一个声音突然向我袭来：“让我来给你演示一遍吧！”我马上回忆起那次高翻训练，回忆让我产生的不是怀旧之情，而是我下一步行动的明确方向。这一次，我的肌肉因疲劳而产生烧灼感，但是我感觉自己还有余力，只是不知道还有多少。无论如何，我要再做一组动作。我抓住杠铃，用当年那种短暂的、闪电般的爆发力把杠铃往上推。

即使在这些细微的时刻，我们也会明白，我们遇到的人、事件和经历，并不会自然而然地消逝——就像火车窗外的风景一样，在火车全速前进时从我们身边飞驰而过。虽然有时候过去也会悄悄地溜走，但过去就在我们手中，等着我们去拯救。面对过去，我们可能泪流满面，可能心怀愤恨，在这样的时候，我们可以问问自己：我们失去了什么？失去的东西为什么让我们怀念？过去有哪些经验教训是我们今天有可能忘记的？我们如何通过总结过去来重新理解现在？从那时起，我们得到了什么感悟，让我们即使可以，也不想简单地重复过去？如果我们用心拯救过去，我们就会意识到，时间的流逝不是从过去到未来的单向流动，而是在每一次救赎之后重新回到出发点——就像鹰和蛇在翱翔中盘旋回归一样。

## 每个时刻的开放性和封闭性是时间流逝的根源

尼采指出，认为时间会流逝的时间观产生于我们面对苦难时的软弱无能。曾经光芒万丈的时刻，如今笼罩着困难的阴云，要重现当初的时刻，谈何容易？曾经我们满怀激情，但被无法控制的情况几经打击之后，要找回当初的激情，谈何容易？曾经我们爱的人对我们寄予厚望，但我们却辜负了他们，从此走上自我毁灭的道路，要重获他们当初的信任，谈何容易？面对如此千斤重担，我们实在无法承受，只好告诉自己，过去早已远去，我们也无能为力。于是，我们便产生了一种历史观，认为过去和现在之间有一条无法弥合的鸿沟，过去永远留在我们身后，过去的意义已盖棺定论，再无改变的可能，只要我们面向未来，朝着新的、长远的目标前进，我们就能够忘记过去。

同时，我们也可能背弃过去，欺骗自己把过去与现在等同起来。在萎靡不振的时候，我们可能认为，时间的流逝只不过是一个谎言，只是我们对世界的主观认知，而世界只是无休止的变化，本就没有所谓过去或未来。我们把斯多葛学派的循环论投射到自然界，自然的变化完全超出了我们的能力，各种元素在一连串无差别的时刻中结合和分开，“现在”接着“现在”，一直循环延续，直至无限。塞涅卡写道：“自然使之结合的一切，自然也使之分开；自然使之分开的一切，自然也使之结合。”[24]每一个事件都会重演，出生只不过是相同元素的重新组合，这些元素最终也会分开，又会再次结合。时间是无限的，所有的组合方式都已经实现。一切**可能**发生的事情都已经发生，而且已经发生过无数次。

我们陷入了绝望，于是我们开始认为，这种时间观是理性的、客观的，而没有意识到它压抑了令人痛苦的过去。然而，这种压抑在我们所谓的理性认识之中会巧妙地显露出来。例如，塞涅卡说：“让我们重回光明之中的那一天会再次到来，但那一天并不会带着我们的回忆到来，否则很多人都会后悔不已。”[25]在塞涅卡看来，痛苦的最大来源并不是我们的身体已经死亡，而是我们要与困扰我们的回忆抗衡——我们必须要面对过去。眼看着时间不断流逝，我们只能用循环的时间观来安慰自己，说服自己相信，一切都会分开，又会结合，我们都是一样的，都由相同的物质组成，卷进相同的永恒秩序之中。这是智慧的终极形式，但舍弃了骄傲；是科学那双冷酷敏锐的眼睛，但没有了灵魂；是那条诡计多端的蛇，但失去了骄傲的朋友鹰。

正如尼采所说，这样的智慧是致命的。它确实能让我们从时间的流逝中得到安慰，但它也剥夺了我们生活中的一切冒险、探索和创造力。

对于这样的生活，我们没有什么好害怕的，但也没有什么好期待的。这种时间观只能掩盖但永远无法完全抹杀鹰和蛇最初一起翱翔天空的时间——过去和未来的碰撞。这便是旅途的时间特征，旅途中的每一个新故事都在拯救过去，就像鹰和蛇在盘旋飞行时的每一次转弯都会回到一个不同的、更高的出发点。查拉图斯特拉向往的活动生活并不是自足的、封闭的，自足封闭的生活只能重复已发生的故事。他渴望的是一种满溢的生命力量，这种力量永远在追求**更丰富**的自我，总是无限地向上盘旋，要回归自我，同时又超越自我。

对于这一点，尼采表达得十分清楚。在《查拉图斯特拉如是说》的结尾，尼采描述了查拉图斯特拉向往的生活特有的那种生机勃勃的快乐："快乐有什么不想要的呢？它比一切痛苦更焦渴、更诚心、更饥饿、更可怕、更隐秘；它要**自己**，它咬**自己**，循环之意志在快乐里面进行斗争——它要爱，它要恨，它过分富裕，赠予、丢弃、乞求人们来夺取，向夺取者致谢，它喜欢被憎恨；快乐就是如此富裕，所以它渴望悲哀，渴望地狱，渴望憎恨，渴望耻辱，渴望残缺，渴望**世界**——这个世界，哦，你们是知道的！……一切永恒的快乐都渴望失败，因为一切快乐都要它自己，因此它也想要痛苦……快乐要求**一切**事物永恒。"[26]

尼采认为，永恒的快乐不是无休止地从这一刻到下一刻体验的快乐，而是"要**自己**"的活动，是内在的满足，完全不需要外部的一切。但是，这样的活动，在要自己的同时，也想要失败和痛苦。在与苦难的对抗中，我们也在拯救过去。正因为过去能够得到拯救，生命才能焕发勃勃生机，才值得我们努力生活下去。

Happiness
in
Action

A Philosopher's
Guide to the Good Life

第 6 章

# 自由的意义

在自身导向型活动的概念中，蕴含着对自由的某种理解，这种理解对我们熟悉的自由概念提出了挑战。在讨论有关自由的问题时，我们往往会从自由意志和决定论的关系角度入手，而自由意志和决定论之间的争论由来已久。人到底在多大程度上有能力选择自己的行动——因此是自由的——毕竟社会的规范、成长经历的偶然性、进化力量的盲目性等因素都有可能预先决定了人的行为。哲学家、社会学家、心理学家和生物学家，似乎对此都有话要说。从这个角度来看，自由就是挣脱所有外部影响，按照自己的意愿为自己做出选择的能力。自由意味着自我与周围环境对抗，或者无论周围环境如何，都要主张自我。在电影《无间道风云》（*The Departed*）中，杰克·尼科尔森（Jack Nicholson）饰演的角色弗兰克·科斯特洛（Frank Costello）一出场就宣告："我不想成为环境的产物，我希望环境被我左右。"

不可否认的是，这样的想法是有说服力的。但这种说服力有一个前提，即我们认为，自己周围的环境只是冷冰冰的，会对我们的独立造成威胁。如果从我们提出的三种美德的角度来看，这是一种被严重误导的想法。只有我们从一开始就假定自我在本质上是一个被赋予了独立选择能力的主体，而这个主体面对的是一个由客体组成的外部世界，或者是一个向主体施加压力逼迫其服从的社会，自由意志和决定论之间的区分才有意义。只有在这样的前提下，意志和外部影响的互相制衡才能成为一个争辩不休的话题。但是，如果我们从一开始就被我们与事物的关系所定义，世界向我们提出索求，同时我们也肩负着塑造世界的责任，那我们就必须重新思考自由的意义。我们越是与事物打交道，越是关注它们、回应它们的提示，我们与世界之间的对立就越少。事实上，我们思考和行动的来源，就是这个世界。

当看到神奇的自然景观的时候，我们可能会对大自然的鬼斧神工感到震撼，同时也对大自然的神秘提示浮想联翩。此时此刻，我们的自我和能动性与眼前的自然景观是无法分开的。遇到朋友忽然向我们寻求帮助的时候，我们的行动也与眼前的这位朋友密切相关。事物**本身**以其特有的性质和特征吸引着我们，引起我们的关注，激发我们的解释力。只有一个毫无利益关系的，完全站在一个抽象、肤浅立场的旁观者，才能说我们可以选择这种做法或那种做法。当然，我们仍然有形式上的“自由”，可以拒绝向我们发出召唤的事物。但是，我们之所以会拒绝，只是因为其他事物也对我们提出要求，也来争夺我们的注意力。选择一种事物而拒绝另一种事物，这只是形式上的自由。比起这种自由，我们还有一种更重要的自由，即对我们负责创造的世界做出回应的自由。由此可见，我们最自由的时候，恰恰正是我们受制于某种需要的时候，而这种需要来自我们参与创造的生活本身。

## 自由意志的理想是愤世嫉俗的一种表现

在生活中，我们与周围的事物打交道、共处。当它们让我们感到失望，或者我们忘记了那些使得它们对我们有意义的故事时，它们才会沦为单纯的“环境”或者“社会背景”，我们才想要将自己的意志强加于它们、改造它们，或者干脆远离它们。

这是一种沮丧认命的存在模式。在这种模式中，我们将事物去人格化或者“客体化”，将自己封闭在事物之外，而不是努力去拯救它们，由此便产生了一种只注重自我意志的立场。为了应对这种沮丧认命的存在模式，我们可能对自己所处的情况做如下解释：我们作为主体——意识区域和选择核心——面对着一个外部的“世界”或者“社会环境”，对于外部的影响，我们或者被动地接受，或者主动地抵制。从这种解释可见，一切对自我称得上重要的意义都源于主观意识，世界或社会不过是一个事物和惯例组成的地方，经过长年累月的积累，人们对这个地方赋予了各种各样的主观评价。没有任何事物**本身**可以要求得到特殊对待或者特殊关照。作为一个主体，我们可以根据自己的偏好，按照自己的意志，自由地接受或者拒绝外部的“世界”或者“社会环境”构建的世界对我们的影响。

我们用主体和客体之间的区别来解释我们的身份和处境，以此来压抑和忽略我们一开始与事物之间的和谐关系——只是暂时受挫而已。一旦形成应对机制，我们对自我的主客体解释可能会通过各种巧妙的方式被重塑，这些方式甚至被认为是科学的、富有批判精神的，笛卡尔的怀疑论便是一个例子。自 17 世纪以来，笛卡尔的怀疑论对我们的影响从未停止。根据这种理论，外部世界的存在是无法确定的，除非我们自己的理性在可靠的方法指导下能够证明它不是一个纯粹的梦境或者想象。

从某种意义上说，陷入这种激进的怀疑会让我们显得怪异，而且令人不安。但是，在我们面对世界、遭遇挫折时，怀疑论实际上能够带来某种存在主义的安慰，它为我们提供了一种理论上的逃避主义，让我们满足于这样的想法：在主观意识验证客观存在之前，没有什么东西是真正的“存在”。这种想法也提出了令人振奋的挑战：我们要克服看似真实的东西的虚假性，而且要作为一个独立于外部力量的存在承担起自我的责任。我相信，很多当代影视故事之所以备受追捧，其魅力就在于克服幻觉所带来的兴奋和使命感，例如热门电影《黑客帝国》《盗梦空间》和《楚门的世界》。这些电影故事都以笛卡尔的怀疑论为基础，将英雄主义表现为对表象世界的逃离，而表象世界其实是一种由某种操纵力量创造出来的幻觉。

从根本上说，从主客体视角对世界进行解释，是对现实中的挫折和失望的逃避。但是，这种解释只可能出现在全力投入、坚守承诺的生活方式中，而这样的生活方式是不会区分自我和世界的。因此，只要对“主观”和“客观”的事物，或“表象”和“真实”的事物进行仔细审视，我们就会发现，它们之间的关系比乍看之下要紧密得多。例如，在基于笛卡尔怀疑论的电影中，那些所谓的虚构世界或者梦境世界，虽然有一些奇怪的自相矛盾之处，但是角色在里面也是有互动和接触的，与电影后来揭示的“真实”世界也十分相近。最终，这些电影也只能告诉观众，两个世界之间存在某种连续性，角色会带着在一个世界中得到的感悟进入另一个世界。只要仔细想一想这种连续性，我们就会明白，对于追求自我理解的人生来说，区分假与真、主观与客观其实并没有意义。如果在梦境中，我们学到了一些关于如何生活的道理，对我们醒来之后的生活具有重要意义，那我们就不能以梦境中的事件“不真实”为由而将其摒弃。正因为如此，当我们被一个引人入胜的故事或小说作品吸引时，我们并不会一边沉浸其中，一边去琢磨这些故事是否真的发生过。一旦“故事是真实的还是虚构的?”问题在我们脑海中出现，我们要么很快意识到故事的虚实问题只是猜测而无须探究，要么以一种事不关己的外部视角对虚实问题寻根究底，而放弃挖掘这个故事背后更深刻的意义。

这种自我与世界、主体与客体的紧密关系，也可以在那些不怀疑周围环境的存在，但会将自己与环境分开并试图按自己的意图改变环境的人身上看到。即使在这种玩世不恭的疏离中，我们也可以看到一种参与和投入的活动模式，不能简单地用意志力和强加意志来解释。在《无间道风云》中，杰克·尼科尔森饰演的角色是一个典型的支配者（原型是臭名昭著的南波士顿黑帮老大巴尔杰）。即便如此，他对“周围”事物的“统治”也依赖于某些人的忠诚和承诺，甚至称得上是友谊和团结。即使他不相信任何人，怀疑自己手下所有人都可能是警方卧底，但他仍然相信身边的一个得力助手。这位助手也一直忠心耿耿，直到最后一刻也没有背叛他。他千方百计想找到谁是卧底，归根到底也是因为他对尊重的痴迷。这一点清楚地证明，他周围的环境不仅仅是他意志的产物：环境是一个自立自在的现实，他要从环境中得到认可。如果他毁掉这个现实，那他同时毁掉的，一定还有他自己为之赌上性命的“荣誉”——他需要有人尊重他的领导，服从他的指挥。由此可见，即使是鼓吹任意支配他人的生活方式，我们也能从中发现接受和回应活动的蛛丝马迹。

## 事物本身的活动

要充分理解我们自己和我们回应的事物之间的相互关系，我们也可以从事物的角度来理解活动。我们表达活动的惯常方式是“我对事物如何”，比如我们说“我打棒球”。但是，我们也可以用“事物对我们如何”的方式来表达活动（“棒球打**我**”）。从主客体世界观的角度来看，这种说法可能听起来很奇怪，因为它似乎虚假地赋予物体以生命，但在许多语言里，这是表达密切关系的常见方式。例如，“I like”（我喜欢）这个英语短语在西班牙语中没有完全匹配的表达形式，意思最接近的翻译是“me gusta”，字面意思是“它**让我**愉快”。颠倒句子主语和宾语的位置，使所说的事物从一个单纯的客体变为一种本身有生命的力量。英语的表述将主体“我”作为行动的核心，与英语的表述不同，西班牙语的表述突出的是被世界吸引的体验。

即使讨论的对象是一个明显静止的物体，如棒球棒，只有在我们**对它**采取行动的时候，它才会发挥力量，这个物体也可以理解为拥有自己的力量。任何击球手都知道，棒球棒本身也需要尊重：它必须以某种非常精确的方式挥动，才能正好与棒球接触，因此**才是一根棒球棒**，而不是一个长长的、奇怪的、占地的锥形圆柱体。如果一个沮丧的击球手愤怒地挥舞着球棒，完全不注意球棒自身的结构特点，这根球棒就会完全违背击球手的意志立场。更宽泛地说，即使球棒只是放在那里，等待被人使用，因为它曾经出现在不同的场合，见证过很多故事，所以它也会对使用者产生共振。只要球棒让击球手想起这些场合和故事，而且他也因此受到激励，能够顶住那一刻的巨大压力，无比冷静地踏上本垒板，那我们就可以说，通过与使用者的合作，球棒本身发起了活动，即让击球手开始行动。

自我和世界之间的相互关系实际上是活动的逐渐展开。既然如此，如果把活动只局限于人类的活动，那就是错误的。无论事物本身看上去如何静止，活动都是**事物将自己呈现出去**被人解释的方式。活动并不是我们带到这个世界上的东西，而是一股决定世界本质的力量。

## 我们面对的非此即彼从来不是抽象的

但有时候，我们的自由似乎就是一种选择，站在人生的分岔路口，决定走这条路还是走另一条路，似乎会让我们落入截然不同的生存可能。在这种时候，我们该怎么办？我们承诺的事情非此即彼、互相冲突，让我们左右为难，但除了自己的意志，我们再无其他可以动用的资源，无论走向哪一条路，都只能大踏步向前，再也无法回头，在这种时候，我们该怎么办？有一种观点认为，自由就是通过自己的选择创造自我。这种自由观的倡导者甚多，其中最著名的是法国存在主义哲学家让–保罗·萨特（Jean-Paul Sartre）。为了证明自己的观点，他讲述了下面这个故事。

在战争期间，他的一个学生来向他求助，因为学生遇到了一个左右为难的困境：要么去英国加入“自由法国”军队，要么留在法国照顾他生病的母亲。这位学生的哥哥在1940年抵抗德国大进攻时阵亡，他非常渴望替哥哥报仇雪恨，所以想去英国。同时，他觉得自己有责任留在母亲身边，尤其是母亲在失去长子后悲痛欲绝，而她的丈夫却支持与德国合作，这让她非常失望，夫妻俩经常为此爆发争吵。这位学生认为，要是他也离开母亲，在战场上阵亡，那他的死将使母亲陷入绝望。

萨特认为，让这位学生左右为难的困境，实际上是两种“非常不同的行动：一种（是）具体的、直接的，但只为一个人着想；另一种的目标要远大得多，涉及一个庞大的集体，涉及全国人民”。萨特强调，这种困境也是“两种道德”之间的困境：一方面是“同情，是对个人的忠诚”，另一方面是“一种更广泛的道德，但是其效能更令人怀疑”。[1]

萨特由此得出结论：不得不面对这种看似不可调和的两难状况，这恰好证明了为自己选择的必要性。他问道，除了我们自己的个人意志，我们还有什么可以依靠的？萨特讨论了几个可能帮助我们做出选择的所谓的先验道德判断标准：人类的本性、康德的伦理学说。萨特指出，所有这些标准都是不确定的，对非此即彼的两个选择都有支持性。萨特认为，我们只剩下一个选项：不要犹豫，做出选择，用自己的选择来创造未来的人生道路。他建议学生，无论选择哪一条路，都必须坚定决心，坚持到底，为自己的选择承担全部责任。

毫无疑问，萨特的论述具有一定的说服力，至少他对“外部”决定来源的批判和他对自己做决定的呼吁是令人信服的。但与此同时，他提出的自由概念也有一些无法令人满意的地方。根据他的观点，在做决定的时候，我们能依靠的只有自己，没有任何指引和方向。萨特毫不犹豫地给这种自由贴上了“荒谬”的标签，甚至称这种自由是“令人作呕”的。

我们可以对这个问题做如下陈述：如果一切意义都源于自治独立的意志，那么意义就可以被意志撤回，由此可见，意义的产生是随心所欲的。在与外部压力的对比之下，这种自由概念似乎能赋予我们力量，但是这样的自由本身却完全没有方向，在某种意义上甚至毫无力量。盲目的、毫无根据的决定能有什么力量呢？

萨特对自由的解释可能无法令人满意，甚至让人感到不安，但我们不能因此就简单地摒弃这种自由观。我们还要想一想，这种自由观为什么未能充分反映我们实际面临的存在主义困境。这位学生面对的是一个真实世界的难题，无法通过抽象化的道德标准得到彻底解决。萨特讲述这个难以解决的困境，目的在于为意志辩护，他质疑抽象化的道德标准，但他自己却犯了抽象化的毛病。根据他的论述，我们有两种选择：要么依靠自我之外的某些客观道德标准（人类的本性、康德的伦理学说），将其作为选择的指引，要么只依靠纯粹的主观意志。萨特选择了后者。但是，在做出选择时，他并没有质疑主体和客体的区分。萨特忽略了这样一种可能性：在生活中，人通过与事物打交道，与他人合作，形成了自己的行为准则，而这些行为准则既不是主观的，也不是客观的。

仔细看看摆在这位学生面前的选择难题，我们可以看到，两个选择彼此之间存在一种密切关系，而且这种关系削弱了选择的存在主义意义，但是萨特没有看到这种关系。单从萨特讲述的故事来看，学生参加“自由法国”军队的想法也不能与他对母亲的孝心完全分开。根据萨特提供的故事细节，我们知道学生的母亲自己也希望投身于法国的自由运动，她在家里感到痛苦，主要是因为她的丈夫支持与敌国合作。我们还知道，她的长子在抵抗德国人的进攻时遇害，她的悲痛也与长子的死亡有关。在这种背景下，我们可以说学生加入“自由法国”军队的决定既是对国家的忠诚，也是对母亲的孝心。如果学生加入法国抵抗运动，他就可以履行一个同时被母亲认同的使命，而且母亲的长子，也就是他的哥哥，还为这个使命付出了生命。前往英国之后，虽然学生无法直接陪伴在母亲身边，但他会以不同的方式支持她：继承她长子的革命事业，投入到联结母子三人的使命之中。

当然，这个决定需要付出一定的代价。如果他选择为法国而战，他就会面临在战场上阵亡的风险，他的母亲可能因此陷入更深的绝望。同时，她只能独自面对支持与德国合作的丈夫。考虑到这些原因，他也可能决定留下来。在他面前，有两种非常不同的选项，无论他选择哪一种，都是在行使意志。要正确认识这种情况，我们真正要问的问题不是哪一种选择要付哪些代价，而是两种选项是否只能是非此即彼的关系——选择了一种，就只能放弃另一种。就好比这个学生，他既不会为了国家而抛弃自己的母亲，也不会为了留在母亲身边而放弃对国家的忠诚。

我们很容易想象他支持母亲的方式——提醒她为国家而战是多么重要，她的长子已经为此献出了生命，而且质疑她丈夫的政治观点——这一切都与对法国的忠诚有关。而且，就算决定留下来和母亲待在一起，他仍然可以尽其所能，在后方支持法国的抵抗运动。

如果我们注意到实际生活中各种可能性之间的联系，我们就会明白，萨特错误地把学生的选择理解为“两种非常不同的行动”和“两种道德”。[2]萨特说两种选择非常不同，他这样做其实是居高临下地对学生的困境进行抽象化界定，仿佛生活中的不同行动路径是相互独立的，可以并排摆在一起仔细审视，而且事先就能确定彼此之间势不两立。萨特是反对先验决定论的，但是他对选择的理解实际上也是一种先验决定论。他认为，我们可以从一种超然的视角来看待生活，事先就可以明确知道两个选择无法调和。但是，如果我们认为人生是一次我们全力投入、坚守承诺的旅途，那么生活中每一种选择的意义，在很大程度上取决于它与另一种选择的关系，我们甚至可以说，两种选择的意义可能是**一样的**。但这并不是说，两种选择是相同的，学生根本没有面临选择难题，而是说，我们不能将学生在这种情况下的自由简单地理解为他可能做出的任何选择。学生之所以面临如此选择难题，正是因为他的人生具有统一性。也就是说，他爱自己的母亲，也爱自己的国家，这两种爱相互交缠、密不可分，正因为如此，他才会感到左右为难。学生真正的自由就是身体力行，将一个开放的人生故事进行到底，这将引导他做出选择。

他的人生必然会遇到两难境地，这是由他一直以来的生活方式决定的。我们可以想一想，在当时的战争背景下，他还可以选择其他无数种道路——比如加入轴心国，或者抵不住诱惑，既不加入抵抗运动，也不留在母亲身边，或者干脆什么都不选，像鸵鸟把头埋在沙子里一样逃避现实。当然，这些道路完全不符合他迄今为止的人生轨迹，所以根本就不会被他列入考虑范围。他的选择之所以有意义，根本原因在于在选择之前，他的自我与世界已经建立了统一性。换言之，在决定走上一条道路时，他并没有放弃另一条道路，而是想办法以不同的方式实现它。

从这个角度来看，选择的意义并没有那么大，意志的地位也没有那么重要。这并不是说学生没有面临着分岔路口，如果他选择不同的方向，他将成为一个不同的人或者重新创造自身。我们只是说，无论他选择走哪一条道路，最终都会殊途同归，回到同样的生活方式。

他到目前为止的人生旅途已经塑造了他与自我的关系、与他人的关系、与世界的关系，这些关系形成一张网，决定了他在人生旅途中的行动路线，无论他做出什么样的选择，都可以说是这条行动路线的下一步。具体而言，前往英国和留在母亲身边这两个承诺相互关联，彼此赋予意义，无论他选择哪一个，他都在兑现这两个承诺，而且兑现承诺的旅途是无限的，他的选择只是往前迈出了一步。

归根结底，自由不是一种可以在某些时刻行使意志的能力，而是一种生活方式。我们在已经进行的生活里实践各种各样的可能性，所以我们也一直沉浸在这种生活方式里。可以说，自由的反面不是被外部力量左右，而是各种形式的自我奴役，其中一种便是以区分主客体的视角来看待世界。在我们绝望的时候、遇到挫折的时候、与事物的和谐关系被打破的时候，我们构建了一个由主体和客体组成的世界，我们相信自己对世界的解释，仿佛世界本来就是这样的，完全无须证明。因此，自由的反面本身就是自由的一种形式：无限的误解和误入歧途的能力——自由反过来作祟。

在生活中，我们常常表现得好像我们做出的选择是如此重要，仿佛走这条路而不是那条路就会走向截然不同的生活。但是，把人生看作分岔路口的观点其实是一种抽象化的目标导向观念。根据这种观念，人生中的一切都只是互不相关的成就或者选择，而不是在旅途中有待发展的可能性，需要与他人一起合作挖掘。如果我们把注意力转向自身导向型活动，我们就可以纠正这种观点。重要的不是我们选择了什么，而是我们如何贯彻我们的选择。

矛盾的是，最重要的选择却是我们心中已有定论的选择。我们知道这条道路是正确的，但因为受到某些诱惑的干扰，我们很难做出取舍。我也会遇到常见的选择困境，比如早上闹钟铃响之后，我是马上起床去跑步，还是按掉闹钟，躺在床上再睡一会儿。但是，这种选择的所谓自由其实是相当有限的，因为我已经默认跑步对我来说是正确的选择。面对再睡一会儿的诱惑，选择起床是行使自由，在某种意义上也能使人产生力量。但是，起床的选择，只有在我已经**开跑**时，才有意义。这种行使自由的特殊方式体现了自我与世界的统一，我迈出的每一步都离不开重力、太阳、风和地面的影响，但与选择或者意志毫无关系。在选择的时候，无论我们说自己有什么形式的自由，这种自由都取决于一种更深层的自由，即回应和解释的自由。

即便在我们感到自己孤立无援，认为自己的坚定决心只是意志的产物的时候，情况也是如此。对此，哲学家莫里斯・梅洛–庞蒂（Maurice Merleau-Ponty）给出了一个极具说服力的例子：

> 我们对一个囚犯严刑伺候，让他招供。我们想逼他说出名字和地址，但是他拒绝开口。他拒不招供的决定并不是孤立地、毫无根据地做出来的；他仍然觉得他和他的同志在一起，仍然投身于他们的共同斗争……或者这种严刑逼供的考验，他已经在脑海里经受了几个月，甚至几年，他把自己的整个生命都押在上述这种考验上；最后，他可能希望通过战胜这个考验来证

> 明他一直以来关于自由的想法和说法。拒不招供的动机并不意味着他失去了自由，但它们至少表明，自由在存在中并非无依无靠。总之，顶住严刑拷打的不是赤裸裸的意识，而是囚犯自身，他之所以顶得住严刑拷打，是因为他与他的同志在一起，与他所爱的人在一起，与凝望着他的人在一起。[3]

因此，我们总是与他人在一起，我们的自由既来自他们，也来自我们自己。

## 自由和对未知的开放态度

最后，自由还有一个层面值得一谈，即自由与对未知的开放态度之间的关系。在某种意义上，体现自我掌控、友谊和与自然接触的自身导向型活动带有某种“先见之明”——对自我和世界是一个整体的理解，这种理解使我们在遇到两难困境或者艰难抉择时做出可能的选择。一旦我们意识到自己有能力做出选择或决定，我们就已经明白，我们要履行的不同承诺之间出现了矛盾，而之所以出现矛盾，是因为这些承诺之间是相互依赖、此消彼长的，它们的意义和合理性来自彼此的存在，就算呈现出和谐一致，也只是暂时的。承诺之间的相互关系是由我们整个人生决定的，人生是一个更大的整体，虽然我们平时几乎意识不到这个整体，但是我们百分之百确信，我们能够利用人生其他方面的经验和教训来理解眼前的困境。这种“先见之明”正好反驳了存在主义的观点，即人完全是自己创造的，仿佛人可以通过选择行为从无到有地拼凑出自己的自我身份。

这种“先见之明”可能是明确的，也可能是隐晦的。例如，在母亲需要的时候，我会做出孝顺母亲的举动，在这样做的时候，我也许知道自己是一个孝顺的儿子，但是我并没有明确意识到自己的行为是一种孝顺，更不会将自己与家人的关系和其他关系（比如与朋友、同事、邻居、同胞的关系）比较一番后，得出一个与家人的关系比较特别、具有特殊意义的结论，然后再去孝顺母亲。当然，我也可能用孝顺这样的标准来要求自己，我的孝顺举动体现了我现在的自我形象，同时也是我渴望拥有的自我形象。无论是哪一种情况，我对自我的理解都足以应对未来任何一种可能性，使我拥有一个安稳、圆满的人生。无论未来遇到什么事情，我都会忠于自己，忠于与我命运相连的人。归根到底，这种“先见之明”就是自我掌控的本质，只有实现自我掌控，人才能成为真正的自我——成为一个连贯的整体，而不仅仅是一堆互不相干、无法理解的琐碎经验拼凑起来的集合。即使在极度怀疑自己的时刻，我们心中也依然记得这种对自我的认识，虽然这种认识可能十分模糊。

这种对自我的确定性也构成了自我的本质。但是，这种确定性同时伴随着一种对未知的彻底开放。人只有在比较、类比、判断等行为中才会认识作为一个整体的自我，而所有比较、类比和判断的行为，都是由大大小小的破坏引起的。在人可能做出任何选择之前，构成自我身份的整体就已经存在了。这个整体是一个活动的整体，是一个不断经受考验、不断重新发现的统一体。

我们可以从另一个角度来理解这一点：在最坚定的承诺中，我们既宣告不可动摇的确定性，又欢迎最彻底的未知。比如当我们无比坚定地说“无论发生任何事情我都会支持你”或者“我将忠于职守”时，就意味着我们要拥抱深不可测的神秘未来。如果不存在遇到严重破坏的可能，即便是最信誓旦旦的承诺也会失去意义，缺乏分量。

因此，在认识自我、实现未来的同时，我们也拥抱人生的开放性，期待令人兴奋的未知可能。在这种人生中，困难与痛苦、救赎与快乐是不可分割的。正是这种开放性将自身导向型活动与目标导向型活动区分开来。从目标导向的角度来看，人生唯一的未知数就是能否成功实现构想好的愿景。我们越是为目标疲于奔命，就越想寻找更有效的生产技术和成功方法，以消除在通往目标的道路上的一切不确定性。因此，目标导向观念和技术论会齐头并进，两者成为共谋，试图使生活变得可预测，使一切都在我们的控制范围内，没有任何风险，我们也不会冒险。从最宽泛的意义上说，技术论和目标导向观念其实没有什么不同。

希腊人所说的“techne”（技术），也就是我们今天的“technology”，本质上就是以目标为导向的。在希腊语中，techne 指的是关于如何制作某一物体的知识，而物体的形状是已经知晓的。对希腊人来说，典型的技术是工艺知识，即木匠按照桌子的形状用木头建造一张桌子的知识。如果我们认为，幸福就是一个有待执行的目标或者人生计划，那技术的含义也同样适用于我们对自己进行的这种自我创造。技术的目的是要产出可靠的结果，消除一切意料之外的情况。技术知识一直是而且永远是生活的一部分，但在我们这个时代，技术知识已经上升到如此突出的地位，甚至已经将最基本的好奇和灵感体验蚕食殆尽，而这种好奇和灵感体验却是任何一种知识的基础。我主张，我们要通过“自身导向型活动”回归生活本身，并且认识到，我们眼前看似无可怀疑的“存在”，是通过对生活的某种解释给予我们的，有待我们分析或者构建，而这种对生活的解释一直在进行之中，所以我们永远无法全部掌握或者理解。

与产生结果的技术自由相反，我们还有踏入未知世界的自由，这种自由使我们重新回到自我和世界的相互作用中。从这个角度来看，自由不是意志、选择、构建或预见等力量，而是一种**开始**的力量。

想想看，即使是微小的姿态和行为，其后续的发展和变化也可能远远超越一开始任何一种有意识的意图。我们去做一个新项目，接受一个邀请，不遗余力地帮助一个陌生人，鼓起勇气邀请某人出去约会，接下来我们却发现，我们已经投身于一个新的职业，或者有了一段新的恋情，走上了一条我们当初无法预见的道路。一方面，是我们自己行动的力量使事情开始进行，推动事情的发展。如果我们没有做出开始的姿态，也没有对其后果采取后续行动，事情就不会变成现在这个样子。另一方面，我们回过头来看看，这种开始的力量远远超越了我们当时任何一个有意识的意图，如果要我们明确那是什么意图，我们想到的往往也只是陈词滥调，或者是一些微不足道的东西。

我们的行动总是超越我们的意图，因为行动在一个我们无法预料其反应的世界中产生影响。只有在使自我与世界统一起来的种种力量的相互作用下，我们的行动才能发挥出它本来的价值。换言之，我们的行动只有被接受并以全新的方式回应，才能成为一种开始的力量。因此，我们被自己的行动抛进了一个永恒的接球游戏中，但是对于接球游戏蕴含的深意，我们只能暂时理解或者在事后才能理解。

也就是说，有些事情之所以给我们留下最深刻的烙印，之所以最能说明我们的自我身份，不是因为我们有意识地排除其他可能性而选择它们，也不是因为它们构建了一个曾经只存在于我们想象中的现实，而是因为它们开启了命运的车轮，从那以后，命运就开始向我们走来，完全超越我们的预期或者意愿。在回首过去时，我们会发现，我们现在的生活是由一个承诺或行动造就的，但是在承诺或行动的那一刻，我们不可能对此有所预见。由此，我们便可以看到，无论是否经过深思熟虑，无论我们是否意识到，此时此地的活动都在超越自身，为我们开启尚未确定的未来。真正的自由就是这种开始的力量，不是我们有意识的努力和建构。很多时候，我们发现自己深陷于各种各样的目标之中——完成阶段性人生目标，在工作中出人头地，在社会上建功立业，完成日常任务，给别人留下好印象，关注未来的健康、安全和稳定——诸如此类的目标让我们总是忙忙碌碌、规规矩矩。我们紧紧地抓住它们，就像抓住救命稻草一样，生怕一不小心分了神，迷失在各种各样的生活琐事之中，最终导致自己的人生变得盲目乏味、杂乱无章。但是，至少在某些时候，我们会意识到，是我们的目标和野心让我们分了神，使我们无法专注于一种大写的人生。在遇到失败的时候，或者在焦虑怀疑的时刻，我们也许会想到，无论目标多么崇高，多么高贵，人生中总会一些有比实现目标更重要的东西。虽然这样的想法可能只是一闪而过，我们很快就会重新振作，充满信心地继续为目标奋斗，或者转向一个新的目标，但我们心里永远都会有一丝难以抹去的遗憾：我们如此努力争取的东西在更大的事情面前没有什么意义。

在成功的那一刻，在我们意识到目标已经达成，不再是动力来源的时候，这种遗憾会变得更加强烈。成功带来的满足感转瞬即逝，如果我们对此稍加反思，我们也许就会以更宏大的视野，从无限的时间和所有人类成就的命运角度审视我们的努力。就算我们专注于制造、制定、建设，我们也难免会想道：即便是最伟大的成就也会成为明日黄花，即便是最响亮的名号也会烟消云散。

时间的流逝是不可避免的，我们要寻找一种将自己从时间的流逝中解放出来的方法。为此，我们可能会转向将永恒和终极满足定位于人类事务之外的哲学思想。例如在自然的循环中，一切事物都可以分解和重新组合。我们已经知道，斯多葛学派便是这种哲学思想的典型代表。斯多葛学派告诉我们，人事无常，自然永恒，我们要从对自然的沉思中寻找慰藉。斯多葛学派和很多哲学思想都认为，我们在其中奋斗的世界只不过是通往别处的一个中转站。自身导向型活动提出了另一种观点：我们追求的更大意义，不在于客观宇宙的永恒法则，而在于此时此刻的旅途，人的自我——真正的自我——通过这段旅途得到了表达和体现。要理解这段旅途，我们要认识到，无论受到多少限制，无论目的性有多强，任何一件事情都代表一种使命，其本身就具有意义和重要性，与其他事情一起构成一个互相联系的整体，这个整体表达了一种对生活方式的理解，代表着一个完整的人、一个完整的自我，不是诸如各种职位、任职单位等可以写在简历上供人复制的信息集合。因为自我是由旅途定义的，我们在旅途中会有各种各样的际遇，有朋友和敌人、路标和歧途、裂缝和桥梁，所以自我展开的过程同时也是世界展开的过程。旅途中每一个时刻都是已经在进行中的自我体现，它不需要由未来去完成或者验证。在这个意义上，旅途的每一个时刻是永恒的：不是永远持续下去，而是避开了常规的时间持续或延续的衡量标准。人生本身就可以用来衡量时间的流逝——只有作为旅途的人生，才能使体验一连串的时刻，才可以衡量手表上显示的、可以量化和计算的时间。

人生是一段旅途，这是我们最终唯一的立场。从旅途的角度来看，尚未实现的未来这种概念本身没有任何意义，也缺乏合理性。无论未来可能带来什么，都只能重申我们现在已经拥有的生活方式。也就是说，我们拥有的现在具有封闭性和开放性，是独一无二的，只要理解生活在现在的意义，我们就能明白生活在任何时代的意义。

现在是永恒的。理解永恒的现在，我们就能理解每一个时刻的开放性和封闭性，我们的人生也正是由这种既开放又封闭的时刻构成的。从这个角度来看，过去和未来不是时间轴上的节点，而是时间的基本维度。任何一个现在都包含过去和未来这两个维度。如果时间没有同时具备开放性和封闭性，我们将无法理解或体验时间的流逝。要是我们的人生对未知不是彻底开放的，对挑战、考验和肯定没有任何渴望，而是完全封闭的，即我们人生的全部意义已经确定，那我们就永远无法面对我们身后永远不再回来的过去时刻。既然我们现在的自我身份已经确定，从现在所知的自我身份出发，我们就可以理解一切发生在我们身上的事情，没有任何神秘可言。在这个意义上，往事仍然留在现在，根本没有成为过去。正是因为往事一直都没有成为过去，仍然与我们在一起，与不再改变的、静态的自我意识融为一体，我们才不希望把往事留在身后，也不渴望往事再次重现。如果只有封闭性，没有开放性，尚未到来的未来时刻也会陷入类似的困境。要是我们人生的本质已经决定，我们就不会带着焦虑或兴奋的心情去展望尚未到来的一切，明天只不过是今天的重复而已。

与此同时，如果我们生活的意义没有封闭性，完全无法确定，只有彻底的开放性，我们也一样无法体验时间的流逝。可以说，每一个时刻都在发生激烈的转变，每一个时刻都在进入全新的存在，完全没有回顾或预期的基础。正因为我们的人生具有封闭性，同时也向未知开放，每一个时刻都包含过去和未来，我们才能回首过去，才能展望未来。在回首过去时，我们可能黯然神伤，可能挫败沮丧；在展望未来时，我们可能充满期待，可能恐惧惊慌。我们会渴望挽回某一个特定时刻，或希望已经不在人世的亲人重新活过来，我们之所以用这种方式回首过去，正是因为我们人生的封闭性或方向性正在让我们走向未知，我们需要得到灵感、指引和安慰。只要我们意识到这一点，我们就会明白，时间的流逝不是让我们备受折磨的外部事实，而是我们自己的行动带来的结果。时间的流逝与我们正在过的生活是分不开的，而我们正在过的生活是一种全力投入、坚守承诺的生活。

过去和未来在现在统一起来，使现在同时具有封闭性和开放性，这便是最基本、最本质意义上的时间。但是，如果我们的人生以目标为导向，我们就会拒绝这种时间观。在目标导向的时间观下，所有的事情要么已经完成，要么即将完成。严格地说，没有什么事情是处于进行之中的。因此，我们所焦虑的、所期待的东西，看上去都跟未来有关，但实际上它们拒绝开放性。以目标导向的视角来看，人生就是一件事情接着一件事情，所有事情都是一样的，一切都永无休止地重复下去。目标导向的时间具有扁平化的特征，这一点与斯多葛学派的时间观一致，斯多葛学派看似提供了另一种选择，实际上与目标导向的时间观没什么两样。

说到底，两者都从抽象的延续性来理解时间，两者都忽略了真实的过去和未来。但是，如果忽略了真实的过去和未来，我们就无法拥有全力投入、坚守承诺的旅途，也不可能体验时间的延续性。

从某种意义上说，无论我们多么关注目标导向的未来，永恒的“现在”仍然牢牢掌控着我们。只要我们投入体现友谊、自我掌控、与自然接触三种美德的活动，我们就会产生被现在掌控的感觉，而将未来暂抛脑后。即使我们全然没有丝毫自我牺牲的意识，我们也会去帮助朋友，或者履行那些打动我们的承诺，完全不顾我们最珍视的目标，甚至忘记了生命的延续。这样做才符合我们的认知——跟现在要做的事情相比，明天我们能成就什么、能维持什么，都是次要的，因为我们现在马上要做的事情关乎我们是什么样的人，决定我们的自我身份。

一边是永恒的现在时刻，要求我们马上投入其中，另一边是尚未到来的短暂时刻，以某种成就或者生活状态引诱着我们，在大多数时候，我们往往徘徊其间，左右为难。我们知道，参加朋友的婚礼是有意义的，但我们觉得工作太忙，实在无法成行；或者我们意识到，确实应该维护自己、坚持自我，但又担心这样做会危及我们的社会地位。正是在这种时候，我们才更要反思自己的生活。眼前的生活已经无法打动我们，我们需要求助于对生活的解释，通过解释生活的意义来提醒自己什么才是重要的。我们一直都知道什么才是正确的，但又很难抵御目标导向的幸福观，所以我们往往选择逃避或者不予重视。在哲学的帮助下，我们可以放大真理的召唤，让哲学和日常生活紧密结合起来。哲学并不是一门高高在上的理论学科，也绝不会用抽象代替真实。相反，哲学是一份不可或缺的生活指南，引导我们回归最具体的生活。

Happiness
in
Action

A Philosopher's
Guide to the Good Life

# 致 谢

本书的诞生离不开朋友、导师和家人的支持和帮助，回想撰写本书走过的历程，回顾与朋友、导师、家人之间的对话和友谊，是一件令人快乐的事情。

我写书的最初想法来自威尔·豪泽（Will Hauser）的建议。威尔是我的一个老朋友，也是我的训练伙伴，是他鼓励我把健身和哲学这两个看似毫不相关的爱好联系起来的。在读大学的时候，我和威尔就一起练习举重。从那以后，我们俩经常会在一起聊天，探讨训练活动蕴含的许多人生道理，比如友谊和竞争可以相互促进——这一点也是本书的重要论点之一。在体育比赛中，我结识了许多朋友，本书的很多灵感就源自他们，他们的存在让我更加相信友谊和竞争是相辅相成的。我以前参加本地“健身游戏”比赛的头号劲敌杰伊·菲塞（Jay Fiset）如今已经成为我的亲密朋友，他也是我在本书提出的三种美德的典范。斯科特·罗伯逊（Scott Robertson）也是我的一个灵感来源，在我刚对哲学感兴趣的时候，我就认识了斯科特，从他身上，我看到了友好竞争的精神。在我看来，友好竞争是友谊不可或缺的内涵之一。

罗恩·库珀（Ron Cooper）给了我无比坚定的支持，他曾经多次创造吉尼斯世界纪录，是他激励我去创造自己的世界纪录，现在他已成为我的好朋友和训练伙伴。我们不但一起训练过，还留下了难忘的回忆，而且在我提交本书手稿的最后冲刺阶段，他还抽出时间阅读手稿并提出意见，对此我非常感激。

马修·克劳福德（Matt Crawford）的杰作《摩托车修理店的未来工作哲学》（*Shop Class as Soulcraft*）给了我极大的鼓舞，使我更有信心将哲学、日常生活和个人叙事结合起来。我是在2014年认识马修的，当时他邀请我到弗吉尼亚大学做演讲，介绍我的第一部作品。从那以后，我们经常一起探讨实践智慧、技术的局限性、人类能动性的意义等议题，这让我受益匪浅。

将健身和哲学结合起来并非易事，为此我进行了大量的思考。在思考的过程中，我记录了许多关于时间的意义的笔记和想法。我曾跟随克日什托夫·米哈尔斯基（Krzysztof Michalski）学习哲学，他对时间与永恒的关系的思考给我留下了深刻的印象，从那以后，时间的意义这个话题就一直吸引着我。

我还要特别感谢几位导师，他们在我撰写本书的不同阶段审阅我的手稿，并给了我十分慷慨和宽容的评价。摩西·哈尔伯塔尔（Moshe Halbertal）指导我思考自身导向型活动的意义，鼓励我把对古代文本的解释与我们在自己的时代如何生活结合在一起。肖恩·凯利（Sean Kelly）的建议让我对斯多葛学派的批判更加有力，帮助我厘清自然的概念，区分活动的不同含义。在新冠疫情暴发早期，我曾经对这个写作项目感到十分沮丧，是肖恩的支持和热情感染了我，使我重拾信心。

自从我在本科时期接触政治哲学以来，拉斯·缪尔黑德（Russ Muirhead）一直是我的良师益友，我从他那里得到了很多建议、支持和友谊。他对思想的游戏态度、对质疑传统智慧的开放态度一直鼓舞着我。

我也非常感激布赖恩·加尔斯滕（Bryan Garsten），他对古代哲学和修辞学的分析十分敏锐，是我从事写作的榜样。

我想向我的朋友尤利乌斯·克赖因（Julius Krein）、劳里·普雷斯利（Lowry Pressly）、彼得·加农（Peter Ganong）、朱利安·森皮尔（Julian Sempill）和胜浩·金李（Sungho Kimlee）表示感谢，他们阅读了本书的手稿，提出了有益的建议，使本书增色不少。我不会忘记与胜浩在一起的时光，尤其是与他的精彩对话。

撰写本书耗时甚久，其间我在哈佛大学法学院攻读法学博士学位。因此，我要感谢露丝·考尔德伦（Ruth Calderon）、迪克·法伦（Dick Fallon）、玛丽·安·格伦顿（Mary Ann Glendon）、兰迪·肯尼迪（Randy Kennedy）、托尼·克龙曼（Tony Kronman）和玛莎·米诺（Martha Minow）。如果没有他们的支持，我将无法完成撰写此书和攻读学位的双重任务。我还要感谢杰克·科里根（Jack Corrigan）的实践智慧和长期指导，感谢阿卜杜拉·萨拉姆（Abdallah Salam）多年来的友谊及每次一起讨论哲学带给我的鼓舞。

感谢哈佛大学出版社的伊恩·马尔科姆（Ian Malcolm），对于这个反传统的写作项目，马尔科姆总是保持坚定的信念。他非常仔细地阅读我的手稿，鼓励我坚持将哲学和个人叙事结合起来。在我完善本书框架的过程中，莎米拉·森（Sharmila Sen）也提供了她的见解和支持，鼓励我更深入细致地批评目标导向型活动。我还要感谢威彻斯特出版服务公司的布赖恩·奥斯特兰德（Brian Ostrander），他的专业管理使本书得以顺利制作完成。

最后，我要向家人致以最深切的感谢——我的父亲迈克尔·桑德尔（Michael Sandel）、母亲琦库·阿达多（Kiku Adatto）、哥哥阿龙·桑德尔（Aaron Sandel），以及我的未婚妻海伦娜·费雷拉（Helena Ferreira）——他们是我最大的支持者，是最能体现自我掌控、友谊和与自然接触三种美德的典范，也是我在写作上最值得信赖的顾问。写作是一项非常孤独的活动，是家人的爱、鼓励和建议，激发了我撰写和完善本书的灵感及动力，使孤独的写作活动变成了一项温馨的家庭事务。我们一起就本书的主题和我们各自的写作计划进行了许多交流，在家里举办“作者之家”会议，互相阅读手稿并提出批评意见，我在本书中提出的“幸福在于行动”思想也是在和家人互动交流的时候形成的。

我还要感谢叔叔马修·桑德尔（Matthew Sandel），感谢他对我的支持和在编辑方面的建议。感谢我的表亲们：萨姆·阿达多（Sam Adatto）、罗伯塔·朱比利尼（Roberta Giubilini）、贝尔托·石田（Berto Ishida）和莉莉·石田（Lili Ishida）。他们对如何将哲学与个人经验联系起来提出了非常宝贵的建议。

最后的最后，我要特别感谢未婚妻海伦娜。她的爱、支持和智慧陪伴着这本书和我一起走过了许多跌宕起伏的日子，她的热情让我相信，这一路走来，我所经历的一切磨难都是值得的。每当我产生自我怀疑的时候，她总是安慰我说，这本书写成这样已经很不错了，然后再以敏锐的文学及哲学眼光，精准地指出我的问题所在，帮助我不断地改进和完善我的作品。在此，我将这部作品献给我深爱的海伦娜。

Happiness in Action

A Philosopher's Guide to the Good Life

# 译后记

幸福是什么？现代人生活节奏如此之快，似乎难有时间思考这个问题，但总会遇到一个无法回避的时刻。看到这本书的时候，我刚从医院出来，医生的话犹在耳边：下周要住院做手术了。那一刻的我是非常不幸福的，也许这就是那个无法回避的时刻吧，于是我读完了这部略显晦涩的作品。作者说，幸福在于行动，要从一个人与自己、与他人、与世界的关系里寻找幸福，而这些关系的形成和发展都要通过一种活动，即自身导向型活动来实现。要追求事情自身的意义，而不是沉迷于目标导向型活动，即每天为了实现目标疲于奔命。在无限的人生旅途中，要获得持久的幸福，与自己的关系要形成自我掌控，而不是自我迷失；与他人的关系是建立真正的友谊，而不是利益联盟；与世界或自然的关系是与之接触，而不是疏离。作者并没有否定目标，只是提醒读者，要发现事情自身的意义。

本书的一个特点是作者提出目标导向型活动和自身导向型活动这两个别具一格的概念，通过解读文学作品、经典影视剧和人生故事，探讨自身导向型活动的三种美德。如果学习作者的论述方法，从国内影视作品里寻找类似的经典案例，我想到的是军旅剧《士兵突击》，陈思诚饰演的成才可以说是目标导向型活动的代表，王宝强饰演的许三多则是自身导向型活动的代表。许三多有一句名言：有意义的事就是好好活，好好活就是做有意义的事。他看似懵懵懂懂，其实内心十分坚定，总是专注于事情本身，似乎从来不会考虑事情之外的目标，甚至自己修了一条路，无论旁人如何干扰，都依然坚持自我，初心不改。而成才似乎总是想达成目标，总是想着自己的得失，他似乎跟所有人都处成了朋友，但其实除了许三多，他一个真正的朋友也没有。在最重要的一次选拔中，成才失败了，也开始醒悟了，他终于懂得了追求事情自身的意义，也终于有了真正的朋友。

本书的另一个特点是正文有近一百四十处引用。对于引文的处理，在此有必要稍加说明。作者引用较多的是柏拉图、亚里士多德和尼采的经典哲学著作，目前国内已经有多种汉译本，较为权威的译本都是从源语（非英语）翻译到汉语的。考虑到互文性，译者原则上应该沿用现有汉译本的译法，但是本书的翻译并没有完全遵循这一原则，因为本书作者引用的是英语译文，目的是表达作者自己的观点，实现作者自己的意图，译者归根到底还是要忠实于本书作者的写作意图，而忠实于源语的汉译本并不一定都适合本书的语境。所以，尽管已有权威译本，大多数情况下也仅仅作为参考而已。具体而言，柏拉图的著作主要参考的是王晓朝的译本《柏拉图全集（全四卷）》（人民出版社 2002 年出版），本书涉及古代哲学的人名、地名的翻译基本上沿用第四卷附录“英汉译名对照”的译法；亚里士多德的《尼各马可伦理学》主要参考的是廖申白的译本（商务印书馆 2003 年出版）；尼采的《查拉图斯特拉如是说》主要参考的是钱春绮的译注本（生活 · 读书 · 新知三联书店 2007 年出版）。

本书的翻译工作得益于各种线上线下资源，比如作者举例讨论的一些电视剧、电影作品，我是通过爱奇艺（购买了会员）等视频网站观看的；作者引用的哲学家、思想家著作的英语译本，我是通过古登堡等电子书网站获得的；部分汉译本，我是从工作单位广东外语外贸大学南国商学院（将更名为广州第二外国语学院）的图书馆里借阅的。学校购买的中国知网等文献资源库以及知乎、豆瓣等知识和阅读分享网站也时不时为我纾困解惑，尤其是与健身和棒球相关的问题；认证为互联网科技博主的微博网友 @韩磊想改昵称，将《世界人名翻译大辞典》做成了在线查询工具，帮助我提高了本书人名翻译的效率。如果没有这些线上线下资源，本书的翻译是难以顺利完成的。在此，我向以上机构和个人致以最衷心的感谢。译文中的错漏不妥之处，还请读者不吝指正。

# Happiness in Action

A Philosopher's
Guide to the Good Life

# 参考资料

## 绪论

1. C. P. Cavafy, *The Collected Poems,* trans. Evangelos Sachperoglou (Oxford: Oxford University Press, 2007) 39.
2. Plato, *Phaedrus,* ed. Jeffrey Henderson (Cambridge, MA: Harvard University Press, 1914), 229b–230a.
3. Steven Pinker, "Enough with the Quackery, Pinker Says," interview in the *Harvard Gazette,* October 13, 2021, https://news.harvard.edu/gazette/story/2021/10/from-steven-pinker-a-paean-to-the-rational-mind/.
4. Marcus Aurelius, *Meditations,* trans. Gregory Hays (New York: Modern Library, 2003), 38.
5. Massimo Pigliucci, *How to Be a Stoic* (New York: Basic Books, 2017), 194.

## 第 1 章

1. Friedrich Nietzsche, "Aphorism 296," *Beyond Good and Evil,* in *Basic Writings of Nietzsche,* trans. Walter Kaufmann (New York: Modern Library, 2000), 426–427.
2. Plato, *Phaedo,* ed. Jeffrey Henderson (Cambridge, MA: Harvard University Press, 1914), 115c.

3. Daniel Kahneman, *Thinking, Fast and Slow* (New York: Farrar, Straus and Giroux, 2011), 377–390.
4. Thomas Hobbes, *Leviathan,* ed. Richard Tuck (Cambridge: Cambridge University Press, 1996), 70.
5. Ibid., 43.
6. Thomas Hobbes, *On the Citizen,* ed. Richard Tuck (Cambridge: Cambridge University Press, 1998), 27.
7. Friedrich Nietzsche, *Thus Spoke Zarathustra,* in *The Portable Nietzsche,* trans. Walter Kaufmann (London: Chatto and Windus, 1971), 129–130.
8. Aristotle, *Nicomachian Ethics,* ed. Jeffrey Henderson (Cambridge, MA: Harvard University Press, 1926), 1123b1–2.
9. Ibid., 1124a19.
10. Ibid., 1124a10–12.
11. Ibid., 1124b23–25.
12. Ibid., 1124a6–9.
13. Ibid., 1125a2–4.
14. Ibid., 1124b26–28.
15. Ibid., 1124b29.
16. Ibid., 1125a1217.
17. Ibid., 1124b19–21, 1124b30–31.
18. Ibid., 1124b19–20.
19. Plato, *Apology,* ed. Jeffrey Henderson (Cambridge, MA: Harvard University Press, 1914), 22d.
20. Plato, *Symposium,* trans. Seth Benardete (Chicago: University of Chicago Press, 1993), 176c–d.
21. Ibid., 186a.
22. Ibid., 176d.
23. *Curb Your Enthusiasm,* "The Therapists," season 6, episode 9.
24. Aristotle, *Ethics,* 1140a26–28.
25. Ibid., 1124a13–16.
26. Peter Abraham, "Red Sox Enjoy the All Star Game as the AL Outslugs the NL," *Boston Globe,* July 18, 2018.
27. Aristotle, *Ethics,* 1094a1–15.
28. Ibid., 1094a19–25.
29. Friedrich Nietzsche, *Schopenhauer as Educator,* in *Unfashionable Observations,* trans. Richard T. Gray (Stanford, CA: Stanford University Press, 1995), 174.
30. Aristotle, *Ethics,* 1123b31–33.
31. Ibid., 1124a1–4.
32. *Curb Your Enthusiasm,* "The Ida Funkhouser Roadside Memorial," season 6, episode 3.

## 第 2 章

1. Plato, *Gorgias,* ed. Jeffrey Henderson (Cambridge, MA: Harvard University Press, 1925), 458a.
2. Plato, *Republic,* trans. Allan Bloom (New York: Basic Books, 1991), 336d–e.
3. Ibid., 337d.
4. Ibid., 338b–339e.
5. See, e.g., ibid., 505d–e.
6. Plato, *Gorgias,* 485b–d.
7. Ibid.
8. Ibid., 486a–c.
9. Ibid., 486e–488a.
10. Ibid., 497e.
11. Plato, *Republic,* 349a–350d.
12. Aristotle, *Ethics,* 1125a8–10.
13. Plato, *Apology,* ed. Jeffrey Henderson (Cambridge, MA: Harvard University Press, 1914), 21b.
14. Plato, *Meno,* 90e10–92c7.
15. Plato, *Apology,* 38a.
16. Aristotle, *Ethics,* 11124b8–10.
17. Plato, *Phaedo,* ed. Jeffrey Henderson (Cambridge, MA: Harvard University Press, 1914), 58e.
18. Ibid., 88e–89a.
19. Ibid., 115b.
20. Ibid., 115c.
21. Ibid., 118a.
22. Ibid., 109a–110b.
23. Ibid., 110c–d.
24. Aristotle, *Ethics,* 1125a11–13.
25. Blaise Pascale, *Pensées,* ed. and trans. Roger Ariew (Indianapolis: Hackett, 2005), 58.

## 第 3 章

1. Aristotle, *Nicomachian Ethics,* ed. Jeffrey Henderson (Cambridge, MA: Harvard University Press, 1926), 1156a10–25.
2. Ibid., 1155a27–28.
3. Ibid., 1155a.
4. Ibid., 1172a12–13.

5. Ibid., 1125a1.
6. Ibid., 1166a34–35.
7. Ibid., 1168b10.
8. Ibid., 1166a1–19.
9. Ibid., 1169b30–1170b12.
10. Nietzsche, *Thus Spoke Zarathustra,* in *The Portable Nietzsche,* trans. Walter Kaufmann (London: Chatto and Windus, 1971), 167–168.
11. Aristotle, *Ethics,* 1166a20–24.
12. Ibid., 1106b35–1107a2.
13. Ibid., 1156b26–30.
14. Ibid., 1168a5–8.
15. Massimo Pigliucci, *How to Be a Stoic* (New York: Basic Books, 2017), 194–195.
16. Adam Smith, *The Theory of Moral Sentiments,* ed. Ryan Patrick Hanley (New York: Penguin, [1759] 2009), 265.
17. Ibid., 277.
18. Montesquieu, *Mes Pensées, in Oeuvres completes,* ed. Roger Chaillois (Paris: Gallimard, 1949), no. 604, 1129–1130.
19. Smith, *Theory of Moral Sentiments,* 277.
20. Hans-Georg Gadamer, *Truth and Method,* trans. Joel Weinsheimer and Donald G. Marshall, rev. ed. (New York: Continuum, [1960] 1989), 480–484.
21. Nietzsche, *Thus Spoke Zarathustra,* in *The Portable Nietzsche,* 129.
22. Ibid., 121.
23. Muhammad Ali with Richard Durham, *The Greatest: My Own Story,* ed. Toni Morrison (Los Angeles: Graymalkin Media, [1975] 2015), 130–131.
24. Nietzsche, *Thus Spoke Zarathustra,* in *The Portable Nietzsche,* 214.
25. Plato, *Lysis,* ed. Jeffrey Henderson (Cambridge, MA: Harvard University Press, 1925), 214a–d.
26. Aristotle, *Ethics,* 1155b4–7.

## 第4章

1. John Locke, *Second Treatise of Government,* ed. C. B. McPherson (Indianapolis: Hackett, [1690] 1980), sect. 40–43.
2. Homer, *The Odyssey,* trans. Allen Mandelbaum (New York: Random House, 2005), 41.
3. Ibid., 102.
4. Plato, *Republic,* trans. Allan Bloom (New York: Basic Books, 1991), 508a–509d.

5. See Martin Heidegger, "Modern Science, Metaphysics, and Mathematics," in *Martin Heidegger: Basic Writings,* ed. David Farrell Krell (New York: Harper and Row, 1977), 257–271.
6. Ibid., 262–263.
7. Nietzsche, *Thus Spoke Zarathustra,* in *The Portable Nietzsche,* trans. Walter Kaufmann (London: Chatto and Windus, 1971), 268.
8. Ibid., 269.
9. Seneca, Moral Epistle 36.7–12, in *How to Die,* trans. James S. Romm (Princeton, NJ: Princeton University Press, 2018), 6.
10. Seneca, To Marcia 26.1, in *How to Die,* 96–97.
11. Marcus Aurelius, *Meditations,* trans. Gregory Hays (New York: Modern Library, 2003), 56.
12. Ibid., 43.
13. Ibid., 8.
14. Ibid., 38.
15. Seneca, To Marcia 26.1–3, in *How to Die,* 35.
16. Ibid.
17. Nietzsche, *Thus Spoke Zarathustra,* in *The Portable Nietzsche,* 276–277.
18. Friedrich Nietzsche, *Schopenhauer as Educator,* in *Unfashionable Observations,* trans. Richard T. Gray (Stanford, CA: Stanford University Press, 1995), 213–214.
19. Nietzsche, *Thus Spoke Zarathustra,* in *The Portable Nietzsche,* 264.
20. Ibid., 189.
21. Ibid., 186.

## 第 5 章

1. Todd May, *Death* (New York: Routledge, 2014), 5–6.
2. Friedrich Nietzsche, *The Birth of Tragedy,* in *Basic Writings of Nietzsche,* trans. Walter Kaufmann (New York: Modern Library, 2000), 52.
3. Plato, *Gorgias,* ed. Jeffrey Henderson (Cambridge, MA: Harvard University Press, 1925), 512e.
4. Friedrich Nietzsche, *Thus Spoke Zarathustra,* in *The Portable Nietzsche,* trans. Walter Kaufmann (London: Chatto and Windus, 1971), 183.
5. Ibid., 184.
6. Ibid., 127.
7. Ibid., 186.
8. Ibid., 185–186.
9. Plato, *Crito,* ed. Jeffrey Henderson (Cambridge, MA: Harvard University Press, 1914), 44a–b.

10. Friedrich Nietzsche, *Beyond Good and Evil,* in *Basic Writings of Nietzsche,* trans. Walter Kaufmann (New York: Modern Library, 2000), 296.
11. Plato, *Phaedo,* ed. Jeffrey Henderson (Cambridge, MA: Harvard University Press, 1914), 96e–97b.
12. Ibid., 275c–276a.
13. Nietzsche, *Thus Spoke Zarathustra,* in *The Portable Nietzsche,* 186.
14. Ibid., 244.
15. Ibid., 187.
16. Ibid., 190.
17. Ibid.
18. Ibid., 121–122.
19. Ibid., 122.
20. Ibid., 310.
21. Ibid., 136–137.
22. Ibid., 264.
23. Ibid., 251.
24. Seneca, Moral Epistle 30, in James S. Romm, *How to Die* (Princeton, NJ: Princeton University Press, 2018), 22.
25. Seneca, Moral Epistle 36.7–12, in ibid., 5.
26. Nietzsche, *Thus Spoke Zarathustra,* in *The Portable Nietzsche,* 435–436.

## 第 6 章

1. Jean-Paul Sartre, *Essays in Existentialism,* ed. Wade Baskin (New York: Citadel Press, 1993), 42–43.
2. Ibid.
3. Maurice Merleau-Ponty, *Phenomenology of Perception,* trans. Donald A. Landes (New York: Routledge, 2012), 481.

# 推荐阅读

**商业模式新生代（经典重译版）**

作者：（瑞士）亚历山大·奥斯特瓦德 等

ISBN：978-7-117-54989-5 定价：89.00 元

一本关于商业模式创新的、实用的、启发性的工具书

**商业模式新生代（个人篇）**

**一张画布重塑你的职业生涯**

作者：（美国）蒂莫西·克拉克 等

ISBN: 978-7-111-38675-9 定价：89.00 元

教你正确认识自我价值，并快速制定出超乎想象的人生规划

**商业模式新生代（团队篇）**

作者：（美）蒂莫西·克拉克 布鲁斯·黑曾

ISBN：978-7-117-60133-3 定价：89.00 元

认识组织，了解成员，

一本书助你成为“变我为我们”的实践者

**价值主张设计**

**如何构建商业模式最重要的环节**

作者：（瑞士）亚历山大·奥斯特瓦德 等

ISBN: 978-7-111-51799-3 定价：89.00 元

先懂价值主张，再设计商业模式。

聚焦核心，才能创造出最优秀的模式

# 正念 · 积极 · 幸福

多舛的生命
正念疗愈帮你抚平压力、疼痛和创伤
FULL CATASTROPHE LIVING

十分钟冥想
比尔·盖茨的冥想入门书
——摘自"盖茨笔记"

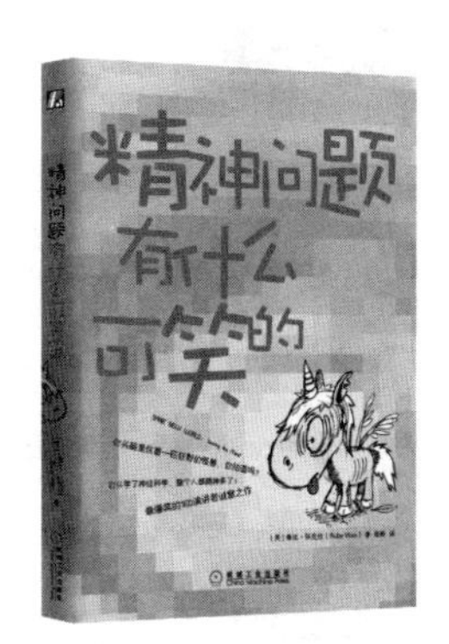
精神问题有什么可笑的

正念
此刻是一枝花

穿越抑郁的正念之道

正念癌症康复
Mindfulness

重塑正能量

Positive Psychology
积极心理学
团体活动课操作指南

学会幸福
人生的10个基本问题

# 欧文·亚隆经典作品

## 《当尼采哭泣》

作者：[美] 欧文·D. 亚隆　译者：侯维之

这是一本经典的心理推理小说，书中人物多来自真实的历史，作者假托19世纪末的两位大师——尼采和布雷尔，基于史实将两人合理虚构连结成医生与病人，开启一段扣人心弦的“谈话治疗”。

## 《成为我自己：欧文·亚隆回忆录》

作者：[美] 欧文·D. 亚隆　译者：杨立华 郑世彦

这本回忆录见证了亚隆思想与作品诞生的过程，从私人的角度回顾了他一生中的重要人物和事件，他从“一个贫穷的移民杂货商惶恐不安、自我怀疑的儿子”，成长为一代大师，怀着强烈的想要对人有所帮助的愿望，将童年的危急时刻感受到的慈爱与帮助，像涟漪一般散播开来，传递下去。

## 《诊疗椅上的谎言》

作者：[美] 欧文·D. 亚隆　译者：鲁宓

世界顶级心理学大师欧文•亚隆最通俗的心理小说
最经典的心理咨询伦理之作！最实用的心理咨询临床实战书
三大顶级心理学家柏晓利、樊富珉、申荷永深刻剖析，权威解读

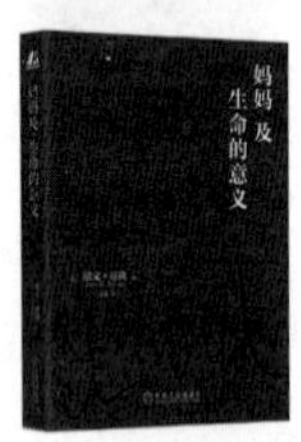


## 《妈妈及生命的意义》

作者：[美] 欧文·D. 亚隆　译者：庄安祺

亚隆博士在本书中再度扮演大无畏心灵探险者的角色，引导病人和他自己迈向生命的转变。本书以六个扣人心弦的故事展开，真实与虚构交错，记录了他自己和病人应对人生最深刻挑战的经过，探索了心理治疗的奥秘及核心。

## 《叔本华的治疗》

作者：[美] 欧文·D. 亚隆　译者：张蕾

欧文·D. 亚隆深具影响力并被广泛传播的心理治疗小说，书中对团体治疗的完整再现令人震撼，又巧妙地与存在主义哲学家叔本华的一生际遇交织。任何一个对哲学、心理治疗和生命意义的探求感兴趣的人，都将为这本引人入胜的书所吸引。

**更多>>>**　《爱情刽子手：存在主义心理治疗的10个故事》　作者：[美] 欧文·D. 亚隆